Miterfindungen in Forschungs-
und Entwicklungskooperationen

Europäische Hochschulschriften
Publications Universitaires Européennes
European University Studies

Reihe II
Rechtswissenschaft

Série II   Series II
Droit
Law

Bd./Vol. 2430

Frankfurt am Main · Berlin · Bern · New York · Paris · Wien

Andrea Niedzela-Schmutte

Miterfindungen in Forschungs- und Entwicklungskooperationen

Rechtliche Aspekte des Erwerbs und der Verwertung in der kooperativen Forschung und Entwicklung sowie in der externen Vertragsforschung

PETER LANG
Europäischer Verlag der Wissenschaften

Die Deutsche Bibliothek - CIP-Einheitsaufnahme

Niedzela-Schmutte, Andrea:

Miterfindungen in Forschungs- und Entwicklungskooperationen : rechtliche Aspekte des Erwerbs und der Verwertung in der kooperativen Forschung und Entwicklung sowie in der externen Vertragsforschung / Andrea Niedzela-Schmutte. - Frankfurt am Main ; Berlin ; Bern ; New York ; Paris ; Wien : Lang, 1998
  (Europäische Hochschulschriften : Reihe 2, Rechtswissenschaft ; Bd. 2430)
  Zugl.: München, Univ. der Bundeswehr, Diss., 1998
  ISBN 3-631-33174-6

Diese Arbeit wurde durch den Forschungsfonds der Europäischen Patentorganisation gefördert.

ISSN 0531-7312
ISBN 3-631-33174-6
© Peter Lang GmbH
Europäischer Verlag der Wissenschaften
Frankfurt am Main 1998
Alle Rechte vorbehalten.

Das Werk einschließlich aller seiner Teile ist urheberrechtlich geschützt. Jede Verwertung außerhalb der engen Grenzen des Urheberrechtsgesetzes ist ohne Zustimmung des Verlages unzulässig und strafbar. Das gilt insbesondere für Vervielfältigungen, Übersetzungen, Mikroverfilmungen und die Einspeicherung und Verarbeitung in elektronischen Systemen.

Vorwort

*„Man kann keine kleinere,
keine größere Herrschaft besitzen
als jene über sich selbst"*

Leonardo da Vinci

Rückblickend brachte mir diese Dissertation nicht nur neue Erkenntnisse im wissenschaftlichen, sondern auch im persönlichen Bereich. Was im Sommer 1995 als Promotionsvorhaben begann, sollte sich aufgrund meiner hauptberuflichen Tätigkeit im Bayerischen Staatsministerium für Wirtschaft, Verkehr und Technologie bald als eine Gipfelbesteigung erweisen, die schier kein Ende zu nehmen schien. Die wichtigste Erfahrung war also, daß Selbstdisziplin zugleich einer der wesentlichsten, aber auch mit eine der schwierigsten Anforderungen war, die diese Arbeit an mich stellen sollte.

Diese Arbeit wurde großzügig im Projekt „Gemeinschaftserfindungen" des Forschungsfonds der Europäischen Patentorganisation gefördert. Mein besonderer Dank gilt Prof. Dr. Hanns Ullrich, der die Arbeit in der vorliegenden Fassung stetig gefördert und betreut hat und es auch an aufmunternden Worten nicht fehlen ließ. Nicht zu vergessen ist zudem die sehr hilfreiche Unterstützung durch meine Kollegen Dipl. Vw. Julia Schwarz und Dipl. Wi.-Geograph Roland Borsch, die mir durch ihre beständigen Aufmunterungen und ihre Unterstützung in der täglichen Arbeit wertvolle Dienste geleistet haben.

Vor allem möchte ich mich aber bei meinen Eltern, meinen Geschwistern und meinem Mann für die Geduld, die ständige Bereitschaft, sich mit dem Thema auseinanderzusetzen, und die Aufmunterungen während der kritischen Phasen der Dissertation bedanken. Ihnen ist die Arbeit gewidmet.

München, März 1998
Andrea Niedzela-Schmutte

Inhaltsverzeichnis

Literatur XV
Abbildungen XXV
Abkürzungen XXVII

Einführung 1

Teil A Zum Begriff der Miterfindung 5
1 Die Miterfindung als patentwürdige Erfindung 5
1.1 Die Erfindung 6
1.2 Die erfinderische Tätigkeit 8
   1.2.1 Die absolut-objektive Betrachtungsweise 8
   1.2.2 Die allgemeinen Beurteilungskriterien 9
      1.2.2.1 Der Fachmann 10
      1.2.2.2 Der Stand der Technik 10
      1.2.2.3 Die Beweisanzeichen 11
1.3 Der Erwerb der Miterfinderschaft 13
   1.3.1 Der Träger des Erfindungsgedankens und die Rechtsform des Erfindungsakts 13
   1.3.2 Die fertige Erfindung 14

2 Die Entwicklung der Patentgesetzgebung 20
2.1 Die Rechtslage ab 1891 - Das Anmelderprinzip 20
   2.1.1 Die Betriebserfindung 22
   2.1.2 Die Dienst(mit-)erfindung 23
2.2 Die Rechtslage ab 1936 - Das Erfinderprinzip 25

3 Die bisherigen Lösungsansätze des Miterfinderbegriffs in Rechtsprechung und Literatur 30
3.1 Die Entwicklung des Miterfinderbegriffs in der Rechtsprechung ... 30
   3.1.1 Der schöpferische Beitrag 30

3.1.1.1 Zeitlicher Rahmen der Mitwirkungshandlung 31
3.1.1.2 Beitrag zum Hauptanspruch 31
3.1.1.3 Verhältnis der Einzelbeiträge zueinander und zur
        erfinderischen Gesamtleistung 32
3.1.1.4 Erfinderische Tätigkeit 33
3.1.2 Die Fallgruppen der Miterfinderschaft in der Rechtsprechung 33
3.1.2.1 Gleichzeitige und sukzessive Mitwirkung an der
        Erfindung 33
3.1.2.2 Mitwirkung an einem Haupt- und/oder Unteranspruch
        der Erfindung 34
3.1.2.3 Mitwirkung in Form einer Anregung, eines Hinweises
        oder einer Anweisung zur Erfindung 35
3.1.2.4 Mitwirkung in Form der Stellung der Aufgabe für die
        Erfindung? 35
3.1.2.5 Sonstige Mitwirkungshandlungen an der Erfindung in
        Form tatsächlicher und gleichzeitiger Zusammenarbeit 37
3.1.2.6 Formulierung des Erfindungsgedankens durch eine
        Person 38
3.1.3 Die Fallgruppen der Erfindungsgehilfenstellung in der
      Rechtsprechung 39
3.1.3.1 Fehlende Berücksichtigung des Beitrags in den
        Patentansprüchen 39
3.1.3.2 Fehlende eigene „geistige" Leistung 39
3.1.3.3 Materielle Beiträge und Weisungsgebundenheit 39
3.1.3.4 Alleinerfinderschaft 40
3.1.4 Abweichende Einzelentscheidungen 40
3.1.4.1 Die „Spanplatten"-Entscheidung 40
3.1.4.2 Die „Soft-Eis"-Entscheidung 42
3.1.4.3 Die „Einsackwaage"-Entscheidung 44
3.1.4.4 Die „Motorkettensäge"-Entscheidung 45
3.2 Der Miterfinderbegriff in der Literatur 46
3.2.1 Der schöpferische oder besonders qualifizierte Beitrag 47

3.2.1.1 Einzelfälle der Miterfinderschaft 50
3.2.1.2 Einzelfälle der Erfindungsgehilfenschaft 51
3.2.1.3 Kritik am „schöpferischen, erfinderischen, besonders qualifizierten" Beitrag 52
3.2.2 Der geistige Beitrag 53
3.2.2.1 Die unterschiedlichen Ausformungen 54
3.2.2.2 Kritik am „geistigen" Beitrag 57
3.2.3 Selbständige Mitarbeit am Gesamtkonzept oder kausaler Beitrag .. 57
3.2.4 Annex: Der Aufgabensteller als Miterfinder 58

4 Der negative Miterfinderbegriff 59
4.1 Die Miterfindung in der Praxis 59
4.1.1 Die Miterfindermotivation 60
4.1.2 Der Miterfindungsprozeß 62
4.1.2.1 Interdisziplinäre Teamarbeit 62
4.1.2.2 Der Vorgang der Problemlösung 62
4.1.2.3 Forschungsstile am Beispiel der chemischen Industrie 66
4.1.2.4 Forschungsstile am Beispiel der Kraftfahrzeug- und der Elektronikindustrie 66
4.1.3 Die unternehmensinterne Miterfinderschaft 67
4.1.3.1 Die Festlegung der Miterfindereigenschaft 67
4.1.3.2 Die erforderliche Qualität des Beitrags 68
4.1.3.3 Der Vorgesetzte als Miterfinder - Das Problem der Echtheit von Miterfindungen 69
4.1.3.4 Der Patentsachbearbeiter als Miterfinder 70
4.1.3.5 Die Person des Miterfinders 71
4.1.3.6 Die Nachprüfung durch die Patentabteilung 71
4.1.4 Die unternehmensübergreifende Miterfinderschaft 72
4.1.4.1 Externe Vertragsforschung - Industrie und Wissenschaft .. 72
4.1.4.2 Kooperative Forschung und Entwicklung - Kooperation innerhalb der Industrie 73

4.1.5 Die Anteile der Miterfinder 73
    4.1.5.1 Die Aufteilung bei internen Miterfindern 73
    4.1.5.2 Die Aufteilung bei externen Miterfindern 74
4.2 Intentionen einer innovativen Begriffsbestimmung 75
    4.2.1 Allgemeine Zielsetzungen des Patentschutzes 75
        4.2.1.1 Patentschutz als Instrument zur Fortschrittsförderung 76
        4.2.1.2 Patentschutz als Verwertungsinstrument 78
        4.2.1.3 Patentschutz als marktwirtschaftliches Instrument 79
        4.2.1.4 Patentschutz als Wettbewerbsinstrument 80
    4.2.2 Unternehmensinterne Zielsetzungen 82
        4.2.2.1 Friede im Team 83
        4.2.2.2 Förderung von Teamarbeit, Kommunikation,
            Motivation und Innovation 84
        4.2.2.3 Konflikt mit den Arbeitnehmerinteressen? 86
4.3 Der enge, negative Miterfinderbegriff als Regel 86
    4.3.1 Der positive Miterfinderbegriff als Ausnahme 88
    4.3.2 Argumente für die Abkehr vom weiten Miterfinderbegriff 89
4.4 Definitionsansatz des engen, negativen Miterfinderbegriffs 90
    4.4.1 Die positive Fallgruppe - der Miterfinder 91
    4.4.2 Die negative Fallguppe - Erfindungsgehilfe, Anreger,
    Aufgabensteller und Koordinator 91
        4.4.2.1 Das unselbständige und weisungsgebundene Handeln 92
        4.4.2.2 Der reine Informationsfluß 94
        4.4.2.3 Die materiellen Unterstützungsleistungen 96
        4.4.2.4 Der Aufgabensteller 96
        4.4.2.5 Der Koordinator 97
        4.4.2.6 Die Grauzone - Auftraggeber und Anreger 98
            4.4.2.6.1 Der Anreger - Der Informationsfluß 98
            4.4.2.6.2 Maßgebliche Umstände des Einzelfalls 99

Teil B Die Miterfindung in der Forschungs- und Entwicklungskooperation 103

1 Gründe und Ziele von vertraglich begründeten Forschungs- und Entwicklungskooperationen 103

1.1 Forschungs- und Entwicklungskooperationen als Instrument zur Steigerung der Wettbewerbsfähigkeit 103

1.2 Forschungs- und Entwicklungskooperationen als Instrument zur Steigerung der Wirtschaftlichkeit 104

1.3 Probleme einer Forschungs- und Entwicklungskooperation 106

1.4 Die Organisationsformen von Forschungs- und Entwicklungskooperationen 108

1.4.1 Kooperative Forschung und Entwicklung 110

1.4.1.1 Gemeinschaftsforschung und -entwicklung 110

1.4.1.1.1 Die eigenständige, überbetriebliche Zusammenarbeit 111

1.4.1.1.2 Gemeinschaftsunternehmen 111

1.4.1.2 Koordinierte Einzelforschung 112

1.4.1.3 Erfahrungs- und Ergebnisaustausch 113

1.4.2 Externe Forschung und Entwicklung - Vertragsforschung 113

1.5 Die Häufigkeit von Forschungs- und Entwicklungskooperationen 116

2 Problembereiche aus dem Recht der Arbeitnehmererfindung 122

2.1 Die Miterfindung als Diensterfindung 122

2.1.1 Abgrenzung der Diensterfindung von der freien Erfindung 124

2.1.1.1 Die Obliegenheitserfindung 124

2.1.1.2 Die Erfahrungserfindung 126

2.1.2 Der maßgebliche Arbeitgeber 127

2.1.2.1 Die Abordnung 128

2.1.2.2 Das Kooperationsunternehmen mit eigener Rechtspersönlichkeit 129

2.1.2.3 Das Kooperationsunternehmen als Personengesamtheit 129

2.1.3 Die Meldepflicht 131

2.2 Die Inanspruchnahme der Diensterfindung 133

    2.2.1 Denkbare Konstellationen der Inanspruchnahme bei einer unternehmensübergreifenden Miterfindung 135

    2.2.2 Die einheitliche Inanspruchnahme aller Kooperationspartner 136

    2.2.3 Die uneinheitliche Inanspruchnahme der Kooperationspartner 138

2.3 Vergütungsprobleme bei außerbetrieblichen Miterfindergemeinschaften 140

    2.3.1 Allgemeiner Vergütungsgrundsatz 140

    2.3.2 Bemessungsgrundlagen der Vergütung 141

    2.3.3 Der Miterfinder als Arbeitnehmer der Kooperationsgemeinschaft 142

    2.3.4 Der Miterfinder als Arbeitnehmer eines Kooperationspartners 143

        2.3.4.1 Das Mißverhältnis zwischen Leistung und Vergütung 143

        2.3.4.2 Lösungsmodelle 146

            2.3.4.2.1 Das Modell der Geschäftsbesorgung 146

            2.3.4.2.2 Innerbetriebliche Alleinerfinderstellung 147

            2.3.4.2.3 Berücksichtigung der Nutzungshandlungen des Kooperationspartners 147

            2.3.4.2.4 Übernahme der Vergütungsansprüche durch den Kooperationspartner 148

3 Das neue Know-how - Konflikte der Forschungs- und Entwicklungskooperation 150

3.1 Die Ausgangsproblematik 150

3.2 Konflikte der Forschungs- und Entwicklungskooperationen und deren Ursachen 152

    3.2.1 Eingebrachtes Know-how 153

    3.2.2 Neues Know-how 154

    3.2.3 Miterfindungen 157

3.3 Inadäquanz des gesetzlichen Regelungsmodells der Bruchteilsgemeinschaft zur Konfliktlösung 159

    3.3.1 Rechtsfolgen der Bruchteilsgemeinschaft 160

    3.3.2 Faktische Unanwendbarkeit der Bruchteilsgemeinschaft 161

3.3.2.1 Die Patentanmeldung als Erhaltungsmaßnahmen
- § 744 Abs. 2 BGB 161
3.3.2.2 Die Verwaltung - §§ 744, 745 BGB 162
3.3.2.3 Die Benutzungshandlungen - § 743 Abs. 2 BGB 163
3.3.2.4 Das Verfügungsrecht - § 747 BGB 166
3.3.2.5 Die Aufhebung und Teilung der Gemeinschaft
- §§ 749 ff. BGB 166
3.3.2.6 Die Anteilsbestimmung - § 742 BGB 167
3.3.3 Konsequenz - Unanwendbarkeit der Bruchteilsgemeinschaft 168
3.4 Die inhaltliche Ausgestaltung des Kooperationsvertrages in der Praxis 170
3.4.1 Die Miterfindungs-Vertragsabreden bei kooperativer
Forschung und Entwicklung 171
3.4.1.1 Anteile, Verwertung und Arbeitnehmer 172
3.4.1.2 Lizenzen, Verfügungen, Anmeldung und Kosten 173
3.4.2 Die Miterfindungs-Vertragsabreden bei externer
Vertragsforschung 174
3.4.2.1 Veröffentlichungen 174
3.4.2.2 Verwertung, Lizenzen, Arbeitnehmer und Anmeldung 174
3.5 Notwendige Regelungsinhalte für Kooperationsverträge 176
3.5.1 Gegenstand der Zusammenarbeit und eingebrachtes Know-how . 177
3.5.2 Neues Know-how aus der Zusammenarbeit 177
3.5.2.1 Arbeitnehmererfinderrecht 177
3.5.2.2 Benutzung während der Kooperationsdauer 178
3.5.2.3 Anteilsbestimmung 179
3.5.2.4 Die Anmeldung der Erfindung zum Patent 181
3.5.2.5 Verfügungen über den Miterfinderanteil 182
3.5.2.6 Verzicht auf den Miterfinderanteil 182
3.5.2.7 Die Lizenzverleihung 182
3.5.2.8 Keine Verlustaufteilung aus der Verwertung 183
3.5.3 Aufhebung 184

3.6 Lösungsvorschlag bei fehlender oder unzureichender vertraglicher
Regelung der Miterfindung 184
   3.6.1 Zwingendes und dispositives Recht 185
   3.6.2 Grundsätze der ergänzenden Vertragsauslegung 186
   3.6.3 Konsequenz - Anwendung der ergänzenden Vertragsauslegung .. 187

Zusammenfassung 189

Literatur

Aufsätze, Kommentare, Monographien

Axster	Offene Fragen unter der EG-Freistellungsverordnung für Patentlizenzverträge, GRUR 1985, S. 581 ff.
Bartenbach	Zwischenbetriebliche Forschungs- und Entwicklungskooperation und das Recht der Arbeitnehmererfindung, 1985
Bartenbach/Gaul	Die Änderung der Vergütungsrichtlinie Nr. 11 - Abstaffelung, GRUR 1984, S. 11 ff.
Bartenbach/Gaul	Handbuch des gewerblichen Rechtsschutzes, 4. A., 1993
Bartenbach/Volz	Gesetz über Arbeitnehmererfindungen, 3. A., 1997
Baur	Vertikale Kooperation als Strategie innovativen Unternehmertums - Dargestellt am Beispiel der Automobilindustrie, in: Laub/Schneider (Hrsg.), Innovation und Unternehmertum - Perspektiven, Erfahrungen, Entscheidungen, 1991, S. 79 ff.
Beier	Die gemeinschaftliche Erfindung von Arbeitnehmern, GRUR 1979, S. 669 ff.
Beier	Die Bedeutung des Patentsystems für den technischen, wirtschaftlichen und sozialen Fortschritt, GRUR Int. 1979, S. 227 ff.
Beier	Gewerblicher Rechtsschutz, Soziale Marktwirtschaft und Europäischer Binnenmarkt, GRUR 1992, S. 228 ff.
Beier/Moufang	Vom deutschen zum europäischen Patentrecht - 100 Jahre Patentrechtsentwicklung im Spiegel der Grünen Zeitschrift, in: Beier/Kraft/Schricker/Wadle (Hrsg.), Gewerblicher Rechtsschutz und Urheberrecht in Deutschland - Festschrift, Bd. 1, 1991, S. 241 ff.
Beier/Straus	Das Patentwesen und seine Informationsfunktion - gestern und heute, GRUR 1977, S. 282 ff.
Beier/Straus	Der Schutz wissenschaftlicher Forschungsergebnisse, 1982
Beier/Straus	Der Schutz wissenschaftlicher Entdeckungen, GRUR 1983, S. 100 ff.

Beier/Ullrich (Hrsg.)	Staatliche Forschungsförderung und Patentschutz - Rechtsvergleichende Untersuchung zur Patent- und Lizenzpolitik im Bereich der öffentlich geförderten Forschung und Entwicklung, 3 Bände, 1982 ff.
Benkard	Patentgesetz - Gebrauchsmustergesetz, 9. A., 1993
Bernhardt/Kraßer	Lehrbuch des Patentrechts, 4. A., 1986
Beyer	Patent und Ethik im Spiegel der technischen Evolution, GRUR 1994, S. 541 ff.
Blum/Pedrazzini	Das Schweizer Patentrecht, 2. A., Bd. 1, 1975
Bodewig	Erfinder-, patent- und lizenzrechtliche Fragen der öffentlich geförderten Foschung, GRUR Int. 1980, S. 597 ff.
Bossung	Die Münchener Diplomatische Konferenz über die Einführung eines europäischen Patenterteilungsverfahrens, Mitt 1973, S. 81 ff.
Bossung	Erfindung und Patentierbarkeit im europäischen Patentrecht, Mitt 1974, S. 101 ff., 121 ff. und 141 ff.
Brockhoff	Forschung und Entwicklung - Planung und Kontrolle, 4. A., 1994
Broll	Internationale Kooperation in der Forschung und Entwicklung (Ökonomische Aspekte der Vertragsgestaltung), in: Oberender/Streit (Hrsg.), Marktwirtschaft und Innovation, 1991, S. 101 ff.
Bruch	Ein Erfinder über das Erfinden, in: Dt. Patentamt (Hrsg.), 100 Jahre Patentamt, Festschrift, 1977
Buß	Bemerkungen zum neuen Patentgesetz, GRUR 1936, S. 833 ff.
Bußmann	Patentrecht und Marktwirtschaft, GRUR 1977, S. 121 ff.
Calé	Rechtsgemeinschaft an Patenten, GRUR 1931, S. 90 ff.
Connor	Zur Verteidigung des Patentsystems, GRUR 1963, S. 161 ff.
Dietz	Die Patentgesetzgebung der osteuropäischen Länder, GRUR Int. 1976, S. 139 ff.
Düttmann	Forschungs- und Entwicklungskooperationen und ihre Auswirkungen auf den Wettbewerb, 1989

Engländer	Zur Behandlung der Patentrechtsgemeinschaft, GRUR 1924, S. 53 ff.
Erman	Handkommentar zum Bürgerlichen Gesetzbuch, 9. A., Bd. 1, 1993
Fischer	Die Bedeutung der Schutzfähigkeit der Diensterfindung für die Vergütungspflicht des Arbeitgebers, GRUR 1963, S. 107 ff.
Fischer	Der Benutzungsvorbehalt nach dem Arbeitnehmererfinderrecht im Verfahrens- und Anlagengeschäft, GRUR 1974, S. 500 ff.
Fischer	Verwertungsrechte bei Patentgemeinschaften, GRUR 1977, S. 313 ff.
Fischer	Erfinden: Vom Problem zur Idee, zum Patentamt, in: DABEI - Handbuch für Erfinder und Unternehmer, 1987
Flaig	Das nichtausschließliche Recht des Arbeitgebers zur Benutzung einer gebundenen oder freien Erfindung, Mitt 1982, S. 47 ff.
Forrest/Martin	Strategic alliances between large and small research intensive organizations: experience in the biotechnology, R&D Management 22/1992, S. 41 ff.
v. Freyend/Haas	Wissenschaftstransfer durch Personalaustausch, in: Schuster (Hrsg.), Handbuch des Wissenschaftstransfers, 1990, S. 587 ff.
Gaul	Der erfaßbare betriebliche Nutzen als Grundlage der Erfindervergütungsberechnung, GRUR 1988, S. 254 ff.
Gerybadze	Innovation und Unternehmertum im Rahmen internationaler Joint-Ventures - Eine kritische Analyse, in Laub/Schneider (Hrsg.), Innovation und Unternehmertum - Perspektiven, Erfahrungen, Ergebnisse, 1991, S. 137 ff.
Gottlob	Zum Erfindungs-, Patent- und Lizenzwesen in deutschen Großforschungseinrichtungen - das Kernforschungszentrum Karlsruhe als Beispiel, GRUR Int. 1991, S. 885 ff.
Graf Stenbock-Fermor	Außeruniversitäre Forschungseinrichtungen, in: Flamig u. a. (Hrsg.), Handbuch des Wissenschaftsrechts, Bd. 2, 1987, S. 1159 ff.

Hack	Die Wirklichkeit, die Wissen schafft, 1985
Hamann	Gedanken zur Reform des Patentrechts, 1934
Hanau/Adomeit	Lehrbuch des Arbeitsrechts, 10. A., 1992
Häussler	Neue Formen, gesetzliche Möglichkeiten und Finanzierungshilfen für die zwischenbetriebliche Zusammenarbeit (Kooperation), 1977
Hegel	Zur Ermittlung des betrieblichen Nutzens von Arbeitnehmererfindungen, GRUR 1975, S. 307 ff.
Heyde/Laudel/Pleschak/Sabisch	Innovationen in Industrieunternehmen, 1991
Hesse	Die Aufgabe - Begriff und Bedeutung im Patentrecht, GRUR 1981, S. 853 ff.
Heuer	Funktion und Gestaltung industrieller Forschung und Entwicklung, 1970
Heydt	Erfinder und Erfindungsbesitzer im Patentgesetz vom 5. Mai 1936, GRUR 1936, S. 470 ff.
Heymann	Der Erfinder im neuen deutschen Patentrecht, in: Das Recht des schöpferischen Menschen, Festschrift der Akademie für deutsches Recht, 1936, S. 99 ff.
Hirsch	Patentrecht und Wettbewerbsordnung, WuW 1970, S. 99 ff.
Hoechst Chemie (Hrsg.)	Wissenschaftliches Symposium der Hoechst Chemie, 1988
Hoffmann/Bühner	Zur Ermittlung des betrieblichen Nutzens von Arbeitnehmererfindungen, GRUR 1974, S. 445 ff.
Hubmann	Gewerblicher Rechtsschutz, 5. A., 1988
IHK-Ratgeber	Forschung und Technologie in Bayern, 1986
Isay	Fragen der Patentgemeinschaft, GRUR 1924, S. 25 ff.
Isay	Patentgesetz, 4. A., 1926
Johannesson	Erfindungsvergütungen unter dem Monopolprinzip des Gesetzes über Arbeitnehmererfindungen, GRUR 1970, S. 114 ff.
Johannesson	Lizenzbasis, Lizenzsatz und Erfindungswert in der Erfindervergütungsregelung nach der Lizenzanalogie, GRUR

	1975, S. 588 ff.
Kaufer	Industrieökonomik, 1980
Keil	Zur Beurteilung der Erfindungshöhe an Hand der Aufgabe § 4 PatG, GRUR 1986, 12 ff.
Kisch	Handbuch des deutschen Patentrechts, 1923
Kerber	Zur Entstehung von Wissen: Grundsätzliche Bemerkungen zu Möglichkeiten staatlicher Förderung der Wissensproduktion aus der Sicht der Theorie evolutionärer Marktprozesse, in: Oberender/Streit, Marktwirtschaft und Innovation, 1991
Klauer-Möhring	Patentrechtskommentar, 3. A., 1971
Krauße-Katluhn	Das Patentgesetz, 1936
Kroitzsch	Erfindungen in der Vertragsforschung und bei Forschungs- und Entwicklungsgemeinschaften unter dem Blickwinkel des Arbeitnehmererfindergesetzes, GRUR 1974, S. 177 ff.
Larenz	Allgemeiner Teil des deutschen Bürgerlichen Rechts, 7. A., 1989
Lindenmaier	Das Patentgesetz, 6. A., 1973
Lüdecke	Erfindungsgemeinschaften, 1962
Machlup	Die wirtschaftlichen Grundlagen des Patentrechts, GRUR Int. 1961, S. 373 ff.
Machunsky	Forschungskooperation im Recht der Wettbewerbsbeschränkung, 1985
Marbach	Rechtsgemeinschaften an Immaterialgütern, 1987
Mayer	Das Patent zwischen Orthodoxie und Neoliberalismus, GRUR 1963, S. 164 ff.
Medicus	Allgemeiner Teil des BGB, 6. A., 1994
Mediger	Die Inflation der Erfindung, GRUR 1938, S. 457 ff.
Möffert	Der Forschungsvertrag, 1995
Münchener Kommentar	Bürgerliches Gesetzbuch, Allgemeiner Teil, Bd. 1, 1984
	Bürgerliches Gesetzbuch, Schuldrecht - Besonderer Teil,

	2. Hb., 1986
Nirk	100 Jahre Patentschutz in Deutschland, in: Dt. Patentamt (Hrsg.), Hundert Jahre Patentamt, Festschrift, S. 245 ff., 1977
Öhlschlegel	Die Beurteilung der Erfindungshöhe mit Hilfe der Informationstheorie, GRUR 1964, S. 478 ff.
Oppenländer	Die wirtschaftspolitische Bedeutung des Patentwesens aus der Sicht der empirischen Wirtschaftsforschung, GRUR Int. 1982, S. 598 ff.
Oppenländer	Die Wirkungen des Patentwesens im Innovationsprozeß, GRUR 1977, S. 362 ff.
Pagenberg	Die Beurteilung der erfinderischen Tätigkeit im System der europäischen Prüfungsinstanzen, GRUR Int. 1978, S. 143 ff. und 190 ff.
Pagenberg/Geissler	Lizenzverträge - Patente, Gebrauchsmuster, Know-how, Computer Software - Kommentierte Vertragsmuster nach deutschem und europäischem Recht, 1991
Palandt	Bürgerliches Gesetzbuch, 56. A., 1997
Pedrazzini	Das neue europäische Patentrecht, 1974
Pedrazzini	Patent- und Lizenzvertragsrecht, 2. A., 1987
Pedrazzini	Wie das Recht wissenschaftlich-technische Kreationen erfassen kann, in: Harabi (Hrsg.), Kreativität, Wirtschaft und Recht, 1996, S. 175 ff.
Pietzker	Patentgesetz, 1929
Püttner/Mittag	Rechtliche Hemmnisse der Kooperation zwischen Hochschulen und Wirtschaft, 1989
Rammert	Das Innovationsdilemma - Technikentwicklung im Unternehmen, 1988
Rebitzki	Zur Rechtsprechung des BGH in der Frage der Vergütungspflicht für Diensterfindungen, GRUR 1963, S. 555 ff.
Redies	Zum Recht der Angestelltenerfinder, GRUR 1937, S. 410 ff.
RGRK	Das Bürgerliche Gesetzbuch mit besonderer Berücksichtigung der Rechtsprechung des Reichsgerichts und des Bundesgerichtshofs - Kommentar, Bd. 2, 4. Hb., 12. A.,

	1978
Reimer	Patentgesetz und Gebrauchsmustergesetz, 3. A., 1968
Reimer/Schade/ Schippel	Das Recht der Arbeitnehmererfindung, 6. A., 1992
Reitzle	Die Patentpolitik in der Vertragsforschung am Beispiel der Fraunhofer-Gesellschaft, Mitt 1992, S. 245
Reukauf	Mögliche Regelungen der Lizenzerteilung im Zusammenhang mit Kooperationen, GRUR 1986, S. 415 ff.
Riemschneider	Zum Recht der Angestelltenerfinder, GRUR 1937, S. 493 ff.
Rosenberger	Kriterien für den Erfindungswert, erhebliche Unbilligkeit von Vergütungsvereinbarungen, Vergütung bei zu enger Fassung von Schutzrechtsansprüchen, GRUR 1990, 238 ff.
Säger	Ethische Aspekte des Patentwesens, GRUR 1991, S. 267 ff.
Schade	Die gemeinschaftliche und die Doppelerfindung von Arbeitnehmern, GRUR 1972, S. 510 ff.
Schade	Der Erfinder, GRUR 1977, S. 390 ff.
Schaub	Arbeitsrechts-Handbuch - Systematische Darstellung und Nachschlagewerk für die Praxis, 1996
Schick	Mosaikarbeit und Erfindungshöhe, Mitt 1990, S. 90 ff.
Schippel	Anmerkung zum "Spanplattenurteil" des BGH, GRUR 1966, S. 561 f.
Schippel	Die Entwicklung des Arbeitnehmererfinderrechts, in: Beier/Kraft/Schricker/Wadle (Hrsg.), Gewerblicher Rechtsschutz und Urheberrecht in Deutschland - Festschrift, Bd. 1, 1991, S. 585 ff.
Schulte	Patentgesetz, 5. A., 1994
Schneider/ Zieringer	Innerorganisatorisches F&E-Management und F&E-Integration als Herausforderungen innovativen Unternehmertums: F&E zwischen E&F, in: Laub/Schneider (Hrsg.), Innovation und Unternehmertum - Perspektiven, Erfahrungen, Ergebnisse, 1991, S. 53 ff.
Schulze	Technischer Fortschritt und Erfindungshöhe, Mitt 1976, S. 132 ff.

Seeger/Wegner	Offene Fragen der Miterfinderschaft, Mitt 1975, S. 108 ff.
Sefzig	Das Verwertungsrecht des einzelnen Miterfinders, GRUR 1995, S. 302 ff.
v. Siemens	Das Recht der Angestellten an den Erfindungen, GRUR 1907, S. 203 ff.
Sikinger	Genießt der Anspruch auf Erfindervergütung den Lohnpfändungsschutz der §§ 850 ff. ZPO?, GRUR 1985, S. 785 ff.
Soergel/Siebert/ Hadding	Bürgerliches Gesetzbuch, 11. A., 1985
Spengler	Die gemeinschaftliche Erfindung, GRUR 1938, S. 231 ff.
Spengler	Ist eine friedliche Koexistenz zwischen Wettbewerbsfreiheit und Patentschutz denkbar?, GRUR 1951, S. 607 ff.
Staudt	Kooperationshandbuch - ein Leitfaden für die Unternehmenspraxis, 1992
Staudt/Mühlemeyer/ Kriegesmann	Ist das Arbeitnehmererfindergesetz noch zeitgemäß?, zfo, 1993, S. 100 ff.
Storch	Die Rechte des Miterfinders in der Gemeinschaft, in: Festschrift für Albert Preu, 1988, S. 93 ff.
Straube	Zwischenbetriebliche Kooperation, 1972
Straus	Der Erfinderschein - Eine Würdigung aus der Sicht der Arbeitnehmererfinder, GRUR Int. 1982, S. 706 ff.
Täger	Technologie- und wettbewerbspolitische Wirkungen von Forschungs- und Entwicklungskooperationen - Eine empirische Darstellung und Analyse, 1988
Tetzner	Kommentar zum Patentgesetz, 2. A., 1951
Tetzner	Leitfaden des Patent-, Gebrauchsmuster- und Arbeitnehmererfindungsrechts der Bundesrepublik Deutschland, 3. A., 1983
Thieme	Mitarbeiter und Industrie, 1935
Troller	Immaterialgüterrecht, Bd. 1, 1983
Ullrich	Privatrechtsfragen der Forschungsförderung in der Bundesrepublik Deutschland, 1984

Ullrich	Standards of Patentability for European Inventions, IIC Studies, 1977
Ullrich	Wissenschaftlich-technische Kreativität zwischen privatem Eigentum, freiem Wettbewerb und staatlicher Steuerung, in: Harabi (Hrsg.), Kreativität, Wirtschaft und Recht, 1996, S. 203 ff.
Ullrich	Staatliche Förderung industrieller Forschung und Entwicklung: Das Innenverhältnis, ZHR 146, S. 410 ff.
Ullrich	Kooperative Forschung und Kartellrecht, 1988
Ullrich	Technologieschutzaspekte der Vertragsgestaltung bei Kooperation mit japanischen Unternehmen, in: Ifo-Studien zur Japanforschung Bd. 9 - Technologieschutz in Japan - Strategien für Unternehmenskooperationen, 1993
Ullrich	Auslegung und Ergänzung der Schutzrechtsregeln gemeinsamer Forschung und Entwicklung, GRUR 1993, S. 338 ff.
Ulmer	Münchener Kommentar zum Bürgerlichen Gesetzbuch, Bd. 3, 2. Hb., 1980
Villinger	Rechte des Erfinders/Patentinhabers und daraus ableitbare Rechte von Mitinhabern von Patenten, Teil I und II, CR 1996, S. 331 ff. u. 393 ff.
Volmer	Begriff des Arbeitnehmers im Arbeitnehmererfindungsrecht, GRUR 1978, S. 329 ff.
Volmer	Der Begriff des Arbeitgebers im Arbeitnehmererfinderrecht, GRUR 1978, S. 393 ff.
Volmer/Gaul	Arbeitnehmererfindungsgesetz, 2. A., 1983
Weber	Forschung und Entwicklung in der Wirtschaft der Bundesrepublik Deutschland und ihre staatliche Förderung, 1978
Weisse	Die Ermittlung des Erfindungswerts von Arbeitnehmererfindungen, GRUR 1966, S. 165 ff.
Werner	Zur Anrechnung des Dienstgehalts auf die Arbeitnehmererfinder-Vergütung, BB 1983, S. 839 ff.
Willich	Erfindervergütungsansprüche bei außerbetrieblicher Nutzung von Diensterfindungen, GRUR 1973, S. 406 ff.

Wimmer	Die wirtschaftliche Verwertung von Doktorandenerfindungen, GRUR 1961, 449 ff.
Windisch	Rechtsprechung im Bereich der Arbeitnehmererfindung, GRUR 1985, S. 829 ff.
Winkler	Die Quantisierbarkeit der Erfindungshöhe, Mitt 1963, S. 61 ff.
Wolff/Becher/ Delpho/Kuhlmann/ Kuntze/Stock	Forschungs- und Entwicklungskooperation von kleinen und mittleren Unternehmen - Bewertung der Fördermaßnahmen des Bundesforschungsministeriums, 1994
Wunderlich	Die gemeinschaftliche Erfindung, 1962
Zeller	Die Mitberechtigung an der Erfindung - mit besonderer Berücksichtigung des englischen und amerikanischen Rechts, 1925
Zeller	Gebrauchsmusterrecht, 1952

Abbildungen

Abb. 1:	Abgrenzungen vor der Patentrechtsreform 1936	24
Abb. 2:	Abgrenzungen nach der Patentrechtsreform 1936	29
Abb. 3:	Arbeitsablauf in der Grundlagenforschung	64
Abb. 4:	Arbeitsablauf in der angewandten Forschung	65
Abb. 5:	Organisationsformen von Forschungs- und Entwicklungskooperationen	108
Abb. 6:	Gliederung der Durchführungsmöglichkeiten von Forschung und Entwicklung nach institutioneller Aufteilung (ohne Mischformen)	109
Abb. 7:	Arbeitsweise in der Vertragsforschung am Bsp. der IKTS Dresden	115
Abb. 8:	Prozentuale Verteilung der Kooperationsformen	117
Abb. 9:	Nutzungshäufigkeit wesentlicher Formen	118
Abb. 10:	Organisation der Forschungs- und Entwicklungsaktivitäten von Industrieunternehmen nach Beschäftigungsklassen	119
Abb. 11:	Gesamtbild der Herkunft der Partnerunternehmen	120
Abb. 12:	Maßgeblicher Arbeitgeber	131
Abb. 13:	Auswirkungen der Form der Inanspruchnahme auf die Rechtsbeziehungen	139

Abkürzungen

a. A.	anderer Ansicht
a. a. O.	am angegebenen Ort
a. E.	am Ende
a. F.	alte Form
ArbNErfG	Arbeitnehmererfindungsgesetz
arg.	Argument
Art.	Artikel
Bd.	Band
BGB	Bürgerliches Gesetzbuch
BGH	Bundesgerichtshof für Zivilsachen
BMFT	Bundesministerium für Forschung und Technologie
BPatG	Bundespatentgericht
BVerfG	Bundesverfassungsgericht
DASA	Daimler-Benz Aerospace AG
ders.	derselbe
DFVLR	Deutsche Forschungs- und Versuchsanstalt für Luft- und Raumfahrt e.V.
DIHT	Deutscher Industrie- und Handelstag
DPA	Deutsches Patentamt
EPA	Europäisches Patentamt
EPÜ	Europäische Patentübereinkunft
EWG	Europäische Wirtschaftsgemeinschaft
f.	folgende
ff.	fortfolgende
Fn.	Fußnote
FuE	Forschung und Entwicklung
GFVO	Gruppenfreistellungsverordnung
GG	Grundgesetz

GmbH	Gesellschaft mit beschränkter Haftung
GRUR	Zeitschrift für gewerblichen Rechtsschutz und Urheberrecht
GRUR Int.	Zeitschrift für gewerblichen Rechtsschutz und Urheberrecht - Internationaler Teil
GSF	Gesellschaft für Strahlen- und Umweltforschung
Hs.	Halbsatz
i. S. d.	im Sinne des
i. V. m.	in Verbindung mit
i. ü.	im übrigen
IKTS	Fraunhofer-Gesellschaft - Institut Keramische Technologien und Sinterwerkstoffe
IPP	Max-Planck-Institut für Plasmaphysik
ISI	Fraunhofer-Institut für Systemtechnik und Innovationsforschung
IW	Institut der Deutschen Wirtschaft
KMU	Kleine und mittlere Unternehmen
KG	Kommanditgesellschaft
LG	Landgericht
m. w. N.	mit weiteren Nachweisen
OHG	Offene Handelsgesellschaft
OLG	Oberlandesgericht
PatG	Patentgesetz v. 16.12.1980
PatG36	Patentgesetz vom 5. Mai 1936
PatG91	Patentgesetz aus dem Jahr 1891
Mitt	Mitteilungen der deutschen Patentanwälte
PST	Patentstelle für die deutsche Forschung der Fraunhofer-Gesellschaft
Rdn.	Randnummer
RG	Reichsgericht für Zivilsachen
RGRK	Das Bürgerliche Gesetzbuch mit besonderer Brücksichtigung der Rechtsprechung des Reichsgericht und des Bundesgerichtshof - Kommentar

RGZ	Reichsgericht für Zivilsachen
VG	Verwaltungsgericht
WuW	Wirtschaft und Wettbewerb
ZEW	Zentrum für Europäische Wirtschaftsforschung
zfo	Zeitschrift für Forschung und Organisation

Einführung

Die folgende Arbeit beschäftigt sich mit den Problemen der unternehmensübergreifenden Miterfinderschaft in Forschungs- und Entwicklungskooperationen. Früher entstanden Erfindungen hauptsächlich in der „Bastelwerkstatt" eines Einzelerfinders. Heute dagegen findet Forschung und Entwicklung zumeist innerhalb von unabhängigen, innerbetrieblichen oder unternehmensübergreifenden Forschungseinrichtungen im Teamwork statt. In der Konsequenz kommt es deshalb sehr oft zu Gemeinschaftserfindungen, auch Miterfindungen[1] genannt. Im Bereich der Arbeitnehmererfindungen beschränken sich diese Gemeinschaftserfindungen nicht nur auf Arbeitnehmererfinder aus ein und demselben Unternehmen, sondern rund 20 - 30 % dieser Miterfindungen aus Unternehmen sind unternehmensübergreifend[2]. Folge dieser Entwicklung ist, daß der Einzelerfinder im Laufe der Zeit von der Erfinder- und Erfindungsgemeinschaft[3] verdrängt worden ist[4]. Aus dieser Tatsache und daraus, daß der Gesetzgeber zwar in § 6 S. 2 PatG die Gemeinschaftserfindung ausdrücklich erwähnt, deren Voraussetzungen und Rechtsfolgen aber nicht näher geregelt hat, ergeben sich eine Reihe von rechtlichen und praktischen Problemen:

Die Erteilung eines Patents setzt gem. § 37 PatG die Benennung des Erfinders bzw. der Miterfinder voraus. Eben diese Abgrenzung der Miterfinder zu den sonstigen an der Erfindung beteiligten Personen innerhalb einer Forschungs- und Entwicklungskooperation bereitet Schwierigkeiten. Problematisch gestaltet sich aber nicht nur die Abgrenzung zwischen Miterfinder und Erfindungsgehil-

---

[1] Beier, GRUR 1979, S. 669.

[2] Bartenbach, Zwischenbetriebliche Forschungs- und Entwicklungskooperation und das Recht der Arbeitnehmererfindung, 1985, S. 13.

[3] Die Unterscheidung zwischen der Erfinder- und der Erfindungsgemeinschaft beruht auf der doppelten Rechtsnatur des Immaterialguts „Erfindung". Zum einen resultiert aus der Erfindung ein Persönlichkeitsrecht und zum anderen ein Vermögensrecht. Im Gegensatz zum Vermögensrecht ist das Persönlichkeitsrecht, d. h. die Rechtsstellung als Erfinder, nicht übertragbar. In Erfindergemeinschaft stehen deshalb nur die tatsächlichen Erfinder. Während an der vermögensrechtlichen Schutzrechtsgemeinschaft, der Erfindungsgemeinschaft, auch Nichterfinder partizipieren können. Siehe dazu auch: Marbach, Rechtsgemeinschaften an Immaterialgütern, 1987, S. 66 f.

[4] Lüdecke, Erfindungsgemeinschaften, 1962, S. 4.

fen[5], sondern auch die Feststellung, wer innerhalb einer Forschungs- und Entwicklungskooperation die Arbeitgeberstellung innehat[6]. Letzteres ist wesentlich für die Abgrenzung zwischen der Dienst- und der freien Erfindung sowie Voraussetzung für die Möglichkeit der Inanspruchnahme der Erfindung. Da eine erhebliche Anzahl von Miterfindungen aus Arbeitsverhältnissen heraus entstehen, ist zudem ein kritischer Blick auf das derzeit geltende Arbeitnehmererfindungsgesetz im Hinblick auf eine angemessene Interessenwahrung der Arbeitnehmererfinder im Rahmen von Kooperationen veranlaßt. Vor allem aber ist die Aufteilung und der Umfang der Verwertungsrechte an einer unternehmensübergreifenden Miterfindung noch nicht abschließend geklärt. Probleme bereitet dies, wenn der Kooperationsvertrag diesbezüglich keine oder nur lückenhafte vertragliche Regelungen enthält[7]. Fraglich ist dann nämlich, ob das Gesetz eine angemessene Lösung bereithält und wie zu verfahren ist, falls die gesetzliche Regelung inadäquat ist.

Der erste Teil dieser Arbeit ist der Bestimmung des Miterfinders innerhalb einer Forschungs- und Entwicklungskooperation gewidmet. Als Analyse-Instrumentarium dienen dazu die allgemeinen Voraussetzungen für die Patentwürdigkeit einer Erfindung, also die Begriffe „Erfindung" und „erfinderische Tätigkeit", die gesetzestechnische Entwicklung und eine Analyse der bisherigen Definitionsansätze aus Rechtsprechung und Literatur, an der sich eine Situationsbeschreibung des Miterfinders und des Erfindungsprozesses in der Praxis anschließt. Zudem werden die Intentionen einer innovativen Begriffsbestimmung herausgearbeitet. Diese Analyse bildet die Grundlage für die Entwicklung eines eigenen Miterfinderbegriffs, der sich mit den bisher vertretenen Rechtsansichten kritisch auseinandersetzen und einen neuen Weg beschreiten wird.

Daran werden sich in einem zweiten Teil Betrachtungen über das Schicksal der unternehmensübergreifenden Miterfindung innerhalb einer Forschungs und Entwicklungskooperation anschließen. Ausgangspunkt dieser Ausführungen ist die allgemeine Darstellung der Forschungs- und Entwicklungskooperation selbst in ihren unterschiedlichen Gestaltungsformen, gefolgt von der Darlegung der Bedeutung und der Problematik des Arbeitnehmererfindergesetzes für die

---

[5] Siehe dazu Kapitel A2 bis A4.
[6] Siehe dazu Kapitel B2.1.2.
[7] Siehe dazu Kapitel B3.

unternehmensübergreifende Miterfindergemeinschaft. Anhand der Frage der Verwertung von Miterfindungen aus Forschungs- und Entwicklungskooperationen wird schließlich der Frage nachgegangen, ob das Rechtsinstitut der Bruchteilsgemeinschaft ein angemessenes Lösungsmodell bietet, wenn die Kooperationspartner im Vorfeld der Miterfindung keine der gesetzlich vorgesehenen Gesellschaftsformen vertraglich vereinbart und auch sonst nur lückenhafte Abreden getroffen haben, oder ob ein Weg außerhalb der vom Gesetz vorgesehenen Möglichkeiten zu suchen sein wird, etwa im Wege der ergänzenden Vertragsauslegung.

Teil A
Zum Begriff der Miterfindung

1 Die Miterfindung als patentwürdige Erfindung

§ 6 S. 2 PatG bestimmt, daß mehreren das Recht auf das Patent gemeinschaftlich zusteht, wenn sie gemeinsam eine Erfindung gemacht haben. Das Patentgesetz erkennt demnach die Möglichkeit einer Gemeinschaftserfindung an, ohne jedoch die Tatbestandsmerkmale für ihr Vorliegen und damit für die Miterfinderstellung festzulegen. Um die Schließung dieser Gesetzeslücke bemühten und bemühen sich Rechtsprechung und Literatur seit langem. Allerdings wurde die Kernfrage, welche Anforderungen an die Miterfinderschaft zu stellen sind, bisher weder von der Rechtsprechung noch der Literatur abschließend und allgemeingültig beantwortet. Es existiert folglich bis heute keine Definition, die die Voraussetzungen der Miterfinderschaft festlegt[8]. Deshalb war es eine der Kernaufgabenstellungen dieser Arbeit, einen praktikablen Miterfinderbegriff zu entwickeln.

Als Ansatzpunkt dieser Begriffsbestimmung wird die kritische Betrachtung der bisher in Rechtsprechung und Literatur vorherrschenden Miterfinderdefinitionen gewählt. Notwendig ist dazu die Festlegung eines Analyse-Instrumentariums, das sich aus der Bestimmung des Erfindungsbegriffs, der insgesamt erforderlichen erfinderischen Tätigkeit[9] und den Anforderungen an die einzelnen Teilleistungen zusammensetzt. Aber auch die bisherige Entwicklung in der Patentgesetzgebung[10] ist von erheblicher Bedeutung. Ebenso müssen die Erfahrungen der Praxis mit der Festlegung der Miterfinder[11] und die grundlegenden

---

[8] Ob dies vor dem Hintergrund der Variationsbreite der Erfindungssituation überhaupt möglich ist, soll in Kapitel A4 beantwortet werden.
[9] Zu den Schutzvoraussetzungen vgl. auch Pedrazzini, Wie das Recht wissenschaftlich-technische Kreationen erfassen kann, in: Harabi (Hrsg.), Kreativität, Wirtschaft und Recht, 1996, S. 183 ff.
[10] Siehe dazu Kapitel A2.
[11] Siehe dazu Kapitel A4.1.

Ziele des Patentschutzes[12] auf die Entwicklung des Miterfinderbegriffs Einfluß nehmen.

1.1 Die Erfindung

Eine Erfindung ist, kurz gesagt, eine Lehre zum technischen Handeln, mit anderen Worten: eine technische Lösung für ein technisches Problem[13]. Die Erfindung ist nicht mit dem Begriff des Patents gleichzusetzen. Sie liegt begrifflich und zeitlich vor dem Patent und bildet dessen Grundlage und Voraussetzung. Weder das PatG noch das EPÜ definieren den Begriff der Erfindung[14]. In § 1 Abs. 2 und 3 PatG, Art. 52 Abs. 2 und 3 EPÜ findet sich jeweils lediglich ein nicht abschließender Negativkatalog von Gegenständen und Tätigkeiten, die als solche nicht als Erfindungen anzusehen sind[15]. Es handelt sich folglich um einen unbestimmten, durch Rechtsprechung und Literatur auszufüllenden Rechtsbegriff, der einer interessengerechten Anpassung nach dem neuesten Stand der Wissenschaft zugänglich ist[16]. Eine allgemein anerkannte Begriffsbestimmung ist bisher noch nicht gelungen[17]. Eine sinnvolle und nachvollziehbare Begriffsbestimmung[18] bietet jedoch die neuere deutsche Rechtsprechung, die die Erfindung anfänglich als eine Lehre zum technischen Handeln auf der Basis zweckgerichteten geistigen Handelns, also als eine Anweisung zur Lösung technischer Aufgaben mit den Mitteln der unbelebten Natur und somit als Technologie im

---

[12] Siehe dazu Kapitel A4.2.1.

[13] Bartenbach/Gaul, Handbuch des gewerblichen Rechtsschutzes, 1993, B10.

[14] Ebenda, B1.

[15] Keine Erfindungen sind demnach: Entdeckungen sowie wissenschaftliche Theorien und mathematische Methoden, ästhetische Formschöpfungen, Pläne, Regeln und Verfahren für gedankliche Tätigkeiten, für Spiele und gesellschaftliche Tätigkeiten sowie Programme für Datenverarbeitungsanlagen und die Wiedergabe von Informationen, vgl. dazu Benkard/Bruchhausen, Patentgesetz - Gebrauchsmustergesetz, 1993, § 1 PatG Rdn. 1; Troller, Immaterialgüterrecht, 1983, Bd. 1, S. 145.

[16] Schulte, Patentgesetz, 1994, § 1 PatG Rdn. 21.

[17] Benkard/Bruchhausen, a. a. O., § 1 PatG Rdn. 43.

[18] Zur Begriffsbestimmung vgl. auch: Ullrich, Wissenschaftlich-technische Kreativität zwischen privatem Eigentum, freiem Wettbewerb und staatlicher Steuerung, in: Harabi (Hrsg.), Kreativität, Wirtschaft und Recht, 1996, S. 206 m. w. N.

engeren Sinn bezeichnete[19]. Der BGH und das BPatG erweiterten diese Definition in späteren Entscheidungen[20] mit der Erstreckung der Schutzfähigkeit auf die Mittel der belebten Natur (Mikrobiologie)[21], auf die bloße zweckneutrale Bereitstellung „naturidentischer" oder in der Natur denkbarer Stoffe in synthetischer Gestalt im Bereich der Chemie[22] und auf die Programmlogik EDV-gesteuerter technischer Verfahren und Geräte[23]. Bei dem Schutz von EDV-Programmen als Erfindungen wird deutlich, daß der Ausschluß von § 1 Abs. 3 PatG nur gilt, wenn es um die genannten Gegenstände oder Tätigkeiten als solche geht. Das eigentliche Programm kann zwar nicht durch ein Patent geschützt werden, sein Einsatz in einer konkreten technischen Lösung dagegen sehr wohl[24].

Die in der Erfindung enthaltene Lehre muß ausführbar sein, wobei sogenannte Kinderkrankheiten nicht berücksichtigt werden. Die Handlungsanweisung und der damit verbundene Erfolg müssen beliebig wiederholbar sein[25]. Eine schutzfähige Erfindung muß zudem patentfähig sein. Dafür ist Voraussetzung, daß die Erfindung technischen Charakter hat. Erfindungen im Sinne des Patentrechts sind also nur solche, die eine Lehre zum technischen Handeln enthalten.

---

[19] BGH v. 27.3.69, BGHZ 52, S. 74 (Rote Taube).

[20] Vgl. zusammenfassend dazu Beier/Moufang, Vom deutschen zum europäischen Patentrecht - 100 Jahre Patentrechtsentwicklung im Spiegel der Grünen Zeitschrift, in: Beier/ Kraft/ Schricker/ Wadle (Hrsg.), Gewerblicher Rechtsschutz und Urheberrecht in Deutschland - Festschrift, Bd. 1, 1991, S. 300 ff.

[21] BGH v. 12.2.87, BGHZ 100, S. 67 (Tollwutvirus).

[22] BPatG v. 28.7.77, GRUR 1978, S. 238 (Naturstoffe); BGH v. 14.3.72, BGHZ 58, S. 280 (Imidazoline).

[23] In BGH v. 13.5.80, GRUR 1980, S. 849 (Antiblockiersystem) wurde die Patentierbarkeit eines prozessorgesteuerten Antiblockiersystems bejaht, obwohl dessen Herzstück ein „als solches" nicht patentierbares EDV-Programm war; BGH v. 4.2.92, BGHZ 117, S. 144 (Tauchcomputer); BGH v. 11.6.91, BGHZ 115, S. 11 (Seitenpuffer); Ullrich, Wissenschaftlich-technische Kreativität zwischen privatem Eigentum, freiem Wettbewerb und staatlicher Steuerung, in: Harabi (Hrsg.), Kreativität, Wirtschaft und Recht, 1996, S. 206 m. w. N.

[24] BGH v. 13.5.80, GRUR 1980, S. 849 (Antiblockiersystem); BGH v. 4.2.92, BGHZ 117, S. 144 (Tauchcomputer); BGH v. 11.6.91, BGHZ 115, S. 11 (Seitenpuffer).

[25] Bernhardt/Kraßer, Lehrbuch des Patentrechts, 1986, S. 84.

1.2 Die erfinderische Tätigkeit

1.2.1 Die absolut-objektive Betrachtungsweise

§ 1 Abs. 1 PatG fordert für die Patentfähigkeit einer Erfindung, daß diese „... auf einer erfinderischen Tätigkeit ..." beruht. Nach der Legaldefinition des § 4 S. 1 PatG gilt eine Erfindung dann „... als auf einer erfinderischen Tätigkeit beruhend, wenn sie sich für den Fachmann nicht in naheliegender Weise aus dem Stand der Technik ergibt ..." Damit wurde der früher geltende Begriff der „Erfindungshöhe" bedeutungsgleich ersetzt[26]. Ausgangspunkt für diese Beurteilung ist der „Stand der Technik" zum Anmeldungszeitpunkt im Sinne des § 3 Abs. 1 PatG[27]. Diesem wird die Erfindung im Erteilungsverfahren gegenübergestellt. Das Patentamt führt dann eine mosaikartig zusammenfassende Würdigung des gesamten Standes der Technik durch[28], dem die Erfindung in ihrer Gesamtheit und nicht in ihren einzelnen Teilen zugrunde gelegt wird[29]. Liegt die Erfindung nahe, beruht sie also nicht auf erfinderischer Tätigkeit, so bleibt sie patentfrei.

Durch das Abstellen auf die Überdurchschnittlichkeit der Lösung der technischen Aufgabe und nicht auf die persönliche Leistung des Erfinders zur Beurteilung der „erfinderischen Tätigkeit" als Schutzvoraussetzung wird deutlich, daß ein absolut-objektiver und kein individuell-subjektiver Maßstab angelegt wird[30]. Für die Schutzvoraussetzung kommt es also auf die individuelle Arbeitsleistung des Erfinders nicht an. Maßgeblich ist nur, ob die Erfindung über das allgemeine Durchschnittskönnen hinausgeht. Anders ausgedrückt, darf für die Beurteilung, ob die Erfindung auf erfinderischer Tätigkeit beruht, nicht die subjektive Leistung des Erfinders, sondern allein das objektive Erfindungser-

---

[26] Bartenbach/Gaul, a. a. O., B 114; Pedrazzini, Das neue europäische Patentrecht, 1974, S. 18.

[27] BGH v. 25.11.65, GRUR 1966, S. 254 (Batterie); BGH v. 29.11.83, GRUR 1984, S. 335 ff. (Hörgerät); Pagenberg, GRUR Int. 1978, S. 150.

[28] Vgl. dazu u. a. BGH v. 30.6.64, GRUR 1964, S. 616 (Bierabfüllung); Schick, Mosaikarbeit und Erfindungshöhe, Mitt 1990, S. 90 ff.; Bossung, Mitt 1974, S. 147.

[29] Schulte, a. a. O., § 4 PatG Rdn. 2, Benkard/Bruchhausen, a. a. O., § 4 PatG Rdn. 6.

[30] BGH v. 2.12.52, GRUR 1953, S. 122 (Rohrschelle); BGH v. 25.9.1953, GRUR 1954, S. 110 (Mehrfachschelle); BGH v. 6.5.1996, GRUR 1960, S. 428 (Fensterbeschläge).

gebnis Beachtung finden[31]. Nur der objektive Durchschnittsfachmann, nicht aber die Person des Erfinders oder die Schwierigkeit des Werdegangs der Erfindung sind relevant.

Erfinderische Tätigkeit ist also eine Leistung von technischer und nicht von individueller Kreativität. Deshalb sind auch sog. „Zufallserfindungen" patentierbar. Folglich kann es für die Begriffsbestimmung des Miterfinders nicht auf dessen persönliche Schwierigkeiten bei der Lösungsfindung ankommen. Nicht seine individuelle Leistung darf gewertet werden, sondern nur die objektive Art der Mitwirkung ist maßgeblich. Auch bei der Beurteilung der Tätigkeit des Mitwirkenden als miterfindertauglich muß auf diese absolut-objektive Betrachtungsweise zurückgegriffen werden. Jedoch braucht der einzelne nicht sämtliche Voraussetzungen der „erfinderischen Tätigkeit" im Sinne eines Nichtnaheliegens erfüllen.

1.2.2 Die allgemeinen Beurteilungskriterien

Die „erfinderische Tätigkeit" kann auf einer Mitwirkung in allen Stadien während der Entstehung einer Erfindung beruhen. In der Regel liegt sie zwar in der Lösung der gestellten Aufgabe, sie kann aber auch in der Konzeption eines Grundgedankens bestehen, dessen Verwirklichung dann nicht mehr schwierig ist, oder in der Erkenntnis der Ursache von Nachteilen des Standes der Technik, wenn diese dann mit bekannten Mitteln beseitigt werden kann[32]. Als Rechtsbegriff ist die erfinderische Tätigkeit nicht gleich einer Tatsache dem Beweis zugänglich. Eine eindeutige Beantwortung der Frage nach dem Vorliegen der erfinderischen Tätigkeit ist oft nicht so eindeutig möglich, wie man es sich wegen ihrer Bedeutung im Rahmen des Patenterteilungsverfahrens wünschen würde. Aufgrund der Schwierigkeit bei ihrer Handhabung[33] wurden immer wieder Beurteilungsmethoden vorgeschlagen, die dem Kriterium mehr Zuverlässigkeit geben sollten[34].

---

[31] Pagenberg, GRUR Int. 1978, S. 148.

[32] Schulte, a. a. O., § 4 PatG Rdn. 18.

[33] Pagenberg, GRUR Int. 1978, S. 190, bezeichnet den Versuch der Interpretation des Begriffes als steten „... Grund der Frustration, des Verzagens oder lethargischen Fatalismus ...".

[34] Eine beispielhafte Aufzählung findet sich in Pagenberg, GRUR Int. 1978, S. 147 ff., 190 ff.; Öhlschlegel, GRUR 1964, S. 478 ff.; Winkler, Mitt 1963, S. 61.

1.2.2.1 Der Fachmann

Ungeachtet all dieser Lösungsversuche, war für die Praxis allein das Naheliegen der Erfindung für den Fachmann entscheidend. Dabei bemühte sie sich um die Konkretisierung der Frage, welcher Fachmann und welches Fachgebiet jeweils maßgeblich sind. Die frühere Regelung über die Erfindungshöhe stellte auf den Durchschnittsfachmann ab, während die neue Regelung nur vom Fachmann spricht. Trotz dieser Änderung im Wortlaut des § 4 PatG muß weiter vom Durchschnittsfachmann als Maßstab ausgegangen werden[35]. Der Gesetzgeber wollte durch das bloße Weglassen des Wortes „Durchschnitt" nicht plötzlich den Kreis der Fachmänner auf solche mit überragenden Fachkenntnissen begrenzen. Anders kann auch eine routinemäßige Anwendung dieses Maßstabes nicht verwirklicht werden[36]. Sein Fachgebiet richtet sich nicht nach der Person des Erfinders oder der des späteren Nutznießers der Erfindung, sondern es wird nach der Aufgabe bestimmt, die durch die Erfindung gelöst wurde[37]. Anders ausgedrückt, ist im Einzelfall der maßgebliche Fachmann der, „... der normalerweise als Hersteller des Erfindungsgegenstandes in Frage kommt oder an den man sich für eine Problemlösung wenden würde, um einen Defekt im Stand der Technik zu beheben. Entscheidend ist daher nicht der spätere Benutzer der Erfindung, sondern es wird der Herstellungsbereich zur Grundlage der Entscheidung gemacht ..."[38] Als Fachmann im Sinne des § 4 PatG ist daher der zu betrachten, der eine dem Fachgebiet entsprechende Ausbildung erfahren hat. Er ist mit durchschnittlichen und auf das einschlägige Fachgebiet begrenzten Kenntnissen, Fähigkeiten und auch Vorurteilen[39] ausgestattet.

1.2.2.2 Der Stand der Technik

Für den Stand der Technik, mit dem die Erfindung zu vergleichen ist, ist entscheidend, was dem Fachmann als bekannt zu unterstellen ist. Diese Würdigung umfaßt alles, wozu die Öffentlichkeit weltweit die Möglichkeit der Kenntnisnahme hatte, also auch den sogenannten papierenen Stand der Technik. Dies

---

[35] Bartenbach/Gaul, a. a. O., B. 120 ff.
[36] Bernhardt/Kraßer, a. a. O., S. 168.
[37] Ebenda, S. 170.
[38] Pagenberg, GRUR Int. 1978, S. 149.
[39] Bossung, Mitt 1973, S. 89.

sind Entwicklungen, die niemals zu einer praktischen Verwertbarkeit geführt haben[40].

1.2.2.3 Die Beweisanzeichen

Außerdem verwenden Patentamt und Gerichte nicht zwingende Beweisanzeichen[41], die jeweils gegen oder für ein Naheliegen sprechen[42], isoliert betrachtet aber noch keinen sicheren Anhalt für das Vorliegen erfinderischer Tätigkeit geben. Durch die Verwendung dieser Beweisanzeichen soll die Entscheidung nicht Ergebnis „... höherer Eingebung ..."[43], sondern objektiver Fakten sein. Ziel ist es, Dritte aus Gründen des Rechtsfriedens in die Lage zu versetzen, die Entscheidung über das Ja oder Nein der Patentierbarkeit nachvollziehen zu können. Die Anwendung der Beweisanzeichen verlangt kein spezifisches Fachwissen, da sie sich auf Fakten der allgemeinen Begriffswelt stützen. Sie sind objektiv verifizierbar und damit neutral. Folgende positive Beweisanzeichen werden von *Pagenberg* aufgeführt[44]:

- Wirtschaftlicher Erfolg - auf welchen Wirtschaftsstufen ist der Erfolg eingetreten?[45]
- Überwindung von Schwierigkeiten - technische Barrieren und Zeitfaktor[46],

---

[40] Troller, a. a. O., S. 160; Bossung, Mitt 1973, S. 88; ders. Mitt 1974, S. 147; a. A. Pagenberg, GRUR 1978, S. 149 f., der den Stand der Technik auf das Wissen aus dem Fachgebiet des Fachmanns begrenzen will.

[41] Andere Methoden lassen keine Objektivierung der Prüfung zu oder sind so kompliziert, daß sie sich für die Anwendung in der Praxis verbieten; vgl. dazu Ullrich, Standards of Patentability for European Inventions, 1IIC Studies, S. 39 , der von exotischen Versuchen spricht.

[42] Eine Aufzählung anerkannter und abgelehnter Beweisanzeichen findet sich zum Beispiel in Schulte, a. a. O., § 4 PatG Rdn. 20 - 52, Benkard/Bruchhausen, a. a. O., § 4 PatG Rdn. 14 - 27; Bernhardt/Kraßer, a. a. O., S. 181 ff.

[43] Pagenberg, GRUR Int. 1978, S. 191.

[44] Vgl. dazu insgesamt Pagenberg, GRUR Int. 1978, S. 190 ff. mit näheren Erläuterungen; zugestimmt kann Pagenberg auch dort werden, wo er aus ablehnend von den negativen Beweisanzeichen „Aggregation", „Äquivalenz", „Materialersatz" oder „Stoffaustausch" sowie „Veränderung von Größe, Form oder Proportion" wegen ihrer fehlenden objektiven Verifizierbarkeit und der bestehenden Auslegungsbedürftigkeit äußert, vgl. S. 198 f.

[45] Skeptisch dazu Ullrich, Standards of Patentability for European Inventions, 1IIC Studies, S. 44; zustimmend Pagenberg, GRUR Int. 1978, S. 193.

- Befriedigung eines lange bestehenden Bedürfnisses[47],
- vergebliche Versuche von Fachleuten[48],
- verbesserte Lösung, größere Effektivität - bessere Ausnutzung von Ressourcen und größere Produktivität als objektiv meßbare Fakten,
- Verbilligung von Fertigungsmethoden,
- Vereinfachung von Maschinen, Konstruktionen, Fertigungsabläufen usw.,
- technischer Fortschritt - feststellbar im einfachen Leistungsvergleich[49],
- Pioniererfindung[50],
- Überwindung von Vorurteilen in der Fachwelt[51],
- objektiv neues und unerwartetes Ergebnis aus der Sicht des Durchschnittsfachmanns[52],
- Lizenzeinnahmen als Zeichen nicht nur des wirtschaftlichen Erfolges, sondern auch des Interesses in der Fachwelt[53]

---

[46] Ullrich, Standards of Patentability for European Inventions, 1IIC Studies, S. 41, betrachtet dieses Beweisanzeichen sogar als Direktbeweis für die erfinderische Tätigkeit, weil es sich um „... eine exakte Beschreibung des Nichtnaheliegens ..." handele.

[47] Vgl. dazu auch Schulze, Mitt 1976, S. 137; Ullrich, Standards of Patentability for European Inventions, 1IIC Studies, S. 41.

[48] Pagenberg, GRUR Int. 1978, S. 193.

[49] Seit 1976 ist der technische Fortschritt keine Patentierungsvoraussetzung mehr. Vgl. dazu Ullrich, Standards of Patentability for European Inventions, 1IIC Studies, S. 97, 102, 108 f., 112, der nachweist, daß die Gesetzesänderung auf den Schwierigkeiten basierte, den technischen Fortschritt zu quantifizieren. Ihm ist zuzustimmen, daß das Erfordernis des technischen Fortschritts für die Patentierung nicht so überzeugend ist, wie das des Naheliegens, da Erfindungen die zwar einen technischen Fortschritt darstellen, aber dem Stand der Technik entsprechen, wohl auch dann gemacht worden wären, wenn ihnen der Patentschutz versagt worden wäre. Damit läuft der an sich durch das Patentsystem bezweckte Anreiz zur Forschung und Offenbarung der technischen Lösung aber leer. Zutreffend ist auch, daß die meisten Erfindungen technisch fortschrittlich sind und daß Ziel der vom Patentsystem gewünschten Offenbarung gerade die das Durchschnittskönnen übersteigende Erfindung ist, die ohne das Anreizsystem des Patentschutzes der Allgemeinheit vorenthalten würde. Zum Scheinproblem der patentierten Erfindung ohne technischen Fortschritt vgl. Pagenberg, GRUR Int. 1978, S. 194 f.

[50] Voraussetzung für dieses Beweisanzeichen ist, daß die Erfindung eindeutig einen technischen Durchbruch darstellt, durch den die Industrie in neue Bahnen gelenkt wurde und der neue Technologien eröffnet; vgl. dazu Blum/Pedrazzini, Das Schweizer Patentrecht, 1975, S. 154.

[51] Troller, a. a. O., S. 174.

[52] Pagenberg, GRUR 1978 Int., S. 196.

[53] So z. B. auch Blum/Pedrazzini, a. a. O., S. 134.

A1 Die Miterfindung als patentwürdige Erfindung

- Nachahmung oder Patentverletzung durch Mitbewerber,
- Umgehungserfindungen nach Veröffentlichung des ersten Patents,
- Urteil von Fachleuten,
- langwierige Forschung, teure Entwicklung[54],
- lange vorhandener Stand der Technik und besonders glückliche Auswahl aus einer Vielzahl von Möglichkeiten.

Diese Beweisanzeichen haben auch als Orientierungshilfe für die Definition des Miterfinders Bedeutung[55].

1.3 Der Erwerb der Miterfinderschaft

Basis für die Begriffsbestimmung des (Mit-)Erfinders ist die Person, die Rechtsform des Erwerbs und der Zeitpunkt, bis zu welchem eine (Mit-)Erfinderstellung überhaupt erworben werden kann.

1.3.1 Der Träger des Erfindungsgedankens und die Rechtsform des Erfindungsakts

Erfinder kann immer nur eine natürliche Person sein. Selbst wenn die Erfindung im Teamwork einer Forschergruppe entstanden ist, ist der Mensch als Einzelwesen Träger des Erfindungsgedankens. Juristische Personen, Gesellschaften, Körperschaften und Anstalten sind niemals selbst Erfinder[56].

Die erfinderische Tätigkeit ist kein Rechtsgeschäft, sondern ein Realakt[57], deshalb ist nur der natürliche Wille und nicht die Geschäftsfähigkeit für den Er-

---

[54] So Pagenberg, GRUR Int. 1978, S. 197. Dieses Beweisanzeichen muß aber mit äußerster Skepsis betrachtet werden, da nur der objektive Fachmann und nicht die Person des Erfinders oder die Schwierigkeit des Werdegangs der Erfindung für die erfinderische Tätigkeit relevant sind. Erfinderische Tätigkeit ist eine Leistung von technischer und nicht von individueller Kreativität.

[55] Siehe dazu unten Kapitel A4.

[56] Benkard/Bruchhausen, a. a. O., § 6 PatG Rdn. 3.

[57] Ganz h. M., vgl. dazu u. a.: LG Nürnberg-Fürth v. 25.10.67, GRUR 1968, S. 254 (Soft-Eis); BGH v. 16.11.54, GRUR 1955, S. 288 f. (Schnellkopiergerät); Marbach, a. a. O., S. 72.

werb der (Mit-)Erfinderstellung Voraussetzung[58]. Konsequenz ist, daß nur derjenige Erfinder sein kann, der an der Entstehung der Erfindung kausal mitgewirkt hat. Nur die Mitberechtigung an der Erfindung[59] ist rechtsgeschäftlich erwerbbar. Die Rechtsstellung als Erfinder kann also weder durch Vereinbarung begründet noch veräußert werden[60]. Gleiches gilt für die Anteilshöhe bei Miterfindungen[61]. Sie entspricht dem Erfindungsbeitrag in seiner speziellen Höhe, ist aber aufgrund nachträglicher vertraglicher Abreden abänderbar.

1.3.2 Die fertige Erfindung

Jegliche Mitwirkung an einer Erfindung kann nur dann zu einer Mitberechtigung im persönlichkeitsrechtlichen Sinne führen, wenn sie vor der Fertigstellung der fraglichen Erfindung liegt und der Ausführbarkeit der Erfindung dient[62]. Ausführbar ist die Erfindung, wenn es dem Durchschnittsfachmann möglich ist, nach den Angaben des Erfinders mit Erfolg zu arbeiten[63]. Ist die Erfindung, die Lösung des technischen Problems aber ausführbar, so ist der Erwerb der Miterfinderschaft ausgeschlossen. Eine Ausnahme ist lediglich die Verschmelzung zweier eigenständiger Erfindungen zu einer neuen Gesamterfindung. Hier kann die zur Miterfindung führende Tätigkeit auch nach der Ausführbarkeit der zunächst getrennten Erfindungsgedanken liegen.

---

[58] Schulte, a. a. O., § 6 PatG Rdn. 4.

[59] § 15 Abs. 1 PatG gestattet die Übertragung ausdrücklich, vgl. dazu LG Nürnberg-Fürth v. 25.10.67, GRUR 1968, S. 254 (Soft-Eis); BGH v. 16.11.54, GRUR 1955, S. 289 (Schnellkopiergerät); zur Rechtslage vor 1936 vgl. RG v. 30.11.32, RGZ 139, S. 56; Redies, GRUR 1937, S. 410; zur vertraglichen Verpflichtung auf Übertragung aus einem Forschungsauftrag oder wegen dem Empfang von Drittmitteln für ein Forschungsvorhaben vgl. Ullrich, ZHR 146, S. 433ff; zur Übertragungspflicht aus einer stillschweigenden Abrede oder aus einer Treuepflicht wegen der Art der Tätigkeit des Erfinders, der Vergütungshöhe, der Art und Höhe der Unterstützung für die Erfindung und der Nutzung betrieblicher Erfahrungen des Auftraggebers (Know-how) vgl. Schulte, a. a. O., § 6 PatG Rdn. 20; Lindenmaier, Das Patentgesetz, 1973, § 3 PatG Rdn. 13; für Doktoranden vgl. Wimmer, GRUR 1961, S. 449 ff.

[60] Wunderlich, Die gemeinschaftliche Erfindung, 1962, S. 29 f., 32; a. A. war das RG in einer Einzelentscheidung in RG v. 18.12.37, GRUR 1938, S. 259 (Kopierapparat), die jedoch ihrem Inhalt nach keine Wiederholung mehr fand.

[61] Bernhardt/Kraßer, a. a. O., S. 201.

[62] BGH v. 5.5.66, GRUR 1966, S. 559 (Spanplatten).

[63] BGH v. 10.11.70, GRUR 1971, S. 212 (Wildverbißverhinderung).

A1 Die Miterfindung als patentwürdige Erfindung

Ausführbarkeit bedeutet aber auch, daß sich die Erfindung nicht mehr im Versuchsstadium befindet. Es sind zwei Arten von Versuchen zu unterscheiden:

- Die Erfindung ist noch nicht fertig, wenn die Versuche dem tatsächlichen Auffinden der Lösung des technischen Problems dienen.
- Werden aber Versuche durchgeführt, die nur dem Ausprobieren einer schon gegebenen Lehre zugute kommen, ist die Erfindung dann schon vor Versuchsbeginn als fertig anzusehen, wenn derartige Versuche nicht das für den Fachmann übliche Maß übersteigen[64].

In der „Wildverbißverhinderung"-Entscheidung stellte der BGH fest, daß es für die Erforderlichkeit eines Versuchs im Hinblick auf die Ausführbarkeit der Erfindung nicht auf die subjektive Meinung des Erfinders, sondern auf die objektive Ansicht des Fachmanns ankommt[65]. Damit weicht der BGH von seiner früheren Ansicht[66] ab. Dort entschied er nämlich noch zugunsten der subjektiven Meinung des Erfinders. Der BGH war bis zum damaligen Zeitpunkt der Ansicht, daß selbst eine objektiv fertige Erfindung noch nicht als fertig zu gelten habe, wenn der Erfinder noch Versuche für nötig hält, um zu erkennen, ob sich die Theorie auch in der Praxis verwirklichen läßt. Der BGH betrachtete eine Erfindung erst dann als tatsächlich fertig, wenn der Erfinder die von ihm für nötig gehaltene Gewißheit über die praktische Bewährung erhalten habe. Aus der damaligen Sicht des BGH war es unerheblich, ob sich die Versuche nachträglich als entbehrlich erwiesen.

Nach der heute herrschenden Meinung ist also nicht auf die subjektive Überzeugung des Erfinders abzustellen, sondern vielmehr ein objektivierter Maßstab anzulegen. Der Irrtum oder die Unkenntnis des Erfinders über die Ausführbarkeit seiner Erfindung, über die Notwendigkeit weiterer Versuche ist für die Entstehung seines Rechtes ohne Belang[67]. Daß die Lehre aber schon einmal in die Tat umgesetzt wurde oder eine verkaufsreife Konstruktion vorliegt ist nicht er-

---

[64] Ebenda.
[65] BGH v. 10.11.70, GRUR 1971, S. 212 f. (Wildverbißverhinderung).
[66] BGH v. 30.3.51, GRUR 1951, S. 404, 407 (Wechsel-Synchron-Generatoren).
[67] BGH v. 10.11.70, GRUR 1971, S. 210, 213 (Wildverbißverhinderung); Tetzner, Leitfaden des Patent-, Gebrauchsmuster- und Arbeitnehmererfindungsrechts der Bundesrepublik Deutschland, 1983, S. 31 f.

forderlich[68]. Die Erfindung kann also durchaus noch mit sogenannten „Kinderkrankheiten" behaftet sein.

Zusätzlich muß der Erfinder den ursächlichen Zusammenhang zwischen den angewendeten Mitteln und der erstrebten Wirkung, sprich die objektiv-kausalen Voraussetzungen des technischen Erfolges[69], auch Erfindungsgedanke genannt, erkannt und offenbart haben[70]. Nicht erforderlich ist die naturwissenschaftliche Erklärung für die Funktionsweise der Erfindung, also des Wissens über die naturwissenschaftlichen Zusammenhänge der Erfindung [71]. Der Erfinder muß lediglich offenbaren können, wie der Erfolg erreicht wird[72], so daß der Durchschnittsfachmann die Erfindung ausführen kann. Deshalb ist es nicht maßgeblich, ob der Erfinder die Ursachen des Erfolges richtig gedeutet hat[73], sofern er in seiner technischen Lehre die äußeren Zusammenhänge von Ursache und Wirkung für den Fachmann verständlich aufzeigt[74]. Anders ausgedrückt, muß er zwar wissen, wie seine Erfindung funktioniert, aber nicht warum dies so ist. Irrt sich der Erfinder in der Beurteilung der Ursachen, so ist dies grundsätzlich unschädlich[75]. Eine Ausnahme gilt aber für den Fall, daß Patentschutz gerade für die irrtümlich angenommene Ursache begehrt wird und mit den angegebenen Mitteln der Erfolg gar nicht erreicht werden kann[76]. Dann fehlt es gerade an der Ausführbarkeit der Lehre. Daran, daß der Erfinder die Ursache seines Erfolges nicht richtig deuten können muß, zeigt sich, daß er nicht an seiner geistigen Leistung und seiner Tätigkeit als solcher, sondern nur an seinem Ergebnis gemessen werden kann.

---

[68] RG v. 18.12.37, GRUR 1938, S. 261.

[69] RG v. 29.2.28, RGZ 120, S. 227, RG v. 30.3.35, GRUR 1935, S. 538.

[70] RG v. 22.1.36, RGZ 150, S. 97.

[71] BGH v. 5.11.64, GRUR 1965, S. 142 (Polymerisationsbeschleuniger).

[72] BGH v. 7.5.74, BGHZ 63, S. 10 f. (Chinolizine).

[73] RG v. 25.3.36, Mitt 1936, S. 149.

[74] RG v. 2.12.36, GRUR 1937, S. 972 (Kanteneinfassung für fugenloses Pflaster).

[75] BGH v. 17.12.54, GRUR 1955, S. 386.

[76] RG v. 30.4.37, Mitt 1937, S. 245.

A1 Die Miterfindung als patentwürdige Erfindung

Demnach ist eine Erfindung also abgeschlossen:

- wenn die Lösung der technischen Aufgabe wirklich gefunden ist und
- der Erfindungsgedanke, also die aus Aufgabe und Lösung bestehende technische Lehre, erkannt ist,

so daß eine Patentanmeldung eingereicht werden kann, und andere Sachverständige die Erfindung in Benutzung nehmen können. Die Lösung muß mit solcher Klarheit und Bestimmtheit erkannt sein, daß ihre Ausführung im Bereich des durchschnittlichen fachlichen Könnens liegt, mag auch das Festlegen einer verkaufsreifen Konstruktion noch ein Probieren von mehr oder minder langer Dauer erfordern[77].

Zusätzlich müssen der Fachwelt die Hilfsmittel zur Verfügung stehen, die zur Ausführung des Erfindungsgedankens benötigt werden. Zum Beispiel bedarf es zur Erfindung eines neuen Stoffes nicht nur der Entwicklung seiner Strukturformel, sondern auch der Verfügbarkeit des Herstellungsweges[78]. Strittig ist, auf welchen Zeitpunkt für die Ausführbarkeit abzustellen ist, wenn die zunächst fehlenden Hilfsmittel erst später infolge der technischen Entwicklung verfügbar werden[79]. Es stellen sich in diesem Zusammenhang folgende Fragen:

- Müssen die notwendigen Hilfsmittel schon im Augenblick der Anmeldung vorliegen oder genügt der Moment der Patenterteilung?
- Kann demnach eine quasi noch nicht fertige Erfindung zum Patent angemeldet werden?[80]

---

[77] RG v. 18.12.37, GRUR 1938, S. 261 (Kopierapparat).

[78] Bernhardt/Kraßer, a. a. O., S. 111.

[79] Während das Reichsgericht in RG v. 16.2.29, Mitt 1929, S. 578 ff. die Ausführbarkeit schon bei Patentanmeldung forderte, ist dies in der Literatur umstritten. Zu einem Überblick über den Meinungsstand siehe Bernhardt/Kraßer, a. a. O., S. 112 Fn. 37.

[80] Die Entscheidung dieser Frage hat der BGH in BGH v. 29.11.83, GRUR 1984, S. 335 (Hörgerät) offengelassen. Er hat aber in BGH v. 1.4.65, GRUR 1966, S. 141 (Stahlveredelung) entschieden, daß die Ausführbarkeit, also auch die dazu notwendigen Hilfsmittel, in jedem Fall zum Zeitpunkt der Patenterteilung vorliegen müssen, sonst ist das Patent für nichtig zu erklären.

- Kann demzufolge auch noch nach der Patentanmeldung eine Miterfinderstellung erworben werden, wenn erst danach die erforderlichen Hilfsmittel zur Verfügung stehen?

Teilweise wird gefordert, daß die Ausführbarkeit der Erfindung - und damit die Hilfsmittel - bereits bei der Patentanmeldung vorliegen muß. Andere stellen auf den Zeitpunkt der Patenterteilung ab, wobei der Anmeldung einer noch nicht ausführbaren Erfindung aber der Prioritätsschutz zu Lasten Dritter versagt werden solle. Sollte also ein Dritter später dieselbe Erfindung jedoch in ausführbarer Form anmelden, so könnte sich der Erstanmelder, der bis dahin noch nicht alle Hilfsmittel entwickelt hat, nicht auf den Prioritätsschutz seiner vorhergehenden Anmeldung berufen. Es wird aber gleichermaßen vertreten, daß die Erfindung auch ohne Ausführbarkeit Prioritätsschutz genießen solle. Einen anderen Gedanken verfolgt Bernhardt/Kraßer[81]. Er schlägt im Rahmen einer dafür notwendigen gesetzlichen Neuregelung vor, daß auch zum Zeitpunkt der Erteilung die Erfindung noch nicht ausführbar sein muß, dieses vielmehr bis zum Ablauf des Patents nachgeholt werden kann. Voraussetzung dafür wäre, daß die Entwicklung der Hilfsmittel laut fachmännischem Urteil im Rahmen der Entwicklung der Technik zu erwarten ist. Dies könne die Rechtsunsicherheiten des Erfinders aufgrund der unterschiedlichen Dauer des Erteilungsverfahrens beseitigen. Er müsse dann keinen Wettlauf mit der Zeit mehr durchstehen. Voraussetzung sei aber auch eine genaue Bezeichnung der Hilfsmittel und keine bloßen Spekulationen, um die Benachteiligung anderer Erfinder, die am gleichen Projekt arbeiten, auszuschließen.

Fest steht in jedem Fall, daß Schutzgegenstand einer Erfindung, die zum Zeitpunkt der Anmeldung mangels Hilfsmittel noch unausführbar ist, nur das Vorhandene sein kann, wenn die Anmeldung nicht gemäß § 38 PatG unzulässig erweitert werden soll. Die später gefundenen Hilfsmittel können demnach nur Gegenstand einer eigenen späteren Patentanmeldung sein. Die Tatsache, daß beim Abstellen auf den Zeitpunkt der Patentanmeldung der Erfinder durch eine ihm noch versagte Anmeldung und dem schwierigen Geheimnisschutz seine Interessen preisgeben muß, und daß eine noch nicht ausführbare Lehre oft erst den Anstoß zur Entwicklung der benötigten Hilfsmittel gibt, spricht dafür, daß auf den Zeitpunkt der Patenterteilung abzustellen und dem Erfinder für die an-

---

[81] Bernhardt/Kraßer, a. a. O., S. 113.

A1 Die Miterfindung als patentwürdige Erfindung

gemeldete Idee Prioritätsschutz zu gewähren ist[82]. Dies führt auch nicht zu einer Benachteiligung Dritter, die die notwendigen Hilfsmittel ohne Zusammenwirken mit dem Erfinder entwickeln. Diese können sich dafür ein Patent mit der Folge erteilen lassen, daß die Benutzung der Erfindung sodann ihrer Zustimmung bedarf. Selbstredend muß die zum Zeitpunkt der Anmeldung noch nicht ausführbare Erfindung auf jeden Fall alle übrigen Patentierungsvoraussetzungen erfüllen.

Zusammenfassend kann also festgestellt werden, daß die Miterfinderstellung dann bis zum Zeitpunkt der Patenterteilung erworben werden kann, wenn die Erfindung vorher noch nicht ausführbar ist, weil die Hilfsmittel fehlen.

---

[82] Ebenda.

2 Die Entwicklung der Patentgesetzgebung

Um die Entwicklung des Miterfinderbegriffs in Rechtsprechung und Literatur nachvollziehen zu können, muß auch die Entwicklung in der Patentgesetzgebung berücksichtigt werden. Das erste einheitliche deutsche Patentgesetz vom 25.5.1877 wurde aufgrund von Mängeln im verfahrensrechtlichen und im organisatorischen Bereich bereits im Jahr 1891 geändert[83]. Grundgedanke des Patentgesetzes von 1891 war die Förderung eines möglichst schnellen wirtschaftlichen und technischen Fortschritts. Es wurde dazu für notwendig erachtet, den Gedanken, daß die Person des Erfinders mit dem Eigentumsrecht an der Erfindung verbunden ist, in den Hintergrund treten zu lassen. Dies wurde mit der Einführung des Anmelderprinzips verwirklicht[84], das durch die Förderung der Anmeldebereitschaft eine möglichst frühzeitige Offenbarung des Erfindungsgedankens durch den Erfinder gewährleisten und demzufolge den Fortschritt fördern sollte.

2.1 Die Rechtslage ab 1891 - Das Anmelderprinzip

Nach dem Anmelderprinzip hatte derjenige Anspruch auf die Patenterteilung, der die Erfindung zuerst anmeldete[85]. Waren mehrere an einer Erfindung beteiligt, so sollte derjenige das Patent erhalten, der als erster den Antrag auf Erteilung beim Patentamt stellte. Unter Umständen erlangte auf diesem Weg zwar auch ein Nichtberechtigter ein Patent. Dies war aber eine unerwünschte Nebenfolge, die zur Förderung der Anmeldebereitschaft und der Offenbarung des Erfindungsgedankens hingenommen werden mußte, vom Gesetzgeber aber nicht beabsichtigt war. Das Patentgesetz 1891 ging also nicht vom Erfinder, sondern vom anmeldenden Erfindungsbesitzer aus. Erfindungsbesitzer war derjenige, der den Erfindungsgedanken tatsächlich in die Praxis umsetzen konnte[86]. Von

---

[83] Beier/Moufang, Vom deutschen zum europäischen Patentrecht - 100 Jahre Patentrechtsentwicklung im Spiegel der Grünen Zeitschrift, in: Beier/Kraft/Schricker/Wadle (Hrsg.), Gewerblicher Rechtsschutz und Urheberrecht in Deutschland - Festschrift, Bd. 1, S. 245.

[84] Bartenbach/Gaul, Handbuch des gewerblichen Rechtsschutzes, A 22.

[85] Außer die Erfindung war einem anderen widerrechtlich entnommen und der dadurch Verletzte erhob Einspruch, § 3 Patentgesetz 1891.

[86] Heydt, GRUR 1936, S. 470.

A2 Die Entwicklung der Patentgesetzgebung

Fall zu Fall hatte demzufolge nicht nur der Erfinder oder der rechtmäßige Erfindungsbesitzer Anspruch auf die Patenterteilung, sondern auch der widerrechtlich Entnehmende, sofern vom Erfinder kein Einspruch gegen den Verletzer erfolgte[87].

Dem Erfinder, der im Patentgesetz 1891 nicht einmal Erwähnung findet, räumte das Gesetz mit Ausnahme der Einspruchsmöglichkeit keinerlei unmittelbare Rechte ein[88]. Auch das Patentamt hatte sich nicht von Amts wegen darum zu kümmern, ob der Anmelder der Erfinder war[89]. Die Erfindernennung erfolgte nur auf Antrag[90]. Folglich wurde der Verkehrsschutz gegenüber dem materiellen Recht in den Vordergrund gestellt.

Nach den Motiven zum Patentgesetz 1891 sollte der Einzelerfinder und der einzelne Miterfinder durch das Anmelderprinzip zur baldmöglichsten Anmeldung bewogen werden, damit dem Wunsch des Erfinders nach Geheimhaltung zum Nutzen der Allgemeinheit entgegengewirkt werden konnte[91]. Auch sah man darin die Möglichkeit, Beweisschwierigkeiten vorzubeugen, die nach Ansicht der Väter des Patentgesetzes bei Gemeinschafts- beziehungsweise Doppelerfindungen entstehen mußten. Härten sollten durch die Regelung der widerrechtlichen Entnahme beseitigt werden. Es bestand damals aber keineswegs Einigkeit hinsichtlich der Bevorzugung des Anmelderprinzips gegenüber dem Erfinderprinzip. Einige Mitglieder der vom Bundesrat 1886 eingesetzten Kommission übten daran Kritik. Sie wurden aber überstimmt, da durch die Regelung keine Zweifel mehr über die Priorität entstehen konnten. Außerhalb der Kommission wurde die Einführung des Anmelderprinzips von seiten der Industrie begrüßt - inbesondere Werner v. Siemens hat großen Einfluß auf diese industriefreundli-

---

[87] Isay, Patentgesetz, 1926, § 3 PatG Rdn. 9, 25.

[88] Heydt, GRUR 1936, S. 471.

[89] Pietzker, Patentgesetz, 1929, § 3 PatG Rdn. 1.

[90] Klauer-Möhring, Patentrechtskommentar, 1971, § 3 PatG Rdn. 3.

[91] Heydt, GRUR 1936, S. 472; Heymann, Der Erfinder im neuen deutschen Patentrecht, in: Das Recht des schöpferischen Menschen, Festschrift der Akademie für deutsches Recht, 1936, S. 104.

che Entscheidung ausgeübt[92] -, von den meisten Rechts- und Wirtschaftswissenschaftlern aber abgelehnt[93].

2.1.1 Die Betriebserfindung

Das Anmelderprinzip rief für Arbeitnehmererfindungen das Institut der Betriebserfindung ins Leben. Mit diesem Begriff wurde eine Erfindung bezeichnet, die in einem Betrieb gemacht wurde und durch die Erfahrungen, Hilfsmittel, Anregungen oder Vorarbeiten des Betriebes derart beeinflußt war, daß sie sich nicht auf die erfinderischen Leistungen bestimmter Personen zurückführen ließ[94]. Es war folglich eine Erfindung ohne Erfinder[95]. Aus dem in der vorhergehenden Definition der Betriebserfindung enthaltenen Tatbestandsmerkmal der „erfinderischen Leistung" folgte auch die Regelung des „Reichstarifvertrages für die akademisch gebildeten Angestellten der chemischen Industrie" von 1920, die als Betriebserfindung auch dann eine Erfindung bezeichnete, wenn die Leistung des bestimmbaren Angestellten nur eine handwerksmäßige Maßnahme war[96].

Die Rechtsprechung vor der Patentrechtsreform im Jahr 1936 mußte sich deshalb bei Arbeitnehmererfindungen kaum mit den Problemen der Miterfinderschaft auseinandersetzen. Zu einer patentfähigen Erfindung bedurfte es eben keines Erfinders. War es infolge der Zusammenarbeit mehrerer Personen an einer betrieblichen Erfindung schwer festzulegen, wer in welchem Maße zu der Erfindung beigetragen hat, so konnte man sich genau auf diese scheinbare Unmöglichkeit der Festlegung berufen und die Erfindung zur Betriebserfindung erklären. Ein Erfinder brauchte nicht ermittelt und eine Abgrenzung vom Miterfinder zum Erfindungsgehilfen nicht vorgenommen zu werden. Die Rechte an

---

[92] Nirk, 100 Jahre Patentschutz in Deutschland, in: Dt. Patentamt (Hrsg.), Hundert Jahre Patentamt, Festschrift, 1977, S. 362; vgl. dazu auch Werner v. Siemens, GRUR 1907, S. 201 ff.

[93] Pietzker, a. a. O., § 3 PatG Rdn. 1.

[94] Heydt, GRUR 1936, S. 475; Redies, GRUR 1937, S. 413; Klauer-Möhring, a. a. O., § 3 PatG Rdn. 14 - 15; RG v. 5.2.1930, RGZ 127, S. 201 (Hakenschraubenmuttern); RG v. 7.12.32, RGZ 139, S. 92 (Kupferseidenfaden).

[95] Redies, GRUR 1937, S. 413.

[96] RG v. 5.2.30, RGZ 127, S. 201 f. (Hakenschraubenmuttern); RG v. 7.12.32, RGZ 139, S. 92 (Kupferseidenfaden).

A2 Die Entwicklung der Patentgesetzgebung

der Erfindung entstanden originär für den Betrieb. Der Betriebsinhaber galt als der Erfinder.

2.1.2 Die Dienst(mit-)erfindung

Eine Abgrenzung wurde bei innerbetrieblichen Erfindungen jedoch zwischen der Betriebs- und der Diensterfindung vorgenommen[97]. Als Diensterfindung bezeichnete man eine Erfindung, die zwar einem persönlichen Schöpfer zuzuschreiben war, die aber gleichwohl aufgrund des Arbeitsverhältnisses dem Arbeitgeber zufallen sollte[98]. Sie unterschied sich von der Betriebserfindung als Erfindung ohne Erfinder dadurch, daß die Erfinder bzw. Miterfinder feststellbar waren. Zur Anerkennung des Arbeitserfolges der Angestellten als Diensterfindung mußten diese eine „erfinderische Leistung" erbringen. Dies wurde durch besondere Abwägung des Verhältnisses der Leistung der Angestellten zur Gesamtleistung der fertigen Erfindung ermittelt. Das Reichsgericht[99] entschied, daß die Angestellten sich das nicht zurechnen lassen konnten, was ihnen aus den im Betrieb gemachten Erfahrungen und Vorarbeiten mühelos zufiel. „... Nur seine eigene geistige Arbeit ist beachtlich und ist als Diensterfindung zu werten, wenn sie eine selbständige Erfindung darstellt ...". Die Zutat der Angestellten durfte keine nebensächliche, keine handwerksmäßige sein. Nicht nur dem allgemeinen, sondern auch dem betriebsinternen Stand der Technik, durfte die Leistung der Angestellten nicht naheliegen[100]. Die Rechtsfolgen der Diensterfindung waren - im Gegensatz zur Betriebserfindung - folgende:

- Der angestellte Erfinder erwarb an der Diensterfindung ein Persönlichkeitsrecht (Recht auf Namensnennung).
- Er hatte Anspruch auf ein besonderes Entgelt, soweit dieses zugesagt war[101].

---

[97] Diese Abgrenzung ist nicht zu verwechseln mit der heutigen Unterscheidung zwischen Dienst- und freier Erfindung.
[98] Klauer-Möhring, a. a. O., § 3 PatG Rdn. 15.
[99] RG v. 7.12.32, RGZ 139, S. 93 (Kupferseidenfaden).
[100] Ebenda, S. 94.
[101] Isay, a. a. O., S. 117, 121; Wenn im Arbeitsvertrag ein Anspruch auf Entgelt für Diensterfindungen nicht geregelt war, so ging der Angestellte auch im Falle der Diensterfindung leer aus. Dies fand seine Grundlage im Arbeitsrecht. Vor der Einführung des Arbeitnehmererfindungsgesetzes im Jahr 1957 galt auch für die Erfindungen von Arbeitnehmern der arbeitsrechtliche Grundsatz, daß das Ergebnis der Arbeit dem Arbeitgeber gehört und diese Leistung

Aber genauso wie die Betriebserfindung gehörte die Diensterfindung originär dem Unternehmen, ohne daß es einer besonderen Inanspruchnahme bedurfte[102].

Von der Diensterfindung wiederum abzugrenzen war die freie Erfindung, die dem Angestellten gehörte. Im Gegensatz zur Diensterfindung fiel das technische Problem, das durch die freie Erfindung gelöst wurde, nicht in den dienstlichen Pflichtenbereich des Arbeitnehmers. Der dienstliche Pflichtenbereich konnte sich aus dem Dienstvertrag oder einem besonderen Auftrag ergeben. Oder aber wenn die Erfindung „... in den Rahmen derjenigen Tätigkeit ..." fiel, „... welche dem Angestellten nach seiner Stellung im Dienste des Unternehmens und nach der getroffenen Abrede über die Art seiner Dienstleistung ..." oblag[103].

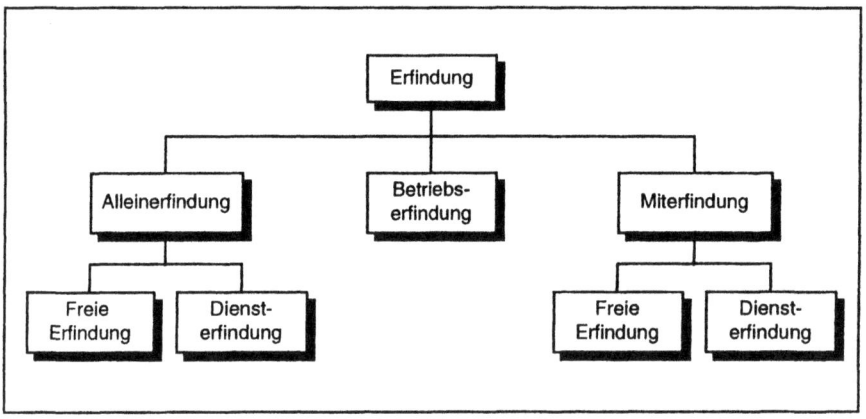

Abb. 1: Abgrenzungen vor der Patentrechtsreform 1936

---

des Arbeitnehmers schon mit seinem Arbeitsentgelt entlohnt war. Zum Meinungsstreit über die Einführung des Vergütungsanspruchs durch §§ 9 ff. ArbNErfG vgl. Rebitzki, GRUR 1963, S. 555.

[102] Isay, a. a. O., S. 117.

[103] Zu den Voraussetzungen im einzelnen vgl. Isay, a. a. O., S. 118 ff.

2.2 Die Rechtslage ab 1936 - Das Erfinderprinzip

Durch das neue Patentgesetz vom 5.5.1936 (Patentgesetz 1936) wurde das Patentgesetz von 1891 (Patentgesetz 1891) grundlegend geändert. Der Gesetzgeber gab das bis dahin geltende Anmelderprinzip[104] auf und führte das Erfinderprinzip ein. § 3 S. 1 Patentgesetz 1936 bestimmte, daß das Recht an der Erfindung dem Erfinder oder seinem Rechtsnachfolger zusteht (Erfinderprinzip). Eine Erfindung mußte nunmehr von einer natürlichen Person stammen. Das Gesetz erhob also von diesem Zeitpunkt an die schöpferische Leistung des einzelnen zum Ausgangspunkt des Erfindungsschutzes. Das unmittelbare Herrschaftsrecht des Erfinders an seiner Erfindung wurde dadurch erheblich bekräftigt und zur Grundlage des Patenterteilungsverfahrens gemacht. Die Erfindung konnte nicht mehr einer juristischen Person, Körperschaft, Anstalt oder einem Betrieb originär zugeordnet werden[105].

Warum kam es zu dieser Umorientierung? Zum einen setzte sich die Kontroverse um Erfinderprinzip und Anmeldegrundsatz seit 1891 ohne Unterbrechung fort. Dabei nahmen bei den Befürwortern des Erfinderprinzips erfinderpersönlichkeitsrechtliche Fragestellungen einen immer größeren Raum ein[106], wogegen sich die Industrie weiter gegen die „... generelle Gewährung eines blinden gesetzlichen Anspruches (der Angestellten) an dem Eigentum der Patente ..." wandte[107]. *Werner v. Siemens* befürchtete, daß sich dadurch die zwischen den Angestellten bereits bestehende Rivalität, die schon aufgrund der damaligen Praxis von Tatiemen und Prämien bestand, noch weiter steigern und die Allgemeininteressen im Verhältnis zu den Sonderinteressen der einzelnen auf der Strecke bleiben würden. Seiner Ansicht nach sollte es „... die Gesetzgebung ... vielmehr vermeiden, auf Grund einer nicht einwandfreien Theorie die innere Organisation der Industrie zu schwächen und sie dadurch weniger fähig

---

[104] Heymann, a. a. O., S. 100.

[105] Lindenmaier, a. a. O., § 3 PatG Rdn. 17, Klauer-Möhring, a. a. O., § 3 PatG Rdn. 14.

[106] Beier/Moufang, a. a. O., S. 256.

[107] v. Siemens, GRUR 1907, S. 213; vgl. dazu auch Schippel, Die Entwicklung des Arbeitnehmererfinderrechts, in: Beier/Kraft/Schricker/Wadle (Hrsg.), Gewerblicher Rechtsschutz und Urheberrecht in Deutschland - Festschrift, Bd. 1, 1991, S. 587 ff.

zu machen, die bisher so kräftig aufgeblühte technische Vorwärtsbewegung mit gleichem Erfolge fortzusetzen ..."[108]

Von der Literatur wurde der Abschied vom Anmelderprinzip teilweise begrüßt, da man es als verfehlt ansah, daß das Patentgesetz 1891 die Erfindung und nicht den Erfinder zum Ausgangspunkt aller gesetzlicher Regelungen machte. Es wurde geäußert, daß dadurch, daß kein Anspruch auf Erfindernennung von Amts wegen bestand, ja daß man nicht einmal zur Patentanmeldung einen Erfinder benennen mußte und das Recht an der Erfindung originär dem Unternehmen zustehen konnte, der Erfinderehre nicht Genüge getan würde [109]. Auch den dadurch bedingten Abschied vom Rechtsinstitut der Betriebserfindung sahen viele als nicht belastend an. Man hielt es durchaus für möglich, den Erfinder, wenn auch mit einiger Anstrengung, zu ermitteln[110]. Es gab aber auch kritische Stimmen, die lieber am Anmelderprinzip festgehalten hätten. Diese zogen es in Zweifel, ob man ohne das Institut der Betriebserfindung auskommen könne, ob sich also in jedem Fall ein oder mehrere Erfinder feststellen lassen würden[111]. Teilweise herrschte deshalb die Ansicht vor, doch an der Betriebserfindung festhalten zu müssen, da die geistige Leistung des Erfinders in keinem Verhältnis zu den in den Betriebserfahrungen verkörperten Vorarbeiten stünde[112]. Ebenso wurde die Befürchtung ausgesprochen, daß durch die nun erzwungene Nennung des Erfinders die „... einträchtige, uneigennützige, der Betriebsgemeinschaft förderliche Zusammenarbeit ..." Schaden nehmen könnte, „... wollte man etwa nur denjenigen Angestellten, der die letzte Hand ans Werk gelegt hat, als Erfinder behandeln, obwohl es ohne die selbstlose Hilfe seiner Arbeitskameraden nicht zur Erfindung gekommen wäre ..."[113] Man schlug deshalb auch vor, der Erfinderehre in komplexen Fällen einfach durch Nennung der gesamten Betriebsgemeinschaft als Erfinder Genüge zu tun[114]. Ausschlaggebend für die Entscheidung zum Erfinderprinzip war aber, daß sich der Reichswirt-

---

[108] v. Siemens, GRUR 1907, S. 213.

[109] Heydt, GRUR 1936, S. 472.

[110] Ebenda, S. 475.

[111] Krauße-Katluhn, Das Patentgesetz, 1936, § 9 Rdn. 1c; Heymann, a. a. O., S. 117.

[112] Hamann, Gedanken zur Reform des Patentrechts, 1934, S. 254; Redies, GRUR 1937, S. 414.

[113] Buß, GRUR 1936, S. 834.

[114] Ebenda, S. 835.

A2 Die Entwicklung der Patentgesetzgebung

schaftsrat 1928 in seinem Reformgutachten für dessen grundsätzliche Anerkennung ausspach und damit auch die Rechtswissenschaft zum größten Teil überzeugte[115].

Der hinter dem Erfinderprinzip stehende Grundsatz „Schutz der schöpferischen Persönlichkeit" wurde als Hauptgesichtspunkt bezeichnet, „... der auch das oberste Motiv bei der Neugestaltung des am 1. Oktober 1936 in Kraft getretenen Patentgesetzes war ..."[116] Den Grund für die Abkehr vom Anmelderprinzip stellte somit der Wunsch nach stärkerer Gewichtung der Erfinderpersönlichkeit[117] und der damit verbundenen Erfinderehre dar, was gleichzeitig zur Steigerung der Mitarbeitermotivation beitragen sollte. Damit verschmolzen war auch das Anliegen, daß es von nun an für den Unternehmer nicht mehr möglich sein sollte, die Erfindung seiner Angestellten originär zu erwerben[118]. Ursache für die Umorientierung war zudem, daß die Angestelltenerfinder, namentlich der „Deutsche Technikerverband" und der „Verband der Technisch-Industriellen Beamten", auf den Wechsel drängten, weil das Anmelderprinzip die Angestelltenerfinder durch das Institut der Betriebserfindung unangemessen benachteiligte. Allerdings forderten die Angestellten auch ein Gesetz, daß die Erfindungen von Angestellten, insbesondere deren Vergütungsanspruch, regeln sollte.

---

[115] Beier/Moufang, a. a. O., S. 275.

[116] Riemschneider, GRUR 1937, S. 493 ff.

[117] Durch die Erfindung entsteht für den Erfinder eine rechtliche Doppelstellung. Er erwirbt zwei Rechte, das Erfinderpersönlichkeitsrecht und das Vermögensrecht (Marbach, a. a. O., S. 62 f., 66; Lüdecke, a. a. O., S. 13). Während das Erfinderpersönlichkeitsrecht unübertragbar und unveräußerlich, also nur durch den Erfinderprozeß selbst erwerbbar ist, kann das Vermögensrecht vererbt, veräußert und übertragen werden, § 6 S. 1 a. E., § 15 Abs. 1 PatG. In Erfindergemeinschaft stehen deshalb nur die tatsächlichen Miterfinder, während an der vermögensrechtlichen Schutzgemeinschaft auch Nichterfinder teilhaben können, zum Beispiel der Arbeitgeber (Lüdecke, a. a. O., S. 14, LG Nürnberg-Fürth v. 25.10.67, GRUR 1968, S. 253 (Soft-Eis). Bis zum Erwerb des Patentschutzes ist das Vermögensrecht nur ein unvollkommenes, absolutes Immaterialgüterrecht, da allein aufgrund der Erfindung noch kein ausschließliches Benutzungs- und Verbietungsrecht gegenüber Dritten besteht. Aus dem Vermögensrecht resultieren unter anderem der Anspruch auf Erteilung des Patents für den ersten Anmelder, § 7 Abs. 1 PatG, die Ansprüche der Patentvindikation, § 8 PatG, das Recht aus der Anmeldung auf Entschädigung vom zur Benutzung nichtberechtigten Dritten, § 33 PatG und die Rechte aus dem Patent, §§ 9, 10 PatG.

[118] Die Regelung des Rechtsübergangs der Erfindung auf den Arbeitgeber sollte durch das damals noch nicht erlassene Arbeitnehmererfindungsgesetz geregelt werden, Riemschneider, GRUR 1937, S. 495.

Zu den kritisierten Punkten gehörte ebenfalls der originäre Erwerb der Diensterfindungen durch den Unternehmer. Treibende Kraft war also auch der Gedanke der sozialen und wirtschaftlichen Förderung der Angestelltenerfinder[119]. Allerdings standen nicht nur die Förderung des Erfinderpersönlichkeitsrechts und die Aufhebung der Nachteile für die Angestelltenerfinder im Vordergrund. Wichtig war ebenfalls, daß in den meisten Ländern, mit denen Deutschland zum damaligen Zeitpunkt durch den Unionsvertrag[120] in ständigem Patentverkehr stand, das Erfinderprinzip herrschte.

Weil nun das Erfinderprinzip das Patentgesetz prägte, kann es seit 1936 sog. Betriebserfindungen nicht mehr geben[121]. Trotzdem herrschte teilweise - vor allem von Unternehmerseite - zu Beginn der Geltung des neuen Patentgesetzes die Auffassung, daß sich das Institut der Betriebserfindung auch in Zukunft noch halten würde, da es unmöglich sei, den Erfinder immer festzustellen. Dies wurde auch damit begründet, daß in den fraglichen Fällen die geistige Leistung des Erfinders in keinem Verhältnis zu den in den Betriebserfahrungen verkörperten Vorarbeiten stünde. Dieser Ansicht lag natürlich auch die Vorteilhaftigkeit der alten Regelung für die Arbeitgeber zugrunde[122]. Sie hat sich allerdings nicht durchsetzen können[123].

Bestehen heute Schwierigkeiten bei der Erfinderbenennung, weil mehrere Mitarbeiter an der Erfindung mitgewirkt haben und das Unternehmen einen hohen innerbetrieblichen Stand der Technik aufweist, so hat dies im schlimmsten Fall zur Folge, daß solche Erfindungen mangels tatsächlich möglicher Erfinderbenennung vom Patentschutz auszuschließen sind. Diese Lösung ist volkswirtschaftlich aber wenig befriedigend. Das Gesetz bietet dem anmeldenden Unternehmen deshalb die Möglichkeit einer Fristverlängerung für die Erfinderbenen-

---

[119] Heymann, a. a. O., S. 100 f., S. 105.

[120] Pariser Verbands-Übereinkunft vom 20.3.1883 zum Schutze des gewerblichen Eigentums (revidiert in Brüssel am 14.12.1900 und in Washington am 2.6.1911), dem Deutschland im Jahr 1903 beigetreten ist; abgedruckt in Isay, a. a. O., S. 654 ff.

[121] Buß, GRUR 1936, S. 834; Heydt, GRUR 1936, S. 475; BGH v. 5.5.66, GRUR 1966, S. 560 (Spanplatten).

[122] Riemschneider, GRUR 1937, S. 493.

[123] Beier/Moufang, a. a. O., S. 285.

A2 Die Entwicklung der Patentgesetzgebung

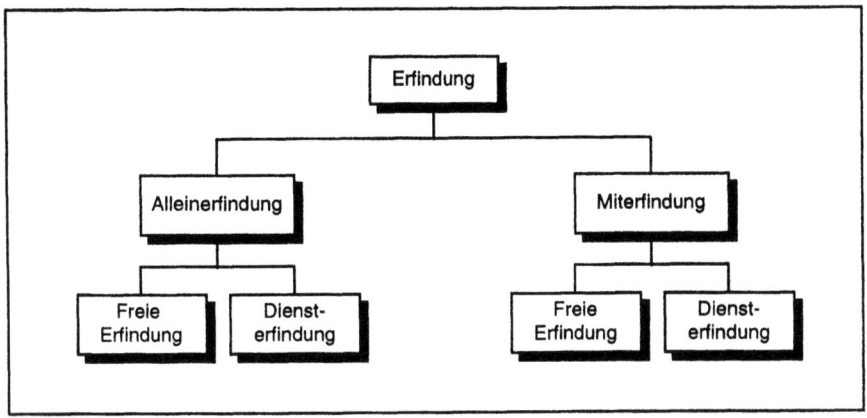

Abb. 2: Abgrenzungen nach der Patentrechtsreform 1936

nung, § 37 Abs. 2 PatG[124]. Das Unternehmen muß jedoch glaubhaft machen können, daß es durch außergewöhnliche Umstände an der Erfinderbenennung verhindert ist. Bloße Schwierigkeiten in der Nachforschung nach dem wahren Erfinder genügen nicht. In der Praxis führt dies nicht selten zu Scheinanmeldungen[125]. Die Einführung des Erfinderprinzips hatte auch Auswirkungen auf die Diensterfindung, die nicht länger von der Betriebserfindung[126], sondern seit 1936 von der freien Erfindung abzugrenzen war[127].

---

[124] Die Benennung des Erfinders muß innerhalb von 15 Monaten nach der Schutzrechtsanmeldung vorgenommen werden. Die Frist endet grundsätzlich mit dem Beschluß über die Erteilung des Patents. Eine weitere Verlängerung ist zwar möglich, nicht jedoch ein endgültiger Verzicht des Patentamts auf die Erfinderbenennung. Das Patent erlischt in diesen Fällen mit Ablauf von sechs Monaten nach der letzten Fristverlängerung.

[125] Volmer/Gaul, Arbeitnehmererfindungsgesetz, 1983, § 4 ArbNErfG Rdn. 12 ff.

[126] Wie oben dargestellt, bezeichneten beide Begriffe vor dem Patentgesetz 1936 innerbetriebliche Erfindungen, wobei bei der Diensterfindung im Gegensatz zur Betriebserfindung eine natürliche Person als Erfinder zu ermitteln war.

[127] Klauer-Möhring, a. a. O., § 3 PatG Rdn. 15.

3 Die bisherigen Lösungsansätze des Miterfinderbegriffs in Rechtsprechung und Literatur

3.1 Die Entwicklung des Miterfinderbegriffs in der Rechtsprechung

Ausgangspunkt der ausgewerteten Entscheidungen war immer der Streit um die grundsätzliche Miterfinderstellung der Parteien bzw. um die Höhe der einzelnen Anteile an der Miterfindung. Es ging demnach entweder um die Berechtigung zur Verwertung der Erfindung, um einen angemessenen Anteil an den erwirtschafteten Lizenzeinnahmen oder um das Ob bzw. die Höhe eines Arbeitnehmererfindervergütungsanspruchs.

Bei der Untersuchung der Rechtsprechung wurde auch die Frage geprüft, ob die Gerichte bei der Bewertung der Erfindungsbeiträge und der Miterfinderbenennung unterschiedliche Maßstäbe anlegten, je nachdem ob es sich um Arbeitnehmererfindungen handelte, bei denen es im Prozeß im wesentlichen um das Ob und die Höhe der Erfindervergütung ging, oder ob die Streitparteien unabhängige Erfinder waren, denen es vor allem auf die Rechte an der Verwertung der Erfindung ankam. Dem lag die Hypothese zugrunde, daß die Gerichte bei Arbeitnehmererfindern mit der Annahme des schöpferischen Beitrages großzügiger verfuhren als bei den freien Erfindern. Diese Arbeitshypothese hat sich nicht bewahrheitet. In der Mehrzahl der Entscheidungen wurde die Miterfindereigenschaft bejaht, unabhängig davon, ob es sich um eine innerbetriebliche oder unabhängige Erfindung handelte.

3.1.1 Der schöpferische Beitrag

Nach ständiger Rechtsprechung[128] ist nur der Miterfinder, der an der Lösung der technischen Aufgabe „schöpferischen" Anteil hat[129]. „Schöpferisch" wird in den

---

[128] RG v. 18.12.37, GRUR 1938, S. 256, 262 (Kopierapparat); RG v. 16.5.39, Mitt 1939, S. 199 (Heeresatmer); RG v. 10.10.39, GRUR 1940, S. 339, 341 (Dura-Düse); RG v. 17.12.42, Mitt 1943, S. 75, 76 (Kohlepapier); RG v. 7.1.44, GRUR 1944, S. 80, 81 (Selbsttätiges Schließverfahren).

A3 Die bisherigen Lösungsansätze des Miterfinderbegriffs 31

Entscheidungen synonym mit den Begriffen „wesentlich" und „erfinderisch" verwendet[130]. Ohne konkreten Bezug zu einer tatsächlichen Mitwirkungshandlung, der dieses Attribut zuerkannt wird, ist dieser Terminus jedoch nur eine allgemeine, nicht praktikable Definition des Miterfinderbegriffs. Die Ausdrücke „schöpferisch, wesentlich und erfinderisch" sind für sich genommen nur Leerformeln. Als unbestimmte, auslegungsbedürftige Begriffe bedürfen sie zu ihrer Ausfüllung der Bildung von Fallgruppen[131]. In mehreren Entscheidungen versuchten die Gerichte zu diesem Zweck eine allgemeingültige Formel, sprich Tatbestandsmerkmale, zu entwickeln, anhand derer im Wege der Subsumtion festgelegt werden sollte, wer einen für die Miterfinderstellung geforderten „schöpferischen" Beitrag zur Erfindung geleistet hatte. Folgende generelle Aussagen wurden zum Miterfinderbeitrag aufgestellt:

3.1.1.1 Zeitlicher Rahmen der Mitwirkungshandlung

Um noch als Miterfinderbeitrag Berücksichtigung zu finden, muß die Mitwirkungshandlung vor der Fertigstellung der Erfindung liegen, auch wenn die Erfindung erst nach der Patentanmeldung vollendet wird. Maßgeblich ist also nicht die Anmeldung, sondern die Fertigstellung[132].

3.1.1.2 Beitrag zum Hauptanspruch

Das Reichsgericht legte seiner Rechtsprechung[133] auch den Umfang der Mitwirkung an den einzelnen Ansprüchen zugrunde. Ausgangspunkt war der Streit

---

[129] Der „schöpferische" Beitrag wurde allerdings nicht durchgehend verfolgt. Es gibt einige abweichende Einzelentscheidungen, die ebenfalls Gegenstand der Untersuchung sind. Siehe dazu unten Kapitel A3.1.4.

[130] RG v. 16.5.39, Mitt 1939, S. 199 (Heeresatmer); BGH v. 30.3.51, GRUR 1951, S. 406 (Wechsel-Synchron-Generatoren); BGH v. 16.11.54, GRUR 1955, S. 289 (Schnellkopiergerät); LG Hamburg v. 31.10.56, GRUR 1958, S. 77; VG Darmstadt v. 9.4.59, GRUR 1960, S. 82 (Cordalin); BGH v. 30.4.68, GRUR 1969, S. 135 (Luftfilter); BGH v. 6.10.81, GRUR 1982, S. 96 (Pneumatische Einrichtung).

[131] Siehe unten Kapitel A3.1.2 und A3.1.3.

[132] RG v. 10.10.39, GRUR 1940, S. 340 (Dura-Düse); dies gilt auch heute noch unverändert und ist schon deshalb eine Selbstverständlichkeit, weil die Mitarbeit an einem schon abgeschlossenen Erfindungsprozeß keine kausale Auswirkung auf die Lösungsgedanken der Erfindung mehr haben kann.

[133] RG v. 31.1.41, GRUR 1941, S. 152 (Farbwertrichtige Druckplatten).

zweier Miterfinder über die Höhe der Anteile an der Erfindung. Der Kläger war der Ansicht, daß er aufgrund der Entwicklung eines Ausführungsbeispiels einen höheren Anteil an der Erfindung zugestanden bekommen müsse als der Beklagte. Dies lehnte das Reichsgericht ab, da sich der Gegenstand einer Erfindung nach den Patentansprüchen bestimme und die Ausführungsbeispiele nur in der Beschreibung der Erfindung Erwähnung fänden. Nicht erforderlich ist demnach eine Mitwirkung an allen Ansprüchen des Patents. Die Mitarbeit am Hauptanspruch genügt. Ein „schöpferischer" Beitrag zu einem Unteranspruch oder Ausführungsbeispiel ist nicht notwendig, da die Erfindung eine nicht teilbare Einheit darstellt[134].

3.1.1.1.3 Verhältnis der Einzelbeiträge zueinander und zur erfinderischen Gesamtleistung

Nach der Rechtsprechung bedarf es für die Beurteilung der Mitwirkungshandlung als „schöpferisch" oder „nicht schöpferisch" der Feststellung des erfinderischen Gehalts des Erfindungsgegenstandes. Es muß also der sich aus Aufgabe und Lösung ergebende Erfindungsgedanke herauskristallisiert werden. Aus diesem heraus ist dann zu beurteilen, „... welche schöpferischen Leistungen zum Zustandekommen der Erfindung nötig waren und welchen Anteil ..." die Parteien daran hatten[135]. Nichterfinderische Beiträge sind dabei nicht zu berücksichtigen[136]. Beurteilt werden soll also, ob „... die Einzelleistungen ... bestimmter Personen im Rahmen der Gesamtleistung noch in demjenigen bescheidenen Maße als erfinderisch angesehen werden können, wie es dem erfinderischen Range der Gesamtleistung entspricht ..."[137] Das Gewicht der Einzelbeiträge ist dabei im Verhältnis zueinander und zu der erfinderischen Gesamtleistung zu betrachten[138]. Die einzelnen Teilbeiträge dürfen nicht isoliert und getrennt voneinander gewürdigt werden[139].

---

[134] Ebenda.

[135] RG v. 18.12.37, GRUR 1938, S. 256 (Kopierapparat); RG v. 7.1.44, GRUR 1944, S. 81 (Selbsttätiges Schließverfahren).

[136] Diese finden nur bei der Anteilsfestlegung Berücksichtigung, RG v. 7.1.44, GRUR 1944, S. 81 (Selbsttätiges Schließverfahren).

[137] RG v. 10.10.39, GRUR 1940, S. 340 (Dura-Düse).

[138] BGH v. 20.2.79, GRUR 1979, S. 540 f. (Biedermeiermanschetten).

[139] BGH v. 5.5.66, GRUR 1966, S. 558 (Spanplatten).

3.1.1.4 Erfinderische Tätigkeit

Als Maßstab für den Begriff „schöpferisch" darf der Begriff „erfinderisch" nicht im Sinne der „erfinderischen Tätigkeit" gemäß § 4 PatG verwendet werden. Als Beitrag zur Gesamterfindung muß nicht die einzelne Leistung auf einer erfinderischen Tätigkeit beruhen, sondern nur in ihrer Gesamtheit müssen die Einzelbeiträge eine Erfindung ergeben, die sich nicht in naheliegender Weise für den Fachmann aus dem Stand der Technik ergibt[140].

Allein aufgrund dieser allgemeinen, abstrakt formulierten Tatbestandsmerkmale ist es jedoch grundsätzlich nicht möglich, einen Sachverhalt von vornherein der Miterfinder- oder der Alleinerfinderschaft zuzuordnen. Die Gerichte bleiben diesbezüglich so unverbindlich, daß ein einigermaßen verständlicher Zugang zur Problematik nicht möglich ist, ohne einen Blick auf die Fallgruppen zu werfen, in denen die Miterfinderschaft bejaht oder verneint wurde. Es stellt sich allerdings die Frage, ob es überhaupt möglich ist, für die Vielzahl der häufig äußerst komplexen Miterfindersituationen alternative oder kumulative Tatbestandsmerkmale zu entwickeln, die einerseits praktikabel und allgemeinverständlich sind, andererseits aber auch alle denkbaren Fälle der Zusammenarbeit im Rahmen von Forschung und Entwicklung erfassen können[141]. Die sich nun anschließende, aus der Rechtsprechung herausgearbeitete Fallgruppenbildung erfolgt nach der Art der jeweils geleisteten Mitarbeit an der Lösung des technischen Problems.

3.1.2 Die Fallgruppen der Miterfinderschaft in der Rechtsprechung

3.1.2.1 Gleichzeitige und sukzessive Mitwirkung an der Erfindung

Es bedarf keiner tatsächlich gleichzeitigen Mitwirkung zur Begründung der Miterfinderschaft. Auch die sukzessive Zusammenarbeit ist möglich[142]. Das Reichsgericht hat die Miterfinderschaft für einen Sachverhalt bejaht, in dem zwei Erfinder „... ihre unabhängig voneinander gemachten Erfindungsgedanken

---

[140] Ebenda, S. 559 (Spanplatten); BGH v. 20.6.78, GRUR 1978, S. 585 (Motorkettensäge).

[141] Diese Frage soll unten in Kapitel A4 beantwortet werden.

[142] RG v. 30.4.27, RGZ 117, S. 49 (Blechhohlkörper); RG v. 31.1.41, Mitt 1941, S. 74 (Farbwertrichtige Druckplatten).

miteinander ausgetauscht und im gegenseitigen Einvernehmen eine Neubearbeitung der Patentanmeldung durch einen Patentanwalt haben vornehmen lassen ..."[143], die Erfindungsgedanken also miteinander verschmelzen ließen.

Einer anderen Entscheidung des Reichsgerichts lag folgender Sachverhalt zugrunde: Die Entwicklungsarbeiten an der späteren Erfindung dauerten schon längere Zeit an, als das beklagte Unternehmen ein mit dieser Arbeit noch nicht befaßtes und auf dem fraglichen Gebiet völlig unerfahrenes Unternehmen, die Klägerin, zu den Entwicklungsarbeiten hinzuzog. Die Mitarbeiter der Klägerin wurden in das bisher Erreichte eingeführt - Vorführung von Modellen und Zeichnungen - und entwickelten schließlich die Lösung des technischen Problems. Das Reichsgericht entschied, daß neben den Mitarbeitern der Beklagten auch die später hinzugekommenen Mitarbeiter der Klägerin Miterfinder waren[144].

3.1.2.2 Mitwirkung an einem Haupt- und/oder Unteranspruch der Erfindung

Die Mitarbeit muß sich nicht auf alle in der Patentanmeldung enthaltenen Ansprüche und Ausführungsbeispiele beziehen, insbesondere nicht auf die Hauptansprüche. Auch die Zusammenarbeit aus der sich nur ein Unteranspruch[145] ergibt, wird als ausreichend für die Miterfinderstellung angesehen, denn „... das Patent, dessen einzelne Ansprüche ein einheitliches Ganzes bilden, beruht auf der gemeinsamen Arbeit derjenigen, die es gemeinschaftlich angemeldet haben ..."[146] Das Beifügen eines solchen Unteranspruchs wird folglich ebenso als „schöpferischer" Anteil an der Gesamterfindung anerkannt[147].

---

[143] RG v. 31.1.41, Mitt 1941, S. 74 (Farbwertrichtige Druckplatten).

[144] RG v. 30.4.27, RGZ 117, S. 49 (Blechhohlkörper).

[145] Man unterscheidet dabei zwischen echten, unselbständigen Unteransprüchen ohne eigenen Erfindungsgedanken und unechten, selbständigen Unteransprüchen mit eigenem Erfindungsgedanken.

[146] RG v. 17.9.27, RGZ 118, S. 49 (Schlammentleerungsvorrichtung).

[147] BGH v. 30.4.68, GRUR 1969, S. 135 (Luftfilter).

3.1.2.3 Mitwirkung in Form einer Anregung, eines Hinweises oder einer Anweisung zur Erfindung

Ebenfalls ausreichend ist die Mitwirkung in Form einer Anregung, eines Hinweises oder einer Anweisung. Es bedarf keines ständigen Gedankenaustausches oder einer ständigen und tatsächlichen Zusammenarbeit[148]. Grundlage einer Entscheidung war, daß das klagende Unternehmen die Lösung zwar letztlich allein gefunden hatte, die Klägerin vom beklagten Unternehmen aber in schon bestehende Forschungsergebnisse eingeführt und mit dem bisher erreichten betrieblichen Stand der Technik und den damit verbundenen Schlußfolgerungen vertraut gemacht worden war. Darin war auch der Vorschlag für das weitere Vorgehen enthalten. Somit waren auch die Mitarbeiter der Beklagten Miterfinder[149].

Nach der Rechtsprechung ist die Anregung insbesondere dann als „schöpferischer" Beitrag zu werten, wenn deren Inhalt nicht naheliegt. Diese Entscheidung basierte auf folgendem Sachverhalt: Der Kläger beanspruchte für sich die Miterfinderstellung. Er gab dem Beklagten auf Anfrage die Anregung, einen an sich bekannten Stoff für die Fütterung einer Düse zu verwenden, obwohl die Brauchbarkeit dieses Stoffes nicht nahegelegen hatte[150]. Der Versuch mit diesem Stoff führte zum gewünschten Erfolg. Der Klage wurde stattgegeben.

Natürlich muß dann erst recht die Miterfinderstellung bejaht werden, wenn laufend Anregungen, Hinweise und Ratschläge für die Durchführung von Versuchen gegeben werden. Die Rechtsprechung läßt den damit verbundenen gegenseitigen Austausch von erfinderischen Gedanken für die Annahme einer „schöpferischen" Beteiligung an der Erfindung genügen[151].

3.1.2.4 Mitwirkung in Form der Stellung der Aufgabe für die Erfindung?

Die Rechtsprechung zur Problematik der Aufgabenstellung als „schöpferischen" Beitrag zur Erfindung änderte sich im Laufe der Zeit. Das Reichsgericht bejahte

---

[148] RG v. 30.4.27, RGZ 117, S. 49 (Blechhohlkörper); RG v. 10.10.39, GRUR 1940, S. 340 (Dura-Düse).
[149] RG v. 30.4.27, RGZ 117, S. 49 (Blechhohlkörper).
[150] RG v. 10.10.39, GRUR 1940, S. 340 (Dura-Düse).
[151] LG Hamburg v. 31.10.56, GRUR 1958, S. 77.

die Erfinderstellung des Aufgabenstellers, wenn es sich um eine sogenannte „... erfinderische Aufgabenstellung handelte ...", bei der die eigentliche Erfindung in der Erkenntnis des Bedürfnisses liegt, dem genügt werden soll, und die Lösung selbst keine Schwierigkeiten mehr bereitet, weil sie der Durchschnittsfachmann ohne eigene, auf „erfinderischer Tätigkeit" beruhende Überlegungen finden kann[152]. Diese Entscheidung beschränkte sich zwar in erster Linie auf die Alleinerfinderschaft des Aufgabenstellers. Aus der Alleinerfinderschaft muß aber als Minus die allgemeine Anerkennung der Miterfinderschaft eines erfinderischen Aufgabenstellers folgen. Auch der BGH hat die reine Aufgabenstellung in der oben genannten Form zunächst als erfinderische Leistung, also auch als „schöpferischen" Beitrag anerkannt[153]. Diese Rechtsprechung gab er jedoch auf[154], da die Aufgabe zwar Teil der Erfindung im Allgemeinen, aber nicht Teil der eigentlichen Erfindung, der Lösung ist[155]. Alle in der Aufgabe enthaltenen Lösungsansätze sind von ihr zu scheiden und der eigentlichen Problemlösung zuzuordnen. Damit werden Aufgabe und Lösung klar voneinander getrennt[156]. Der eigentliche Aufgabensteller, der nicht zusätzlich zur Aufgabenstellung einen Lösungshinweis gibt oder an der Lösung des Problems mitwirkt, kann somit nicht mehr als Erfinder bzw. Miterfinder angesehen werden. Ausreichend für die Miterfinderschaft soll es zwar sein, wenn der Mitwirkende nicht nur die Aufgabe gestellt, sondern auch den grundsätzlichen Lösungsweg aufgezeigt hat[157], dies entspricht aber nicht der eigentlichen Situation der Aufgabenerfindung im Sinne der damaligen Spruchpraxis[158]. Derjenige, der neben der Aufgabe auch noch Hinweise auf die Lösung gibt, gehört nicht in die Kategorie Aufgabenerfinder. Deshalb ist dies ein Scheinproblem.

---

[152] RG v. 1.11.30, WuW 1931, S. 23 (Kapselung für Schleifringe).

[153] BGH v. 7.10.71, Mitt 1972, S. 235 f. (Rauhreifkerze); BGH v. 19.4.77, GRUR 1978, S. 99 (Schaltungsanordnung).

[154] BGH v. 15.11.83, GRUR 1984, S. 194 f. (Kreiselegge).

[155] Ebenda.

[156] BGH v. 22.11.84, GRUR 1985, S. 369 ff. (Körperstativ).

[157] BGH v. 10.11.70, GRUR 1971, S. 213 (Wildverbißverhinderung).

[158] Diese wurde in einer Reihe von Entscheidungen als Erfindung anerkannt, z. B. in: RG v. 6.11.16, Mitt 1929, S. 328 (Lastenaufzug); RG v. 22.11.13, Mitt 1929, S. 327 (Selbsttätige Waage); RG v. 1.11.30, WuW 1931, S. 23 (Kapselung für Schleifringe); BGH v. 7.10.71, Mitt 1972, S. 235 f. (Rauhreifkerze); BGH v. 19.4.77, GRUR 1978, S. 99 (Schaltungsanordnung); Benkard, a. a. O., § 4 PatG Rdn. 21 m. w. N.

A3 Die bisherigen Lösungsansätze des Miterfinderbegriffs

3.1.2.5 Sonstige Mitwirkungshandlungen an der Erfindung in Form tatsächlicher und gleichzeitiger Zusammenarbeit

Die Mehrzahl der Entscheidungen basierten darauf, daß mehrere Personen an der Lösung eines technischen Problems tatsächlich und gleichzeitig zusammengearbeitet haben[159]. Z. B. lag folgender Streit zwischen den Parteien zugrunde: Der Kläger hatte die Idee, einen selbsttätigen Schließmechanismus von Fenstern bei einsetzender nasser Witterung durch Verwendung eines Kraftspeichers und der Anordnung eines selbsttätig auslösenden Schaltelements zu entwickeln. Der Mitinhaber der Beklagten hatte das Problem schließlich durch die geschickte Kombination an sich bekannter Elemente in Zusammenarbeit mit dem Kläger gefunden[160]. Nicht nur der Kläger, sondern auch der Mitinhaber der Beklagten war Erfinder[161].

Tatsächliche Zusammenarbeit ist nicht gleichzusetzen mit räumlicher Zusammenarbeit. Eine räumlich getrennte Zusammenarbeit ist ausreichend, wenn ein ständiger Gedankenaustausch gegeben ist, bei dem die Vorzüge und Fehler der einzelnen Vorschläge erörtert werden, und die beteiligten Personen so ihre Erfahrungen gegenseitig in gemeinsamer Gedankenarbeit erweitern. Dabei genügt z. B. schon das Abhalten von einem Irrweg[162], der Austausch der unabhängig voneinander gemachten Erfindungsgedanken[163] oder das Zurverfügungstellen eines älteren Patents, wenn das darin enthaltene Know-how für die neue Entwicklung genutzt wird[164]. Die Zusammenarbeit braucht sich auch nicht ausschließlich auf „geistiger" Ebene bewegen. Auch eine handwerkliche Zutat zur Zusammenarbeit wird anerkannt, wenn diese über das rein Mechanische hinausgeht, z. B. die Durchführung eines Versuchs trotz entgegenstehender Hem-

---

[159] RG v. 17.9.27, RGZ 118, S. 49 (Schlammentleerungsvorrichtung); RG v. 16.5.39, Mitt 1939, S. 199 (Heeresatmer); RG v. 31.1.41, Mitt 1941, S. 73 f. (Farbwertrichtige Druckplatten); RG v. 10.10.39, GRUR 1940, S. 339 f. (Dura-Düse); RG v. 7.1.44, GRUR 1944, S. 81 (Selbsttätiges Schließverfahren).

[160] Eine besonders zweckmäßige Kombination von Elementen, wobei jedes für sich bereits dem Stand der Technik entspricht, in ihrer Zusammenführung aber neu sind.

[161] RG v. 7.1.44, GRUR 1944, S. 81 (Selbsttätiges Schließverfahren).

[162] RG v. 16.5.39, Mitt 1939, S. 199 (Heeresatmer).

[163] RG v. 31.1.41, Mitt 1941, S. 73 f. (Farbwertrichtige Druckplatten).

[164] RG v. 17.12.27, RGZ 118, S. 49 (Schlammentleerungsvorrichtung).

mungen in Fachkreisen[165]. Die Versuchsarbeit ist zwar grundsätzlich eine mechanische Tätigkeit. Das Sichhinwegsetzen über feststehende Ansichten in der Fachwelt zeigt jedoch die gedankliche Auseinandersetzung mit dem Problem. Eine tatsächliche Zusammenarbeit liegt auch vor, wenn jemand als sogenannter Organisator der Erfindung auftritt, z. B. weil er durch eine negative Auswahl der zu verwendenden Stoffe einen bestimmenden Einfluß auf die Problemlösung nimmt[166]. Dabei ist es unerheblich, ob die so angewiesenen Versuche erfolglos verlaufen, da auch die erfolglosen Versuche unentbehrlich für die Entwicklung des Lösungswegs sind. Nur so können die ungeeigneten Stoffe ausgeschieden werden[167].

Schließlich liegt eine tatsächliche Zusammenarbeit auch dann vor, wenn der Aufgabensteller zugleich mit der Aufgabe eigene Lösungsgedanken und -vorschläge mitteilt und diese durch eigene Überlegungen der anderen Mitwirkenden der praktischen Verwirklichung zugeführt werden[168].

3.1.2.6 Formulierung des Erfindungsgedankens durch eine Person

1938 vertrat das Reichsgericht die sogenannte „Schlußsteintheorie"[169]. Danach war derjenige Alleinerfinder, der den Lösungsgedanken ausgesprochen, den entscheidenden Gedanken, die glückliche Endlösung als erster erkannt und damit den Schlußstein zur Erfindung gesetzt hatte. Die Beiträge der anderen Mitwirkenden blieben unberücksichtigt. Diesem Grundsatz wurde zutreffenderweise in der weiteren Rechtsprechung nicht gefolgt. Er widerspricht der ganzen Systematik des Miterfindungsprozesses, der durch einen ständigen Austausch von Meinungen gekennzeichnet ist und in dem sich einzelne Beiträge zumeist nicht mehr voneinander abgrenzen lassen. Zudem ist es reiner Zufall und Glück, wer den entscheidenden Gedanken zuerst ausspricht. Allein aus der Tatsache, daß der entscheidende Lösungsgedanke von einem der Beteiligten erstmals formuliert wird, kann nicht geschlossen werden, daß dieser Alleinerfinder ist, und die

---

[165] RG v. 10.10.39, GRUR 1940, S. 340 (Dura-Düse).
[166] BGH v. 5.5.66, GRUR 1966, S. 561 (Spanplatten).
[167] Ebenda, S. 560.
[168] BGH v. 10.11.70, GRUR 1971, S. 213 (Wildverbißverhinderung).
[169] RG v. 18.12.37, GRUR 1938, S. 256 ff. (Kopierapparat), die hinsichtlich der Schlußsteintheorie eine Einzelentscheidung blieb. Vgl. dazu auch Lüdecke, a. a. O., S. 26 f.

anderen als Miterfinder ausscheiden. „"... Denn es gehört gerade zum Wesen der Gemeinschaftserfindung, ... daß sich die darauf gerichteten Versuche und Überlegungen der Beteiligten bis hin zum Entwurf nicht dergestalt trennen lassen, daß ein Teil davon als ausschließlicher Beitrag eines einzelnen von ihnen gewertet werden kann ..."[170]

3.1.3 Die Fallgruppen der Erfindungsgehilfenstellung in der Rechtsprechung

3.1.3.1 Fehlende Berücksichtigung des Beitrags in den Patentansprüchen

Nach ständiger Rechtsprechung ist nur der Miterfinder, der an der Lösung, wie sie in den Patentansprüchen Gestalt angenommen hat, „schöpferischen" Anteil hat[171]. Damit ist Erfindungsgehilfe, dessen Beitrag zur Erfindung nicht in die Patentansprüche aufgenommen wird oder dessen Vorschläge die spätere Lösung keinesfalls nahelegen[172].

3.1.3.2 Fehlende eigene „geistige" Leistung

Ein „schöpferischer" Beitrag wird auch dann verneint, wenn der Beitrag nicht das Resultat eigener „geistiger" Leistung ist, sondern nur eine Zusammenfassung des betrieblichen Standes der Technik darstellt. Dies gilt selbst dann, wenn der Beitrag weiterführt als der allgemein bekannte Stand der Technik[173].

3.1.3.3 Materielle Beiträge und Weisungsgebundenheit

Ebenso genügt keinesfalls eine Mitwirkung, die sich nur auf das Zurverfügungstellen von Räumlichkeiten, finanziellen Mitteln, Material oder Personal beschränkt hat[174]. Nicht als Miterfinder, sondern lediglich als Erfindungsgehil-

---

[170] LG Nürnberg-Fürth v. 25.10.67, GRUR 1968, S. 255 (Soft-Eis).
[171] Z. B. RG v. 18.12.37, GRUR 1938, S. 256 (Kopierapparat).
[172] RG v. 17.12.42, Mitt 43, S. 76 (Kohlepapier).
[173] RG v. 7.12.32, RGZ 139, S. 93 (Kupferseidenfaden).
[174] RG v. 17.12.42, Mitt 43, S. 76 (Kohlepapier).

fen werden auch die Beteiligten angesehen, die als Hilfspersonen streng weisungsgebundene Konstruktions- und Experimentieraufgaben lösen[175].

3.1.3.4 Alleinerfinderschaft

Wer eine Erfindung allein, ohne direkte Zusammenarbeit mit anderen gemacht hat, ist unstreitig Alleinerfinder. Für die Miterfinderschaft reicht auch die Teilnahme an einer einzelnen unter vielen Besprechungen nicht aus[176]. Diese Entscheidung kann allerdings nicht unkommentiert stehenbleiben. Eine wegweisende Anregung kann auch in einer einzelnen Besprechung erfolgen. Wenn Miterfinderschaft schon mit positiven Kriterien bestimmt werden soll, dann kann sie sich nicht an der Quantität der Mitarbeit messen, sondern nur an der Qualität der Mitwirkungshandlung. In jedem Fall genügen aber allgemeine Anregungen nicht, bei denen weder das konkrete Problem erfaßt wurde, noch sich der Mitteilende überhaupt gezielte Gedanken über das Problem gemacht hat[177].

3.1.4 Abweichende Einzelentscheidungen

Die Lehre vom „schöpferischen Beitrag" wurde in der Rechtsprechung nicht durchgehend verfolgt. Einige Entscheidungen setzen sich mit diesem Erfordernis kritisch auseinander und versuchen, zumindest neue Lösungsansätze aufzuzeigen. Eine übereinstimmende und allgemeingültige Definition des Miterfinderbegriffs wurde dadurch aber auch bis heute nicht entwickelt.

3.1.4.1 Die „Spanplatten"-Entscheidung

Schon 1966 hat der BGH in seiner „Spanplatten"-Entscheidung[178] den „schöpferischen" Beitrag als maßgeblich für die Miterfinderstellung der Kritik unterworfen. Kläger war der Leiter des Spanplattenwerks der Beklagten. Er arbeitete zusammen mit dem Werkmeister O. an der Entwicklung einer später patentierten Holzwerkstoffplatte und begehrte Einräumung der Miterfinderschaft. Im Rahmen dieser Arbeiten hatte er gegenüber O. eine leitende und anweisende Position. Nachdem die Entwicklungsarbeiten lange Zeit erfolglos geblieben wa-

---

[175] BGH v. 5.5.66, GRUR 1966, S. 559 (Spanplatten).
[176] OLG München v. 17.9.92, GRUR 1993, S. 663 (Verstellbarer Lufteinlauf).
[177] Ebenda.
[178] BGH v. 5.5.66, GRUR 1966, S. 558 ff. (Spanplatten).

A3 Die bisherigen Lösungsansätze des Miterfinderbegriffs

ren, schlug O. vor, es alternativ mit zwei bestimmten Stoffen zu versuchen. Der Kläger entschied sich dafür, O. zunächst Versuche mit einem der beiden Stoffe durchführen zu lassen. Diese führten zum Erfolg. Die Beklagte bestritt die Miterfinderstellung des Klägers, die Klage war jedoch in der Revision erfolgreich. In der Urteilsbegründung bezeichnete der BGH den „schöpferischen" Beitrag als „... keinen mit absoluter Treffsicherheit zu handhabenden Maßstab für die Abgrenzung der Leistung eines ebenbürtigen Miterfinders von der eines bloßen Erfindungsgehilfen ..."[179]

Allgemein und nicht auf diesen Streit bezogen, hielt der BGH das Erfordernis der schöpferischen Teilleistung in den Fällen als zu weitgehend, in denen es sich um Zufallserfindungen handelte oder in denen keiner der Beteiligten nachweislich eine überdurchschnittliche Geistesleistung von erfinderischem oder schöpferischem Rang vollbracht hatte. Als Beispiel führte er langwierige Forschungsaufträge und planmäßige Versuchsreihen der modernen Industrie auf[180], denn würde man hier an den strengen Anforderungen festhalten, so könne man in einer „... nicht zu vernachlässigenden ..." Anzahl von Fällen überhaupt keinen Erfinder mehr feststellen[181]. Als neuen Ansatzpunkt für die Ermittlung des Miterfinderbegriffs setzte sich der BGH mit dem Vorschlag von *Lüdecke*[182] auseinander, der anstelle des schöpferischen Beitrags eine qualifizierte Mitwirkung an der Lösung des technischen Problems forderte. Lüdecke hält diese dann für gegeben, wenn der an der Erfindung Beteiligte „... am Zustandekommen der Erfindung, nämlich bei der Aufgabenstellung oder der Lösung, durch Gedankengänge mitgewirkt hat, die das Durchschnittskönnen auf diesem Gebiet übersteigen ..."[183] Allerdings begreift der BGH diese neue Definition nicht als „aliud" zum schöpferischen Beitrag, sondern lediglich als dessen „... brauchbare Umschreibung ..."[184] Außerdem merkt er an, daß auch diese neue Umschreibung nicht als allgemeingültig und für alle Fälle geeignet gewertet werden könne.

---

[179] Ebenda, S. 559.
[180] Ebenda.
[181] Ebenda, S. 560.
[182] Lüdecke, Erfindungsgemeinschaften, 1962.
[183] Lüdecke, a. a. O., S. 31.
[184] BGH v. 5.5.66, GRUR 1966, S. 560 (Spanplatten).

Demzufolge hält er im Grunde am „schöpferischen" Beitrag fest, verlangt aber zu dessen Beurteilung einen milderen Maßstab[185].

Infolgedessen kann der Spanplatten-Entscheidung kein revolutionärer Charakter nachgesagt werden. Auch hier legt sich der BGH nicht fest und verabschiedet sich nicht vom schwammigen Begriff des schöpferischen Beitrags. Zu kritisieren ist auch, daß er sich in der Entscheidung nicht mit der ebenfalls 1962 erschienenen Monographie von *Wunderlich*[186] auseinandersetzt. Dieser hatte einen ganz anderen Ansatz entwickelt, nach dem schon die geistige, selbständige und nicht weisungsgebundene Mitwirkung an der Konzeption der Lösungsidee ausreichen sollte[187]. Der BGH erwähnt Wunderlich zwar kurz, diskutiert dessen Ansichten jedoch nicht.

3.1.4.2 Die „Soft-Eis"-Entscheidung

Auch das LG Nürnberg-Fürth griff in seiner „Soft-Eis"-Entscheidung[188] die Kritik an der herrschenden Meinung in Literatur und Rechtsprechung auf, indem es feststellte, daß die Rechtsprechung bis zum damaligen Zeitpunkt keine allgemeingültige Antwort auf die Frage nach der Miterfinderschaft gefunden habe, und indem es bezweifelte, ob dies aus der Natur der Sache heraus überhaupt möglich sei[189]. Grundlage dieses Urteils war der Streit zweier Angestellter, die zusammen eine Erfindungsmeldung über ein Verfahren zur Herstellung von Soft-Eis abgegeben hatten. Später bestritt der Beklagte jedoch die Miterfinderstellung des Klägers, weil dieser keinen „schöpferischen" Beitrag, sondern nur handwerkliche Tätigkeiten und Bastelergebnisse beigesteuert habe. Daraufhin verlangte der Kläger Feststellung darüber, daß es sich um eine hälftige Miterfindung handele. Eine Beschreibung der Tätigkeiten der Parteien erfolgt im Urteil nicht. Das LG gab der Klage statt.

In der Urteilsbegründung wertet das LG die Begriffe „schöpferisch" und „erfinderisch" zutreffend als verfehlt. Sie seien unbestimmt und ließen sich in ihrer

---

[185] Ebenda.
[186] Wunderlich, Die gemeinschaftliche Erfindung, 1962.
[187] Ebenda, S. 66.
[188] LG Nürnberg-Fürth v. 25.10.67, GRUR 1968, S. 252 ff. (Soft-Eis).
[189] Ebenda, S. 254.

A3 Die bisherigen Lösungsansätze des Miterfinderbegriffs

Bedeutung vor dem Hintergrund des Patentrechts nicht eindeutig festlegen. Auf keinen Fall dürften sie mit dem Begriff der „erfinderischen Tätigkeit" im Sinne von § 4 PatG gleichgesetzt werden. Dies sei eine Eigenschaft der ganzen Erfindung, die nicht auf die einzelnen Beiträge der Miterfinder übertragen werden dürfe. Auch eine Definition auf negativer Basis, deren wesentlicher Inhalt in der Abgrenzung zum Erfindungsgehilfen liegt, sieht das LG weder als ausreichend noch als wesentlich neu an[190]. Zum anderen sagt das LG, daß alle vertretenen Definitionsversuche am selben Mangel krankten, nämlich daß sie „... dem Wesen des gemeinschaftlichen Erfindens im Zeitalter der Technik nicht gerecht werden, weil sie auf den ..." für das Urheberrecht tauglichen Gedankengängen beruhten, „... das stets schöpferische Leistung verlangt und im übrigen (noch) die Anforderungen an die Einzelerfinderschaft im Auge hat ..."[191] In der Urteilsbegründung wird auch die Rechtsansicht des „Spanplatten-Urteils"[192] als nicht ausreichend bezeichnet, weil der BGH den Maßstab zwar mildere, aber immer noch am schöpferischen Beitrag festhalte[193].

Aufgrund dieser Überlegungen kommt das LG deshalb zu dem Ergebnis, daß die Art der Mitwirkung des einzelnen in den Vordergrund zu stellen sei, nicht die Qualität seines Beitrages. Denn abgesehen davon, daß auch die „... nicht qualifizierte Tätigkeit ..." zum Erfolg führen könne, wie die sogenannte Zufallserfindung lehrt, „... ist es gerade das nicht an Weisungen gebundene, geistige Schaffen, das den Miterfinder von dem in der Regel handwerklichen Beitrag des Gehilfen unterscheidet. Außerdem stellt die Leistung des Miterfinders gegenüber der des Einzelerfinders kein Weniger, sondern ihrer Natur nach etwas anderes dar ..."[194]

Letztendlich kommt das LG deshalb zu einer ganz eigenen Definition des Miterfinderbegriffs, die sich der von Wunderlich annähert. Miterfinder ist demnach, „... wer durch selbständige geistige Mitarbeit zum Auffinden der Lösungsgedanken, die in den Schutzansprüchen ihren Niederschlag gefunden ha-

---

[190] LG Nürnberg-Fürth v. 25.10.67, GRUR 1968, S. 254 (Soft-Eis); so aber der eigene Ansatz dieser Arbeit - siehe unten Kapitel A4.
[191] Ebenda.
[192] BGH v. 5.5.66, GRUR 1966, S. 558 ff. (Spanplatten).
[193] LG Nürnberg-Fürth v. 25.10.67, GRUR 1968, S. 255 (Soft-Eis).
[194] Ebenda.

ben, beigetragen hat ..."[195] Diese Entscheidung entwickelt damit einen Miterfindergedanken, der im Gegensatz zu dem Begriff vom „schöpferischen Beitrag" auf den ersten Blick nachvollziehbar und verständlich ist. Die Begriffe „geistig" und „selbständig" kommen grundsätzlich ohne erforderliche Interpretation durch Rechtsprechung und Literatur aus. Sie bilden ein brauchbares Abgrenzungsmerkmal zur weisungsgebundenen, handwerklichen Arbeit des Erfindungsgehilfen, sofern man davon ausgeht, daß mit dieser Art der Tätigkeit eine Miterfinderschaft ausgeschlossen ist. Trotzdem beschreitet diese Arbeit letztlich einen anderen Weg, da der Lösungsansatz des LG Nürnberg-Fürth zu einem extensiven Miterfinderbegriff führt. Je weiter aber der Miterfinderbegriff gefaßt wird, desto mehr Teilhaber gibt es an der Verwertung der Erfindung und der Arbeitnehmererfindervergütung. Insbesondere aus Gründen der Mitarbeitermotivation und der Praktikabilität einer vernünftigen Verwertung wird dies nicht für sinnvoll gehalten[196].

3.1.4.3 Die „Einsackwaage"-Entscheidung

Auch das OLG Düsseldorf greift in der „Einsackwaage"-Entscheidung[197] die Kritik am „schöpferischen" Beitrag auf, kommt jedoch ebensowenig wie der BGH zu wesentlich neuen Wegen der Begriffsbestimmung. Parteien waren in diesem Streit zwei Unternehmen. Die Klägerin behauptete, Allein- oder zumindest Miterfinderin des vom Beklagten angemeldeten Gebrauchsmusters zu sein. Zutat der Klägerin zur Erfindung war die Einführung des Beklagten in die Probleme von Einsackwaagen und in den damaligen Stand der Technik. Dies sah das OLG nicht als ausreichend an. In seiner Urteilsbegründung hält das OLG trotz der Kritik im Grundsatz am schöpferischen Beitrag fest und begründet dies damit, daß neben der Leistung eines schöpferischen Beitrags durch einen der Beteiligten nicht jede „... dem Durchschnittskönnen des Fachmanns entsprechende Mitwirkung als ausreichend für die Begründung der Miterfindereigenschaft anzusehen ..." sei[198]. Da nur das eine Erfindung sei, was über das Durchschnittskönnen hinausgehe, müsse dies auch für die Beiträge der Miterfinder

---

[195] Ebenda.
[196] Siehe dazu Kapitel A4.3.2.
[197] OLG Düsseldorf v. 30.10.70, GRUR 1971, S. 215 ff. (Einsackwaage).
[198] Ebenda, S. 216.

A3 Die bisherigen Lösungsansätze des Miterfinderbegriffs 45

gelten[199]. Als Ergebnis nimmt das OLG nun eine Zweiteilung vor. In den Fällen, in denen ein überdurchschnittlicher Beitrag vorliegt, läßt es durchschnittliche Beiträge nicht mehr ausreichen, nur wenn keiner der Beiträge überdurchschnittlich ist, soll auch eine durchschnittlich geistige Leistung genügen, da ansonsten eine Erfindung ohne Erfinder vorläge. Maßstab für das jeweilige Tatbestandsmerkmal zur Miterfindung ist demnach also der wesentlichste Beitrag zu der Erfindung[200]. Der Grund dafür ist anscheinend, daß das OLG so der Erfinderehre desjenigen Genüge tun will, der maßgeblich an der Erfindung beteiligt ist.

Damit verkennt das OLG allerdings, daß das „Beruhen auf der erfinderischen Tätigkeit" zwar eine Eigenschaft der gesamten Erfindung ist, daran aber nicht die Einzelleistungen gemessen werden können, aus denen sich die Erfindung zusammensetzt. Eine Miterfindung stellt gerade erst in ihrer Gesamtheit **eine** Erfindung dar. Eine Ausnahme bildet lediglich der Fall der „Verschmelzung", in dem mehrere ihre Erfindungen in der Patentanmeldung zu einer einzigen Erfindung verbinden. Zwar können auch die einzelnen Beiträge zur Erfindung das Durchschnittskönnen des Fachmanns überschreiten, sie müssen aber nicht. Ebensowenig ist nachvollziehbar, daß neben einem überdurchschnittlichen Beitrag, der mit Sicherheit für die Miterfinderstellung ausreicht, ein durchschnittlicher Beitrag die Miterfinderstellung nicht mehr begründen können soll. Besser erscheint die Lösung, unterschiedlich gewichtige Beiträge über die jeweilige Anteilshöhe an der Erfindung auszugleichen[201].

3.1.4.4 Die „Motorkettensäge"-Entscheidung

Am Beispiel der „Motorkettensäge-Entscheidung" des BGH[202] zeigt sich, daß die Kritik am oben ausgeführten Urteil des OLG Düsseldorf berechtigt ist. Inhalt war der Streit um die Miterfinderpositionen an einer Kombinationserfindung, bei der der streitige Miterfinder „nur" einen Hinweis auf den Stand der Technik gegeben hatte. Der BGH stellt in dieser Entscheidung fest, daß eine Kombinationserfindung „... auch aus bekannten Elementen bestehen und erst deren Zusammenwirken zu dem neuen, unerwarteten und auf erfinderischer

---

[199] Ebenda.
[200] OLG Düsseldorf v. 30.10.70, GRUR 1971, S. 216 (Einsackwaage).
[201] Siehe dazu näher unten in Kapitel B3.3.2.6, B3.4.1.1 und B3.5.2.3.
[202] BGH v. 20.6.78, GRUR 1978, S. 583 ff. (Motorkettensäge).

Leistung beruhenden Erfolg führen kann ..."²⁰³ Demnach kommt es nicht darauf an, die einzelnen Beiträge isoliert auf ihren erfinderischen Charakter hin zu überprüfen. Vielmehr ist die Gesamtlösung zu betrachten. Vor diesem Hintergrund sind erst die Beiträge darauf zu untersuchen, „... ob sie überhaupt zur Lösung der Aufgabe beigetragen haben. Nur solche Beiträge, die den Gesamterfolg nicht beeinflußt haben, also unwesentlich in Bezug auf die Lösung der Aufgabe sind, sowie solche, die auf Weisung des Erfinders oder eines Dritten geschaffen worden sind, begründen keine Miterfinderschaft ..."²⁰⁴ Zwar spricht der BGH es nicht direkt aus, jedoch erinnert die Argumentation sehr an die Theorie von Wunderlich, der es als ausreichend für die Miterfinderschaft erachtete, wenn ein geistiger, kausaler Beitrag zur Konzeption der Lösungsidee der Erfindung selbständig und weisungsunabhängig geleistet wurde[205].

Welche Folgen die Entwicklung in der Rechtsprechung für einen heute vertretbaren Miterfinderbegriff haben muß, kann an dieser Stelle noch nicht abschließend beantwortet werden. Dazu muß erst die Miterfindersituation in der Praxis betrachtet werden[206]. Erst danach ist ein Urteil darüber möglich, welcher Begriff den Problemen und dem heutigen Erfindungsprozeß am ehesten gerecht wird und ob es erforderlich ist, in Abkehr von allen bisherigen Lösungsansätzen einen ganz anderen Weg zu beschreiten. Zuvor soll aber der Meinungsstreit im Schrifttum dargestellt werden.

3.2 Der Miterfinderbegriff in der Literatur

Auch im Schrifttum herrscht Uneinigkeit über die Voraussetzungen der Miterfinderstellung[207]. Während einige einen „schöpferischen bzw. erfinderischen" Beitrag[208] als wesentlich ansehen, sagen sich andere von diesem unbestimmten Rechtsbegriff los. Sie verlangen vielmehr einen „selbständigen, geistigen" An-

---

[203] Ebenda, S. 585.
[204] Ebenda.
[205] Wunderlich, a. a. O., S. 66.
[206] Siehe unten Kapitel A4.1.
[207] Beier, GRUR 1979, S. 669.
[208] Z. B. Klauer/Möhring, a. a. O, § 3 PatG Rdn. 17.

A3 Die bisherigen Lösungsansätze des Miterfinderbegriffs 47

teil an der Erfindung[209] oder aber einen „besonders qualifizierten" Beitrag[210]. Zum Teil wird zudem die Ansicht vertreten, daß auch der Aufgabensteller Miterfinder sein könne. Eine ausdrückliche Darstellung des rechtstheoretischen Hintergrundes für ihre Ansichten bietet die Literatur nicht. Zumeist beginnen die Ausführungen jedoch mit dem Hinweis auf die rechtliche Doppelstellung des Erfinders als Träger des Erfinderpersönlichkeits- und Vermögensrechts. Damit scheint das Erfinderpersönlichkeitsrecht und die damit einhergehende Erfinderehre den Grundstein der einzelnen Theorien zu bilden. Diese wird aber um so weiter gestreut und in ihrer Wertigkeit abgeschwächt, je weiter der Miterfinderbegriff angesetzt wird. Der Grad an Erfinderehre sinkt mit steigender Zahl der Miterfinder. Folglich erkennen die Vertreter eines eher engen Miterfinderbegriffs dem Erfinderpersönlichkeitsrecht wohl eine höhere Bedeutung zu und legen damit einen strengeren Maßstab an.

3.2.1 Der schöpferische oder besonders qualifizierte Beitrag

Auch heute noch folgen einige Vertreter in der Literatur dem in der Rechtsprechung vorherrschenden Kriterium des „schöpferischen" Beitrags, wenn auch in unterschiedlicher Ausformung. Sie fordern für die Miterfinderschaft die Zusammenarbeit bei der Lösung einer technischen Aufgabe in Form der Leistung eines „erfinderischen bzw. schöpferischen" Beitrags des einzelnen zur gemeinschaftlichen Lösung[211]. Eine solche Leistung sei gegeben, wenn das, was der Miterfinder beigesteuert hat, sich über den Stand der Technik und das Fachkönnen des Durchschnittsfachmanns erhebt. Der Beitrag jedes einzelnen Miterfinders selbst braucht jedoch nicht selbständig „erfinderisch" zu sein, d. h., er muß für sich allein betrachtet nicht alle Voraussetzungen einer patentfähigen Erfindung erfüllen[212]. *Bruchhausen*[213] hält den Begriff des „schöpferischen" Beitrags

---

[209] Z. B. Schade, GRUR 1972, S. 510 ff., Wunderlich, Die gemeinschaftliche Erfindung, 1962.

[210] Z. B. Lüdecke, a. a. O., S. 31 ff.

[211] Klauer/Möhring, a. a. O., § 3 PatG Rdn. 17; Schulte, a. a. O., § 6 PatG Rdn. 16; Benkard/Bruchhausen, a. a. O., § 6 PatG Rdn. 32; Tetzner, Leitfaden des Patent-, Gebrauchsmuster- und Arbeitnehmererfindungsrechts der Bundesrepublik Deutschland, 1983, S. 57; Beier/Straus, Der Schutz wissenschaftlicher Forschungsergebnisse, 1982, S. 82; Beier/Straus, GRUR 1983, S. 101; Lüdecke, Erfindungsgemeinschaften, 1962.

[212] Schippel, GRUR 1966, S. 561.

zur Abgrenzung von der konstruktiven Mithilfe für „... durchaus brauchbar ...", wenn nur ein geringer Grad für die erfinderische Tätigkeit gefordert und die Beiträge der einzelnen Mitwirkenden nicht isoliert betrachtet werden. Es soll dabei eine ergebnisorientierte Beurteilung der einzelnen Beiträge erfolgen. Zum Teil verlangt das Schrifttum in Anlehnung an Lüdecke[214] einen „besonders qualifizierten" Beitrag vom Miterfinder. Dabei müsse der Miterfinder bei der Aufgabenstellung und/oder der Lösung durch eigene Gedankengänge mitgewirkt haben, die das Durchschnittskönnen auf dem Erfindungsgebiet übersteigen[215]. Das Maß für das Durchschnittskönnen setzt der Durchschnittsfachmann. Lüdeckes Gedankengang läßt sich dabei wie folgt zusammenfassen: Er stellt fest, daß die Kausalität des Beitrags für die Erfindung allein für die Miterfinderstellung nicht ausreichen kann. Dabei sei es unerheblich, ob man von der Kausalität im Sinne einer „conditio sine qua non" oder von dem engeren Begriff der adäquaten Kausalität ausgehe, denn Mitwirkender, und damit kausal zur Erfindung Beitragender, sei auch der Techniker oder der Laborant, der jeweils aufgrund einer Weisung seine Tätigkeit verrichtet. Deshalb müsse der Beitrag einer Wertung über die Kausalität hinaus zugeführt werden. Diese Wertung sei das eigentliche Kriterium, um „Unbefugte" aus dem Kreis der Miterfinder auszuscheiden. Die einzelnen Beiträge müssen seiner Ansicht nach also einer gewissen Mindestqualität entsprechen[216]. Lüdecke verlangt dabei keineswegs, daß die einzelnen Beiträge dergestalt sein müssen, daß sie für sich selbst schon auf erfinderischer Tätigkeit im Sinne der Patentfähigkeit beruhen[217]. Vielmehr muß die Gesamtheit der Beiträge eine patentfähige Erfindung ergeben, die in ihrer Gesamtheit auf erfinderischer Tätigkeit beruhen muß. Die Qualität, die hier von dem einzelnen Beitrag verlangt wird, orientiert sich nicht am Ergebnis, sondern an der Tätigkeit des einzelnen, da seiner Ansicht nach zwar die einzelne Leistung, die Art der Tätigkeit, die Art und Weise der Ergebniserlangung noch trennbar und ausscheidbar ist, jedoch nicht das im Ergebnis Beigesteuerte[218]. Dies hat zur Folge, daß nicht nur der als Erfinder anerkannt werden kann, der

---

[213] Benkard/Bruchhausen, a. a. O., § 6 PatG Rdn. 32.

[214] Lüdecke, a. a. O., S. 31 ff.

[215] Beier/Straus, Der Schutz wissenschaftlicher Forschungsergebnisse, 1982, S. 82; Beier/Straus, GRUR 1983, S. 101; Lüdecke, a. a. O., S. 31 ff., 44.

[216] Lüdecke, a. a. O., S. 17 - 19, 23.

[217] Ebenda, S. 23.

[218] Ebenda, S. 25 f.

den Erfindungsgedanken ausspricht, also den „Schlußstein" zur Problemlösung setzt. Als Beiträge, die er überhaupt einer Wertung unter dem Gesichtspunkt der Qualität unterzieht, scheiden seiner Ansicht nach nur handwerkliche Tätigkeiten aus, da bei einer Erfindung die geistige Konzeption von ihrer manuellen Ausführung zu unterscheiden sei[219].

Der Wertungsmaßstab für die Qualität der Mitwirkung ist nach Lüdecke das Durchschnittskönnen des Fachmanns auf dem jeweiligen Gebiet. Nur das, was darüber läge, was also überdurchschnittlich ist, könne als qualifiziert gelten und damit zur Miterfinderstellung führen[220]. Als Argument wird das Erfinderpersönlichkeitsrecht herangezogen. Dieses Recht könne nicht dem zustehen, der nur das zur Erfindung beiträgt, was der Masse der Fachleute auf diesem Gebiet schon bekannt sei. Anscheinend will Lüdecke den „Durchschnitt" nicht in die Gunst der Erfinderehre kommen lassen.

Problematisch wird dieser Ansatz jedoch in den Fällen, in denen die Erfindungsbeiträge für sich isolierbar sind und keiner der Mitwirkenden einen überdurchschnittlichen Beitrag zur Erfindung geleistet hat. Lüdecke gibt keine Antwort darauf, wer dann als Miterfinder und wer als bloßer Erfindungsgehilfe zu qualifizieren ist. Es ist zu vermuten, daß er dann wie das OLG Düsseldorf verfahren und alle Mitwirkenden an der Erfinderehre teilhaben lassen will[221]. Im übrigen ist dies kein anderer Ansatz zur Qualifikation des Miterfinderbeitrags. In Übereinstimmung mit der Rechtsprechung ist dieses Kriterium vielmehr nur eine weitere Umschreibung für den Ausdruck „schöpferisch"[222].

Eine etwas differenziertere Meinung vertritt *Tetzner*[223]. Zwar grenzt auch er den Miterfinder vom bloßen Erfindungsgehilfen grundsätzlich dadurch ab, daß er einen auf selbständige geistige Mitarbeit beruhenden „schöpferischen" Anteil an der Erfindung verlangt. Für die Fälle der Zufallserfindung oder des Fehlens einer überdurchschnittlichen Geistesleistung von jedem der Mitwirkenden an

---

[219] Ebenda, S. 29 f.

[220] Ebenda, S. 31.

[221] OLG Düsseldorf v. 30.10.70, GRUR 1971, S. 215 ff. (Einsackwaage).

[222] BGH v. 5.5.66, GRUR 1966, S. 560 (Spanplatten).

[223] Tetzner, Leitfaden des Patent-, Gebrauchsmuster- und Arbeitnehmererfindungsrechts der Bundesrepublik Deutschland, 1983, S. 57.

der Erfindung läßt er aber einen selbständig geleisteten, also weisungsunabhängigen und kausalen Beitrag genügen. Diesen unterzieht er dann weder irgendeiner weiteren Wertung im Sinne einer besonderen Qualität, noch erörtert er näher, von welchem Kausalitätsbegriff er ausgeht. Somit erreicht Tetzner einen unter Umständen sehr weiten Miterfinderbegriff.

Allgemein herrscht die Ansicht vor, daß keine Gleichsetzung zwischen dem Mitarbeiter an einem Projekt und dem Miterfinder erfolgen dürfe[224]. Diese Aussage bezieht sich insbesondere auf das Motorkettensägenurteil des BGH[225], in dem der BGH zur Miterfinderstellung nur prüfen wollte, ob überhaupt ein Beitrag zur Lösung der Aufgabe vorlag.

3.2.1.1 Einzelfälle der Miterfinderschaft

Folgt man dem Kriterium des schöpferischen Beitrags in der dargestellten Form, so ist auch der Aufgabensteller Miterfinder, wenn die Aufgabenstellung bereits eine Zielrichtung enthält (etwa wenn aus der Erfahrung eigener Lösungsversuche des Auftraggebers bestimmte Erkenntnisse in der Aufgabenstellung enthalten sind) oder die Aufgabenstellung selbst (die Problemerkennung) schwierig, die Lösung für den Fachmann aber eher naheliegend ist[226].

Beier[227] bezeichnet zudem den als Miterfinder, dessen Beitrag inhaltlich in einen Haupt-, Neben-[228] oder Unteranspruch[229] Einzug genommen hat. Der Miterfinder müsse dabei einen „besonders qualifizierten" Beitrag zu mindestens einem dieser Ansprüche erbringen. Es genüge, wenn der Beitrag noch ursächlich

---

[224] Beier, GRUR 1979, S. 670.

[225] BGH v. 20.6.78, GRUR 1978, S. 583 ff. (Motorkettensäge).

[226] Klauer/Möhring, a. a. O., § 3 PatG Rdn 14 ff., insbes. Rdn. 17; Schulte, a. a. O., § 6 PatG Rdn. 6.

[227] Beier, GRUR 1979, S. 670 ff.

[228] Ein Nebenanspruch ist eine vom Gegenstand des Hauptanspruch unabhängige Erfindung, also im Grunde ein weiterer Hauptanspruch.

[229] Unteransprüche ergänzen oder wandeln den Gegenstand des Hauptanspruches ab. Sie beziehen sich auf besondere Ausführungsarten der im Haupt- oder Nebenanspruch gekennzeichneten Erfindung. Man unterscheidet „echte" (nichterfinderische) und „unechte" (erfinderische) Unteransprüche. Dabei ist ein Unteranspruch unzulässig, der sich auf Selbstverständlichkeiten bezieht.

für eine patentfähige Erfindung sei[230]. Demnach ist im Rahmen einer Gesamtschau zu ermitteln, wer zur Erfindung beigetragen hat, wobei nur solche Beiträge unwesentlich sein sollen, die auf die Lösung keinen erkennbaren Einfluß genommen haben und nicht kausal für die Lösung waren[231].

3.2.1.2 Einzelfälle der Erfindungsgehilfenschaft

Rein konstruktive Beigaben und mechanische Ausführungsarbeiten nach Anweisung, bloße „nichtschöpferische" Anregungen und bloße finanzielle Unterstützungshandlungen, wie die Bereitstellung eines Labors oder von Personal, scheiden als Miterfinderbeitrag aus[232]. Zudem können Anreger grundsätzlich nicht Miterfinder sein, wenn diese lediglich die Aufgaben stellen, ohne daß auch ein Lösungsbeitrag oder -hinweis vorliegt[233]. *Beier* gibt eine Aufzählung von Fakten, die seiner Ansicht nach das Vorliegen der Miterfinderstellung verhindern. Dies sind:

- das Stellen einer für den Fachmann bekannten oder naheliegenden Aufgabe;
- das Weitergeben der Aufgabe mit fachmännischen Anweisungen und Erläuterungen an einen Sachbearbeiter, wenn der Sachbearbeiter dann selbst die Lösung der Aufgabe findet;
- das Prüfen und Analysieren eines neuen Stoffes, denn eine solche Tätigkeit könnte auch durch Apparate durchgeführt werden;
- das Arbeiten nach Anweisungen;
- das lediglich Prüfen der genannten Stoffe auf ihre Tauglichkeit für die Erfindung, außer dabei würde eine Problemlösung gefunden werden, auf die die Anweisung nicht gezielt war[234].

---

[230] Beier/Straus, Der Schutz wissenschaftlicher Forschungsergebnisse, 1982, S. 82.
[231] Beier/Straus, GRUR 1983, S. 101.
[232] Klauer/Möhring, a. a. O., § 3 PatG Rdn. 17.
[233] Ebenda, Rdn 14 ff., insbes. Rdn. 17; Schulte, a. a. O., § 6 PatG Rdn. 16.
[234] Beier, GRUR 1979, S. 671.

3.2.1.3 Kritik am „schöpferischen, erfinderischen, besonders qualifizierten" Beitrag

Das in Rechtsprechung und in Teilen der Literatur vorherrschende Kriterium des „schöpferischen"[235] oder „erfinderischen" Beitrags ist unter modernen Forschungsbedingungen nicht haltbar. Zum einen muß einer Erfindung nicht unbedingt etwas Schöpferisches innewohnen, denn Erfindungen ergeben sich „... vielfach auch aus einem planmäßigen Suchen nach Verbesserungen an sich bestehender Lösungen, einem systematischen „trial and error", bis sich die zukunftsweisende Idee langsam herauskristallisiert ..."[236] Zum anderen ist der Begriff des Schöpferischen nicht positiv erfaßbar und damit unpraktikabel. Die einzelnen Beiträge lassen sich nur in Ausnahmefällen trennen und damit nach ihrer Qualität bewerten. Die von Lüdecke entwickelte Idee des qualifizierten Beitrages kann man auch nicht verwenden, da dieser lediglich ein anderer Ausdruck für das Schöpferische ist und damit nur eine Änderung in der Terminologie darstellt. Zudem halten die Vertreter des „schöpferischen" Beitrags an einer individualistischen Sicht vom heroischen Erfinders fest, die sich überholt hat, statt nüchtern die heute allgemein praktizierte Gemeinschaftsarbeit anzuerkennen. Grundlage dieser überzogenen Forderungen ist wohl der Erwerb des Erfinderpersönlichkeitsrechts, das als unveräußerliches Recht auf immer erhalten bleibt.

Die Rechtsprechung geht zwar seit der Spanplatten-Entscheidung grundsätzlich von einem eher weiten Miterfinderbegriff aus[237]. Der Begriff des „schöpferischen" Beitrags ist demnach im Sinne der Verwendung durch die Gerichte keinesfalls mit dem Begriff der „erfinderischen Tätigkeit" gleichzusetzen und nicht

---

[235] Bemerkenswert ist, daß auch Benkard/Bruchhausen in der 9. Auflage, § 6 PatG Rdn. 32 noch das Tatbestandsmerkmal des „schöpferischen Beitrags" vertritt. Seiner Argumentation nach meint er aber meiner Ansicht nach damit nichts anderes als die Abgrenzung des „geistigen Beitrags" von der bloß handwerklichen, weisungsabhängigen Leistung und verwendet lediglich den falschen Ausdruck.

[236] Marbach, a. a. O., S. 89 f.

[237] BGH v. 5.5.66, GRUR 1966, S. 559 (Spanplatten): Demnach sollen keine zu hohen Maßstäbe an den Begriff des „Schöpferischen" gestellt werden dürfen. Nur in den Fällen, in denen tatsächlich ein Beitrag nur streng nach Anweisung erbracht wurde oder keine Kausalität des Beitrags zur Problemlösung vorliegt, wird die Miterfinderstellung verneint; ebenso OLG München v. 17.9.92, GRUR 1993, S. 663 (Verstellbarer Lufteinlauf).

A3 Die bisherigen Lösungsansätze des Miterfinderbegriffs 53

zu hohen Anforderungen zu unterziehen[238]. Aber auch durch diese Abschwächung und Ausweitung des Kriteriums des „schöpferischen" Beitrags bleibt der Begriff zu unbestimmt, als daß er in der Praxis einen ausreichenden Anhaltspunkt für die Miterfinderbenennung liefern könnte.

3.2.2 Der geistige Beitrag

Der wohl weiteste Miterfinderbegriff wurde von den Vertretern der neueren Lehre entwickelt. Diese lehnen das Kriterium „schöpferischer" und „erfinderischer" Beitrag als Basis für die Miterfinderstellung ab[239]. Den „schöpferischen" Beitrag betrachten sie als zu weitgehend, denn von dem einzelnen könne nicht verlangt werden, was die ganze Erfindung ausmache[240]. Außerdem gäbe es auch Zufallserfindungen, denen zwar eine individuelle, aber nicht „schöpferische" Leistung vorausgehe[241]. Begründet wird dieser Ansatz auch mit der fehlenden Möglichkeit, einen solchen Anteil festzustellen, denn es komme häufig vor, daß sich eine Erfindung aus der Verschmelzung mehrerer Teilbeiträge ergäbe, die man nicht trennen könne. Es entspreche gerade dem Wesen einer Erfindung im Teamwork, daß von den Mitwirkenden nach Abschluß der Arbeiten eine Trennung der Beiträge kaum jemals vorgenommen werden kann[242]. Außerdem würden dadurch die Kriterien des Einzelerfinders auf die Miterfinderschaft übertragen[243]. Auf dieser Weise könne man dem Wesen der gemeinschaftlichen Erfindung nicht gerecht werden, denn so würden die Einzelbeiträge völlig unabhängig voneinander behandelt, was jedoch nicht angebracht sei, da das Arbeitsergebnis eine Summe von Anregungen, Versuchen und Vorschlägen darstelle.

---

[238] Wenn man einmal von der Entscheidung des OLG Düsseldorf v. 30.10.70, GRUR 1971, S. 215 ff. (Einsackwaage) absieht, die in ihrer Argumentation und in ihrem Ergebnis auch ein Einzelfall geblieben ist.

[239] Schade, GRUR 1977, S. 390 und GRUR 1972, S. 511, 513; Seeger/Wegner, Mitt 1975, S. 108; Spengler, GRUR 1938, S. 236; Wunderlich, a. a. O., S. 34; Lindenmaier/Weiss, a. a. O., § 3 PatG Rdn. 17; Reimer, Patentgesetz und Gebrauchsmustergesetz, 1968, § 3 PatG Rdn. 10; Hubmann, Gewerblicher Rechtsschutz, 1988, S. 103.

[240] Schade, GRUR 1972, S. 511.

[241] Hubmann, a. a. O., S. 103.

[242] Wunderlich, a. a. O., S. 52 - 66.

[243] Seeger/Wegner, Mitt 1975, S. 108.

Sie lassen deshalb einen lediglich „geistigen" Beitrag für die Miterfinderstellung genügen, wenn auch in unterschiedlichen Ausformungen. Gemeinsam ist allen die Einordnung des Erfindungsgehilfen, der genau nach Weisungen gehandelt hat, dem also jedes Detail der Arbeit vorgegeben wurde und der keine eigenen Ideen beigesteuert hat. Nicht als Miterfinder bezeichnen sie auch den, der nur finanzielle oder materielle Unterstützung, wie das Bereitstellen von Hilfsmitteln und Arbeitsmöglichkeiten (z. B. Räume, Geld, Geräte, Maschinen und Hilfskräfte), bietet[244], da in diesen Fällen keine tatsächliche Zusammenarbeit, keine Mitarbeit an der Erfindung vorliegt[245]. Geht es also darum bestimmte Personengruppen von vornherein auszuscheiden, so unterscheiden sie sich inhaltlich nicht von den Vertretern des schöpferischen Beitrags. Unterschiedliche Ergebnisse kann es deshalb - wenn überhaupt - nur im Graubereich zwischen Miterfinder- und Gehilfenschaft geben.

3.2.2.1 Die unterschiedlichen Ausformungen

Schade[246] argumentiert mit der Analyse der Genese des Erfindungsvorgangs. Da sich echtes Teamwork im gemeinsamen Probieren und Diskutieren zeige, könne man in den seltensten Fällen sagen, von wem nun der entscheidende Gedanke stamme. Demnach könne man auch daraus, daß ein Mitwirkender schließlich die Problemlösung ausgesprochen bzw. den entscheidenden Anstoß zur Problemlösung gegeben habe, nicht folgern, daß dieser der Alleinerfinder sei. Also müsse auch derjenige, der keinen „schöpferischen" Anteil lieferte, Miterfinder sein, wenn er die übrigen Anforderungen erfüllt[247]. Auch der Forderung von Lüdecke nach überdurchschnittlichen Gedankengängen könne nicht gefolgt werden, da dies wiederum einen „schöpferischen" Beitrag gleich einer „erfinderischen Tätigkeit" erfordere und das Beruhen auf der „erfinderischen Tätigkeit" eine Voraussetzung für die gesamte Erfindung sei[248]. Infolgedessen sei derjenige Miterfinder, der an der Erfindung mitgewirkt hat, auch wenn sein Einzelbeitrag für sich genommen nicht selbständig „erfinderisch" war. Beim Verschmelzen der Beiträge müsse dies auch dann gelten, wenn schon ein Beitrag für sich

---

[244] Hubmann, a. a. O., S. 103; Bernhardt/Kraßer, a. a. O., 1986, S. 190 ff.
[245] Wunderlich, a. a. O., S. 32 f.
[246] Schade, GRUR 1977, S. 390 und GRUR 1972, S. 511, 513.
[247] Schade, GRUR 1972, S. 513.
[248] Ebenda, S. 511.

A 3 Die bisherigen Lösungsansätze des Miterfinderbegriffs

allein eine Erfindung darstellt, weil sonst die gemeinschaftliche Arbeit während des Entstehens einer Erfindung nicht hinreichend gewürdigt werde[249].

Entscheidend ist für *Seeger und Wegner*[250] eine weisungsunabhängige Mitwirkung in Abgrenzung zur handwerklichen Tätigkeit des Gehilfen und nicht so sehr die Qualität des Beitrags. Es wird offengelassen, ob eine rein geistige Mitarbeit an dem Lösungsgedanken ausreicht, um die Miterfinderstellung zu begründen. Dieser Ansicht folgen auch *Hubmann*[251] und *Bernhardt/Kraßer*[252]. Sie halten nur denjenigen für einen Miterfinder, der an der Entwicklung der technischen Regel wesentlichen „geistigen" Anteil hat. Wobei unter dem „geistigen" Anteil nicht nur die geistige Mitarbeit, sondern auch die Entfaltung eigener geistiger Initiative bei der Suche nach der Lösung oder ihrer Erfassung verstanden werden soll.

Spengler ist schließlich der Ansicht, daß wegen der großen Variationsbreite der Mitwirkungsmöglichkeiten eine allgemeingültige Definition gar nicht möglich sei[253]. Für ihn ist eine ursächliche Mitwirkung an der technischen Aufgabenlösung ausreichend, wobei der adäquate Kausalitätsmaßstab anzulegen und die Gehilfen auszuscheiden seien. Seiner Ansicht nach scheitert ein strengerer Maßstab an der Untrennbarkeit der Einzelleistungen im Erfindungsprozeß[254].

Wunderlich[255] verlangt von der Miterfinderstellung Mitarbeit in der Gestalt gemeinsamen geistigen Schaffens an der Konzeption der erfinderischen Idee, wobei jeder selbständig und weisungsunabhängig tätig geworden sein muß[256]. Gleichzeitig weist Wunderlich darauf hin, daß es Sinn und Zweck des Patentschutzes verbieten, einen Miterfinderbegriff zu verwenden, der alle übrigen

---

[249] Ebenda, S. 510, 513, 518; nach Schade ist auch der Urheber eines echten Unteranspruchs zum Patent Miterfinder.
[250] Seeger/Wegner, Mitt 1975, S. 108.
[251] Hubmann, a. a. O., S. 103.
[252] Bernhardt/Kraßer, a. a. O., 1986, S. 190 ff.
[253] Spengler, GRUR 1938, S. 233.
[254] Ebenda, S. 236.
[255] Wunderlich, Die gemeinschaftliche Erfindung, 1962.
[256] Ebenda, S. 66.

Mitwirkenden an der Erfindung pauschal zu Miterfindern erklärt[257]. Es müsse also ein differenzierendes Kriterium gefunden werden. Auch nicht das Beruhen auf „erfinderischer Tätigkeit" kann seiner Ansicht nach vom Beitrag des Miterfinders gefordert werden, denn diese soll der Erfindung an sich anhaften, und § 3 S. 2 PatG a. F. sprach davon, daß mehrere gemeinsam eine Erfindung machen, also ihre Beiträge in ihrer Gesamtheit eine patentfähige Erfindung ergeben[258]. Da man die „erfinderische Tätigkeit" nicht für alle Fälle einer Erfindung positiv definieren und wertmäßig festlegen könne, müsse es auch scheitern, eine Abstufung der „erfinderischen Tätigkeit" vorzunehmen und wenigstens ein gewisses Maß zu verlangen[259]. Die Reduzierung der Anforderung auf ein bloß „gewisses Maß an erfinderischer Tätigkeit" bietet also ebenfalls keinen ausreichend klaren Orientierungspunkt. Daraus ergibt sich nämlich die Frage, wieviel dazu erforderlich sein soll. Wie weit muß sich ein Beitrag vom Stand der Technik entfernen, wie nahe darf er ihm noch kommen, um diese „gewisse erfinderische Tätigkeit" schon vorzuweisen? Da die erfinderische Tätigkeit als solche weder positiv definiert noch wertmäßig festgelegt werden kann, fehlt aber zugleich der abzustufende Maßstab[260]. Ebenfalls müsse schon der Versuch scheitern, sowohl den Typus des Erfinders als auch ein in jedem Einzelfall feststellbares Maß festzulegen, an dem man die Beiträge der Miterfinder werten könne. Daraus folgert er, daß die einzig praktikable Möglichkeit die sei, nur ein gemeinsames geistiges Schaffen an der Konzeption der erfinderischen Idee zu verlangen, wobei die Beiträge selbständig und weisungsunabhängig erbracht worden sein müßten. Das Maß der Mitwirkung solle letztendlich nur entscheidend für die Anteile an der Miterfindung sein, aber nicht die Miterfinderstellung an sich betreffen[261]. Freilich wird das Problem damit nicht vollständig gelöst, sondern die Wertung der einzelnen Beiträge auf den Bereich der Anteilsfestsetzung verschoben.

---

[257] Ebenda, S. 34.
[258] Ebenda, S. 48.
[259] Ebenda, S. 50 - 51.
[260] Ebenda, S. 51.
[261] Ebenda, S. 52 - 66.

3.2.2.2 Kritik am „geistigen" Beitrag

Der Begriff des „geistigen" Beitrags ist ebenfalls abzulehnen. Wird jeder als Miterfinder bezeichnet, der an der Konzeption der erfinderischen Idee zusammen mit anderen in der Gestalt gemeinsamen geistigen Schaffens selbständig und weisungsunabhängig mitgewirkt hat, so führt dies unter heutigen Forschungsbedingungen zu einer relativ großen Anzahl von Miterfindern. Da im Rahmen des heute praktizierten Teamworks, der Ideenfindung durch Kommunikation und geistigen Austausch nahezu jeder Mitarbeiter eines Teams Miterfinder wäre, ist meiner Ansicht nach dieser Miterfinderbegriff in erheblichem Maße zu weit angesetzt. Neben den negativen Auswirkungen auf die Mitarbeitermotivation zu herausragenden Leistungen, wie sie wohl jeder Arbeitgeber gerne hätte, wird auch der Grad an Erfinderehre, der dem einzelnen Miterfinder zusteht, immer geringer. Folglich ist ein sehr weiter Miterfinderbegriff weder von Interesse für den Arbeitgeber noch für den Arbeitnehmererfinder oder auch für den freien Erfinder, dessen Verwertungspotential dadurch absinkt. Ebenso wie die vorhergehenden Definitionsversuche basiert auch dieser Lösungsansatz auf einer positiven Ermittlung der Miterfinder. Eine positive Begriffsbestimmung muß aber in der Konsequenz grundsätzlich immer an der fehlenden Trennbarkeit der Beiträge scheitern.

3.2.3 Selbständige Mitarbeit am Gesamtkonzept oder kausaler Beitrag

Einen etwas differenzierteren Ansatz entwickelte *Marbach*[262]. Er kombiniert die Kausalität des Beitrags mit dem gemeinschaftlichen Willen zum Handeln und verlangt entweder eine selbständige Mitarbeit im Rahmen eines Gesamtkonzepts oder aber einen kausalen Beitrag zur Lösung. Allein auf die Kausalität könne man nicht bauen. Diese sei zwar als positives Kriterium brauchbar, aber nicht dazu geeignet, eine negative Abgrenzung durchzuführen, weil sich die Kausalkette einer Erfindung nicht immer aufschlüsseln lasse[263]. Demnach ist nach Marbach Miterfinder, wer weisungsunabhängig mitarbeitete, sich der Gesamtidee unterordnete und im Rahmen derselben selbständig tätig geworden ist. Dabei muß der Wille zum gemeinschaftlichen Handeln bei allen Mitarbeitern von Anfang an bestanden haben. Außerhalb eines Gesamtkonzepts genügt nach

---

[262] Marbach, a. a. O., S. 78 - 102.
[263] Ebenda, S. 91.

Marbach aber ein adäquat kausaler Beitrag zur Lösung[264]. Obwohl dieser Miterfinderbegriff überzeugender als die oben dargestellten Ansätze ist, ist dies doch nicht der Weg, den diese Arbeit gehen wird. Auch Marbach hält an der positiven Begriffsbestimmung fest, von der die Praxis - wie sich unten zeigen wird[265] - abgerückt ist. Zudem scheint auch sein Lösungsansatz einem sehr weiten Begriff zu folgen. Dieser läuft aber den mit dem Miterfinderbegriff letztlich zu verfolgenden Zielen[266] entgegen.

3.2.4 Annex: Der Aufgabensteller als Miterfinder

Auch der Begriff der Aufgabenerfindung ist in der Literatur umstritten. Zum Teil wird vertreten, daß auch in der reinen Aufgabenstellung schon eine Erfindung liegen, der Aufgabensteller also auch zum Miterfinder werden könne, wenn sich allein aus der mitgeteilten Aufgabe die Lösung für den Fachmann von selbst ergibt[267]. Eine andere Ansicht lehnt die Existenz einer Aufgabenerfindung rigoros ab, denn eine Aufgabe sei lediglich eine Zielvorstellung, und diese könne niemals Bestandteil einer Erfindung sein. Außerdem sei eine Erfindung die Lösung einer technischen Aufgabe. Somit sei der Begriff der Aufgabenerfindung in sich widersprüchlich, da es sich dabei zumeist nur um zulässigerweise weit gefaßte, verallgemeinerte Lösungsgedanken handele. Aufgabe und Erfindung seien somit strikt zu trennen[268]. Eine vermittelnde Ansicht wird von Wunderlich[269] vertreten, der zwar grundsätzlich den Aufgabensteller als Miterfinder ablehnt, ihm jedoch dann die Miterfinderstellung zugesteht, wenn er durch die Aufgabenstellung die Anregung zur Lösung gibt. Damit ist nicht die Mitarbeit an der späteren Lösung gemeint[270], sondern daß der Aufgabensteller in der Aufgabe bereits Leitgedanken, Richtlinien oder Hinweise für die spätere Lösung gibt.

---

[264] Ebenda, S. 92 und 102.

[265] Vgl. dazu unten Kapitel A4.1.

[266] Vgl. dazu unten Kapitel A4.2.

[267] Schulte, a. a. O., § 1 PatG Rdn. 37 m. w. N., Lüdecke, a. a. O., S. 34; Tetzner, a. a. O., S. 32.

[268] Hesse, GRUR 1981, S. 853 ff., Benkard/Bruchhausen, a. a. O., § 4 PatG Rdn. 21 ff.

[269] Wunderlich, a. a. O., S. 74 ff.

[270] In dieser Fallkonstellation ergibt sich das Problem der Aufgabenerfindung nämlich gar nicht.

4 Der negative Miterfinderbegriff

Wie sich gezeigt hat, bietet keine der bisher in Literatur und Rechtsprechung vertretenen Begriffsbestimmungen eine sinnvolle und praktikable Lösung unter den gegenwärtigen Forschungsbedingungen. Es besteht folglich die Notwendigkeit einer alternativen Definition des Miterfinders, die den heutigen Anforderungen gerecht wird und die Rechtssicherheit, -klarheit und Transparenz bei unternehmensübergreifenden Erfindungen aus Forschungs- und Entwicklungskooperationen herstellt.

4.1 Die Miterfindung in der Praxis

Miterfindungen entstehen in der Praxis nicht nur unternehmensintern, sie sind auch das Resultat von Forschungs- und Entwicklungskooperationen mehrerer Unternehmen oder der Zusammenarbeit von Industrie und Wissenschaft im Rahmen der externen Vertragsforschung[271]. Der praktische Umgang mit der gemeinsamen Lösung eines technischen Problems bildet eine wesentliche Grundlage für die Entwicklung des Definitionsansatzes. Es wurden deshalb eine Reihe Interviews mit Gesprächspartnern[272] aus Industrie und Wissenschaft geführt. Dabei handelte es sich um Fach- und Führungskräfte aus Patent- sowie aus Forschungs- und Entwicklungsabteilungen. Ziel der folgenden Darstellung ist die Beschreibung des „Ist-Zustandes" in der Praxis[273]. Es wird deshalb von einer kritischen Beurteilung der Angemessenheit dieser Aussagen aus rechtswissenschaftlicher Sicht abgesehen.

---

[271] Eine Darstellung der unterschiedlichen Möglichkeiten der Kooperationsgestaltung in der Praxis, ihrer Organisationsformen und Vertragsbedingungen erfolgt an dieser Stelle noch nicht; vgl. hierzu Kapitel B1 und B3.

[272] Auf ausdrücklichen Wunsch der Interviewpartner wird von ihrer namentlichen Nennung abgesehen.

[273] Diese Darstellung kann nur einen exemplarischen Ausschnitt bieten und erhebt keinen Anspruch auf Vollständigkeit.

4.1.1 Die Miterfindermotivation

Sowohl Arbeitnehmer der Industrieunternehmen als auch der Forschungseinrichtungen bezeichneten die Motivation, eine Erfindung zu machen, als recht gering[274]. Pragmatische Begründung war zum einen die mühsame, zeitraubende Arbeit an den Erfindungsmeldungen für die Patentabteilung. Bei einzelnen Großunternehmen wird dieses Problem teilweise dadurch umgangen, daß die Fachabteilungen die Patentabteilung frühzeitig über eine mögliche Erfindung informieren und die Erfindungsmeldung dann unmittelbar von den Mitarbeitern der Patentabteilung verfaßt und den Erfindern zur Genehmigung vorgelegt wird. Außerdem will man dort in Zukunft die Prozedur der Erfindermeldung vereinfachen und den Verwaltungsaufwand verringern, um die Zahl der Patente zu erhöhen.

Zum anderen betonten die Ingenieure aus Industrieunternehmen, daß bei ihrer Tätigkeit nicht das Erfinden an sich im Vordergrund stehe, sondern vielmehr die Bestrebung, die Aufgaben optimal zu erfüllen, die vom Unternehmen an sie gestellt werden. Ist das Ergebnis der Problemlösung eine Erfindung, so ist dies ein zusätzlicher, aber nicht entscheidender Erfolg. In Einzelfällen wurde jedoch auch eine sehr hohe Motivation zum Erfinden eingeräumt, weil das die Position in der Abteilung und das Selbstvertrauen stärke.

Die zumeist geringe Erfindervergütung nach dem Arbeitnehmererfindungsgesetz[275] bildet nach diesen Angaben keinen zusätzlichen „Erfinderanreiz". Insbesondere die Motivation von Mitarbeitern der Forschungseinrichtungen wird davon beeinträchtigt. Den Forschungsinstituten fehlt es zumeist an ausreichenden Möglichkeiten zur Verwertung der Erfindung. Nach dem Arbeitnehmererfindergesetz richtet sich der Vergütungsanspruch aber nur gegen den Arbeitgeber - nicht gegen dessen Kooperationspartner - und orientiert sich unter anderem an der wirtschaftlichen Verwertbarkeit der Erfindung, § 9 Abs. 1 ArbNErfG[276].

---

[274] In Einzelfällen wurde jedoch die gegenteilige Auffassung vertreten.

[275] In Ausnahmefällen kann diese aber auch sehr hoch sein. Dies ist vor allem abhängig von der wirtschaftlichen Verwertbarkeit der Erfindung; §§ 9 - 12 ArbNErfG; im übrigen siehe unten Kapitel B2.3.2.

[276] Siehe unten Kapitel B2.3.

A4 Der negative Miterfinderbegriff

Den meisten befragten Mitarbeitern von Forschungseinrichtungen erscheint der „Weg zu wissenschaftlichem Ruhm und Ehre" über Veröffentlichungen als vorrangig. Dies ist jedoch nicht unproblematisch, da der oder die Erfinder durch die Veröffentlichung ihrer eigenen Entwicklungen und Ergebnisse im Rahmen von wissenschaftlichen Publikationen, Vorträgen und öffentlichen Diskussionen ihren eigenen Schutzrechtsanspruch gefährden. Das Patentgesetz verlangt zur Schutzrechtserteilung „absolute Neuheit" der Erfindung. Gem. § 3 Abs. 1 PatG gilt eine Erfindung dann als neu, wenn sie nicht dem Stand der Technik zum Zeitpunkt der Anmeldung angehört. Der Stand der Technik umfaßt alles, wozu die Öffentlichkeit weltweit die Möglichkeit der Kenntnisnahme hatte, also auch den sogenannten papierenen Stand der Technik, Entwicklungen also, die niemals zu einer praktischen Verwertbarkeit geführt haben[277]. Dies bedeutet auch, daß der Erfinder seine Erfindung mit seinen eigenen Veröffentlichungen, die vor dem Anmeldetag erschienen sind, vergleichen lassen muß, denn diese sind ebenfalls dem aktuellen Stand der Technik hinzuzurechnen[278]. Als Gründe für eine dennoch durchgeführte Erfindungsmeldung wird zuallererst das Schutzbegehren des Erfinders für seine Arbeitsergebnisse angeführt. Er möchte weiterhin ungestört mit dem erworbenen Know-how arbeiten können. Hat aber ein Dritter eine Doppelerfindung gemacht und diese patentieren lassen, so wäre eine Weiternutzung ohne den Erwerb einer Lizenz ausgeschlossen.

Als positive Aspekte für die Erfinderstellung stehen allgemein der Wunsch nach Selbstbestätigung, Beförderung und Anerkennung im Betrieb, aber auch die Erfinderehre im Vordergrund. Besonders bei einem angespannten Arbeitsmarkt wird die Erfindertätigkeit als Zeichen der Daseinsberechtigung, als Garantie eines sicheren Arbeitsplatzes betrachtet. Bedeutung hat zudem die Zweckmotivation aus einem erkannten technischen Problem heraus.

---

[277] RG v. 26.8.41, GRUR 1941, S. 466, 468 f.
[278] Gottlob, GRUR Int. 1991, S. 886.

4.1.2 Der Miterfindungsprozeß

4.1.2.1 Interdisziplinäre Teamarbeit

Der Miterfindungsprozeß findet grundsätzlich im Rahmen einer Projektorganisation statt, die häufig fachübergreifend, also interdisziplinär gestaltet ist. Die Teams setzen sich nicht ausschließlich aus Spezialisten der Forschungs- und Entwicklungsabteilungen zusammen, sondern kooperieren gleichermaßen eng mit anderen Abteilungen der Unternehmen, z. B. der Produktionsabteilung. Die Projektgruppe besteht aus Fertigungsspezialisten, Ingenieuren und Naturwissenschaftlern verschiedener Disziplinen. Häufig werden den Teams zudem Marketing-Spezialisten und Controller zugewiesen[279]. Die gestellte technische Aufgabe soll demnach von einem in der Fachabteilung schon vorhandenen oder aus Mitarbeitern verschiedener Fachabteilungen neu gebildeten Team gelöst werden. Das Team besteht grundsätzlich aus Akademikern (Chemiker, Physiker, Ingenieure), Technikern, Laboranten, technischen Zeichnern, Ingenieur- und Elektroassistenten.

4.1.2.2 Der Vorgang der Problemlösung

Zur Entwicklung des Miterfinderbegriffs ist ein gewisses Verständnis für die Vorgehensweise bei der Problemlösung erforderlich. Dieser Prozeß ist zumeist durch einen evolutionären Verlauf gekennzeichnet, der sich aus vielen kleinen, auf den ersten Blick vielleicht unbedeutend erscheinenden Inventionen zusammenfügt[280]. Er ist nicht in allen Wissenschaftszweigen identisch und richtet sich im wesentlichen auch danach, ob es sich um ein produktbezogenes[281] oder ein technologiebezogenes[282] Inventionsvorhaben handelt. Daneben ist zu unter-

---

[279] Hack, Die Wirklichkeit, die Wissen schafft, 1985, S. 59 ff.

[280] Rammert, Das Innovationsdilemma, 1988, S. 17 f.

[281] Ziel ist das Hervorbringen neuer Erzeugnisse einschließlich der dafür notwendigen Herstellungstechnologie.

[282] Ziel ist die Erhöhung der Effizienz des betrieblichen Prozesses insgesamt durch Rationalisierungs- und Modernisierungsvorhaben.

A4 Der negative Miterfinderbegriff

scheiden, ob das Inventionsvorhaben in den Bereich der Grundlagen-[283] oder der angewandten Forschung[284] fällt. Im Gegensatz zu den Arbeitsprozessen in anderen betrieblichen Bereichen, wie z. B. der Produktion, zeichnet sich die im Forschungs- und Entwicklungsbereich geleistete Arbeit durch ihren hohen geistig-kreativen Anteil an der Gesamtarbeit aus[285]. Spezifische Merkmale des Inventionsprozesses sind insbesondere, daß - anders als in der Produktion - regelmäßig kein genaues Bild vom Ziel der Arbeit vorliegt. Der technische Lösungsweg ist noch unscharf und die Vorgehensweise durch unvollständige Informationen gekennzeichnet. Da das Auffinden der technischen Lösung vor allem vom ständigen Informationsgewinn abhängt, wird die Effizienz der Arbeit sehr stark durch die Beherrschung der Prozesse der Informationsgewinnung, -speicherung und -verarbeitung bestimmt und ist zugleich stark risikobehaftet[286]. Dies bedeutet auch, daß der jeweilige Forschungs- und Entwicklungsprozeß in seiner konkreten Ausgestaltung einmalig ist und kein geregelter Zusammenhang zwischen dem Aufwand, den die einzelnen Mitarbeiter investieren, und dem Ergebnis besteht.

---

[283] Grundlagenforschung ist nicht auf ein spezielles Anwendungsgebiet gerichtet, sondern auf die „... Forschung und Sammlung der Naturgesetze ..." und die „... Analyse der von ihr ausgehenden Wirkungen ..." In der Grundlagenforschung sind die Ergebnisse grundsätzlich nicht vorhersehbar, ihre Verwendbarkeit kann sich deshalb unter Umständen gegen Null bewegen. Sie wird aus diesem Grund weit häufiger von Universitäten und Forschungseinrichtungen als von Unternehmen betrieben. Gekennzeichnet ist sie durch ein eher systematisches Vorgehen (Heuer, Funktion und Gestaltung industrieller Forschung und Entwicklung, 1970, S. 20).

[284] Angewandte Forschung hat eine spezielle Zielrichtung. Die Ergebnisse sollen der praktischen Anwendung und der wirtschaftlichen Verwertung zugeführt werden. Sie ist deshalb der Schwerpunkt der industriellen Forschung (Düttmann, Forschungs- und Entwicklungskooperationen und ihre Auswirkungen auf den Wettbewerb, 1989, S. 43 ff.).

[285] Heyde/Laudel/Pleschak/Sabisch, Innovationen in Industrieunternehmen, 1991, S. 31.

[286] Ebenda, S. 31.

Betrachtet man den Arbeitsablauf in der Grundlagenforschung[287], so kann dieser exemplarisch wie folgt beschrieben werden:

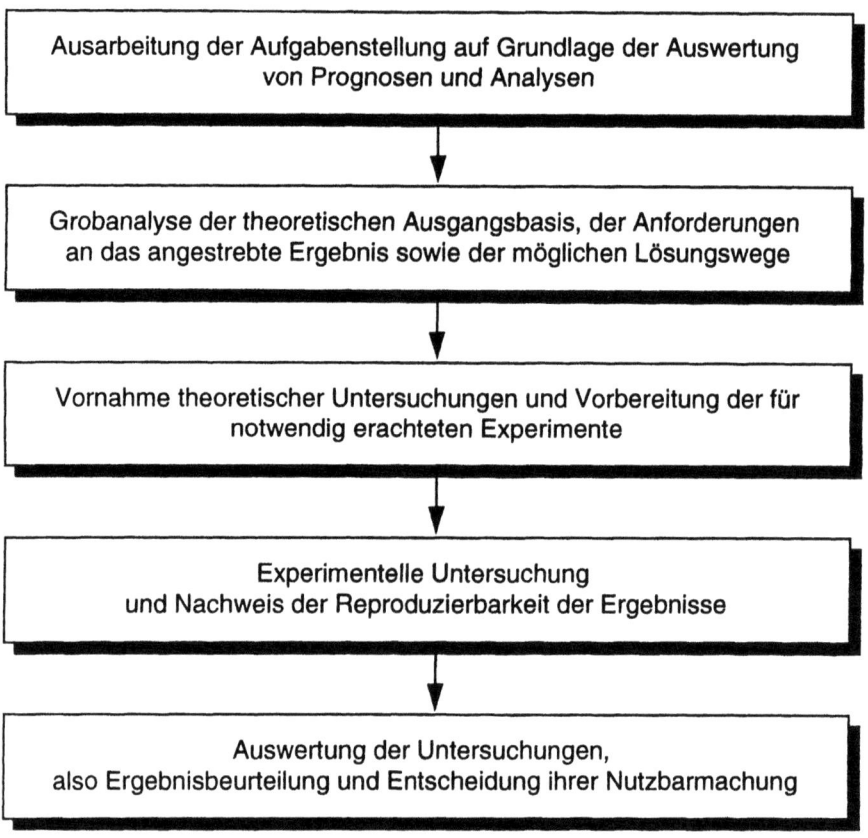

Abb. 3: Arbeitsablauf in der Grundlagenforschung

---

[287] Ebenda, S. 32: „... Die Grundlagenforschung verfolgt das Ziel, auf mathematischen, naturwissenschaftlichen, technischen und sozialwissenschaftlichen Gebieten fundamentale Kenntnisse über Erscheinungen der Natur und Gesellschaft und die sie beherrschenden Gesetzmäßigkeiten sowie ihre praktische Nutzbarmachung zu gewinnen, zu erweitern und zu vertiefen ..."

A4 Der negative Miterfinderbegriff

Die einzelnen Arbeitsschritte in der angewandten Forschung[288] unterscheiden sich entsprechend:

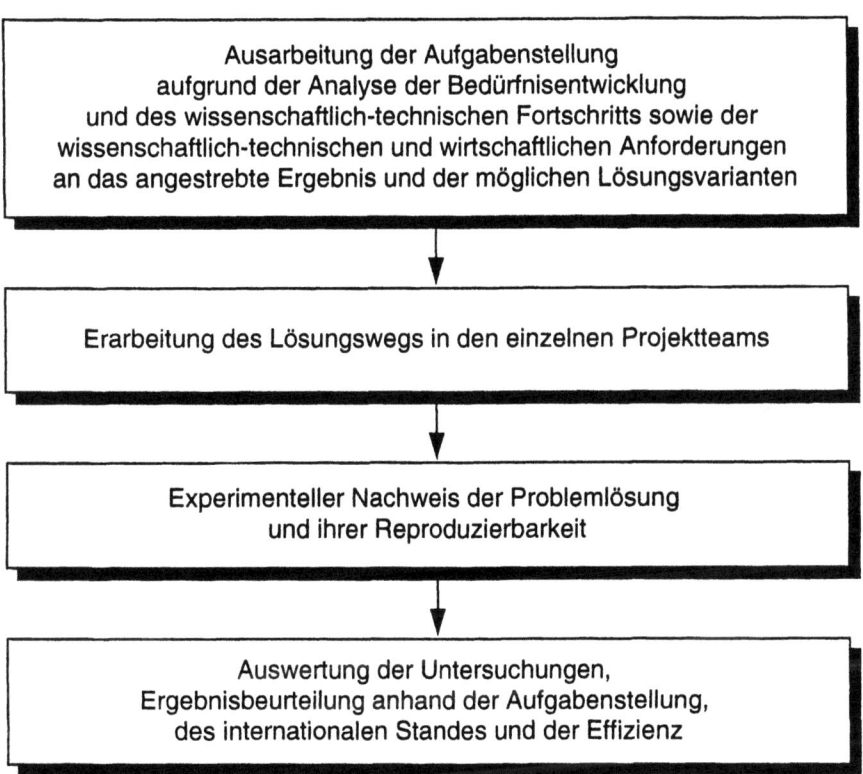

Abb. 4: Arbeitsablauf in der angewandten Forschung

---

[288] Ebenda, S. 33: „„... Die angewandte Forschung stellt eine im voraus fest umrissene problembezogene Vertiefung und Anwendung gesicherter Erkenntnisse der Grundlagenforschung dar. Sie verfolgt das Ziel, neue Arbeits- und Wirkprinzipien oder neue Kombinationen bekannter Arbeits- und Wirkprinzipien als wissenschaftliche Grundlage für neue Erzeugnisse, Verfahren, technologische Prozesse und Rezepturen zu erarbeiten ..."

4.1.2.3 Forschungsstile am Beispiel der chemischen Industrie

Der klassische Forschungsstil in der chemischen Industrie[289] ist durch eine zufällige Vorgehensweise charakterisiert. Für ein erfolgreiches Forschungsresultat müssen mehr als 10.000 Verbindungen synthetisiert und geprüft werden. Dies stellt einen immensen Aufwand dar, der bislang noch nicht wesentlich minimiert werden konnte. Die Konzeption der Forschung und Entwicklung auf dem Gebiet der Werkstoffe und Materialien unterscheidet sich grundlegend von derjenigen des angestammten Chemiebereiches. Nicht mehr ein aus wissenschaftlichen Überlegungen abgeleitetes Konzept - wie etwa ein chemisches Syntheseprogramm für eine neue Stoffklasse - ist die Basis eines Forschungsprojektes, sondern die aus den Anwendungsbedingungen der zu fertigenden Bauteile abgeleiteten Eigenschaftswerte des Werkstoffes. Schon die Konzepterstellung erfordert eine enge Zusammenarbeit von Ingenieuren, Physikern, Werkstoff-Fachleuten und Chemikern, die sich in der anschließenden Projektbearbeitung als interaktiver Prozeß zwischen den Beteiligten bis zum erfolgreichen Abschluß der Problemlösung fortsetzt. Neben den unternehmenseigenen Mitarbeitern sind auch die Forschungs- und Entwicklungsabteilungen der späteren Kunden des Chemieunternehmens und darüber hinaus häufig externe Institute für grundlegende oder spezielle Untersuchungen maßgeblich beteiligt.

4.1.2.4 Forschungsstile am Beispiel der Kraftfahrzeug- und der Elektronikindustrie

In der Kraftfahrzeug- sowie in der Elektronikindustrie ist neben einer immer enger werdenden Verknüpfung der einzelnen Entwicklungsabteilungen für Fertigungsverfahren, Produkte, Geräte und Prüfmittel eine damit einhergehende Interdisziplinarität der einzelnen Teams zu beobachten. Das Problem, das es zu lösen gilt, wird für die Erfindung sehr genau vordefiniert[290]. Im Gegensatz zur chemischen Forschung zeichnet sich hier ein planvolles, gezieltes und keines-

---

[289] Hoechst (Hrsg.), Wissenschaftliches Symposium der Hoechst Chemie, 1988, S. 34 ff.
[290] Hack, a. a. O., S. 62.

falls zufälliges Vorgehen ab[291]. Gleichwohl ist es genauso wie in der Chemie von einem „trial-and-error"-Charakter geprägt[292].

Für alle Industriezweige gilt, daß es für das Erfinden kein Patentrezept gibt[293]. Im Gespräch mit den Wissenschaftlern wurde deutlich, daß man den Weg zur Erfindung, den Prozeß der Forschung und Entwicklung, nicht allgemein darstellen kann. Keine Erfindung läuft gleich ab. Es gibt kein pauschales Schema zum Erfinden, genausowenig wie den Prototyp des (Mit-)Erfinders. Als bestimmende Faktoren können aber die Problemerfassung, die mehr oder minder systematische Problemsuche und die Kenntnis über den aktuellen Stand der Technik angesehen werden. Für die Entwicklung des Miterfinderbegriffs kommt es auf eine weitere Differenzierung der Forschungsstile in den verschiedenen Industriezweigen nicht entscheidend an, da Ziel der Arbeit nicht ein für jeden Wissenschaftszweig gesonderter Begriff, sondern eine fachübergreifend gültige Begriffsbestimmung ist.

4.1.3 Die unternehmensinterne Miterfinderschaft

Bei der Auswertung der Interviews bezüglich der Miterfinderbenennung ergab sich im großen und ganzen ein einheitliches Bild in Industrie und Wissenschaft.

4.1.3.1 Die Festlegung der Miterfindereigenschaft

In der Regel bestimmen nicht die Patentabteilung oder der Vorgesetzte die Miterfinder, sondern das Team selbst. Überwiegend gaben die Gesprächspartner an, daß alle Mitarbeiter eines Teams regelmäßig als Miterfinder benannt werden. Dies führt natürlich auch zu unechten Miterfindern, die tatsächlich zur Problemlösung nichts beigetragen haben. Die grundsätzliche Nennung aller Team-Mitglieder, inklusive des Vorgesetzten, wurde unter anderem mit der

---

[291] Bruch, Ein Erfinder über das Erfinden, in: Dt. Patentamt (Hrsg.), 100 Jahre Patentamt, Festschrift, 1977, S. 317.

[292] Kerber, Zur Entstehung von Wissen: Grundsätzliche Bemerkungen zu Möglichkeiten staatlicher Förderung der Wissensproduktion aus der Sicht der Theorie evolutionärer Marktprozesse, in: Oberender/Streit, Marktwirtschaft und Innovation, 1991, S. 34.

[293] Fischer, Erfinden: Vom Problem zur Idee, zum Patentamt, in: DABEI-Handbuch für Erfinder und Unternehmer, 1987, S. 83.

Wahrung des Betriebsfriedens begründet. Zudem fördern die gegebenen Räumlichkeiten - Großraumbüros oder Laboratorien - gezielt die ständige Kommunikation untereinander. Die gemeinsame Arbeit ruft ein „Wir-Gefühl" hervor, das dazu führt, daß oft von Anfang an feststeht, daß im Falle einer Erfindung alle beteiligt werden. Teilweise wird bereits zu Beginn der Zusammenarbeit an einem bestimmten Projekt vereinbart, daß gegebenenfalls alle als Miterfinder benannt werden sollen. Aber auch der arbeitspsychologische Aspekt der Motivation oder des weiteren Ansporns eines sehr engagierten Mitarbeiters, der zwar zur Erfindung nichts beigetragen hat, jedoch nicht frustriert werden soll, ist maßgeblich.

In Ausnahmefällen werden allerdings nur diejenigen Mitarbeiter benannt, die tatsächlich an der Problemlösung mitgearbeitet haben. Eine Begründung wurde dafür nicht gegeben.

4.1.3.2 Die erforderliche Qualität des Beitrags

Fragt man nach den erforderlichen Anforderungen an den Miterfinderbeitrag, so fällt auf, daß von den Kriterien der Rechtsprechung abgewichen wird. Soweit die Miterfindernennung aus der Fach- oder Projektgruppe heraus erfolgt, wird diese Beurteilung von Naturwissenschaftlern vorgenommen, die sich nicht mit den juristischen Feinheiten auseinandersetzen wollen. Die Patentabteilung mischt sich in die Beurteilung grundsätzlich nicht ein. Intern wird überwiegend keine besondere Qualität der Beiträge verlangt. Es genügt eine geistige, eigenständige und weisungsunabhängige Mitarbeit an der Lösung des technischen Problems und der tatsächlichen Umsetzung der Lösung. Jede nicht bloß mechanische und über das Routinemäßige hinausgehende Mitwirkung wird als ausreichend erachtet. Man verläßt sich bei der Beurteilung auf den gesunden Menschenverstand. Eine weitere Differenzierung wird als unpraktikabel und nicht wünschenswert angesehen. Es herrscht die Haltung vor, lieber „einen zuviel als einen zuwenig" zu benennen. Als ungeeignet werden höhere Anforderungen vor allem deshalb erachtet, weil sich der Inventionsprozeß hauptsächlich über die Kommunikation der Team-Mitglieder in Teambesprechungen, bei Kaffeerunden etc. entwickelt. Wer dann welchen Gedanken ausspricht, wer welche innovative Idee hat, läßt sich grundsätzlich - auch mit Rücksicht auf die Entwicklungsdauer von oft mehr als einem Jahr - nicht mehr nachvollziehen. Selten kommt die Kernidee von einem einzelnen Mitarbeiter. Es ist ein evolutionärer und interak-

A4 Der negative Miterfinderbegriff

tiver Prozeß, bei dem der entscheidende Gedanke ja schließlich von einem ausgesprochen werden muß. Außerdem wurde betont, daß schon wegen dem heute zumeist sehr geringen Abstand zum Stand der Technik die Anforderungen an den einzelnen Beitrag nicht übertrieben werden dürfen. Als Beispiele für Miterfinderbeiträge wurden die in der Aufgabenstellung enthaltenen Anregungen und Lösungshinweise, Lösungsideen und Anwendungsbeispiele genannt. Der Hinweis auf die Aufgabenstellung verdeutlicht, daß die Praxis den Aufgabensteller nicht von vornherein aus der Miterfinderstellung ausgrenzt. Je konkreter die Aufgabenstellung, je weniger weit damit der Weg zur Lösung, desto eher wird der Aufgabensteller als Miterfinder anerkannt. Dies gilt insbesondere im konstruktiven Bereich. In der Chemie werden bei Stofferfindungen zum Teil auch diejenigen Mitarbeiter benannt, die das Verwendungspotential erarbeiten, obwohl darin keine eigene „erfinderische" Leistung besteht, da der Stoffschutz absolut ist und sich auf sämtliche Anwendungen des Stoffes bezieht. Als durchführbar wird somit nicht eine positive Begriffsbestimmung angesehen, sondern nur die negative Abgrenzung von Personen, die nicht als Miterfinder gelten sollen, wie z. B. die Gehilfen.

In Ausnahmefällen wird aber auch eine höhere Qualität des Beitrags gefordert. Beispielsweise postulieren bestimmte Unternehmen der Großindustrie, daß der Beitrag über das hinausgehen müsse, was ein Nichtspezialist sofort nachvollziehen könne. Diesem Anspruch für die Miterfinderbenennung kann man jedoch nur dann gerecht werden, wenn die Leistungsbeiträge separierbar und zuordenbar sind. Dazu ist eine genaue Arbeitsaufteilung nötig, und die Kommunikation darf über den bloßen Austausch von Ergebnissen nicht hinausgehen. Werden letztere offen diskutiert, besteht die Gefahr, einzelne Beiträge nicht mehr trennen und damit auch nicht bewerten zu können.

4.1.3.3 Der Vorgesetzte als Miterfinder - Das Problem der Echtheit von Miterfindungen

Eine weitere Fragestellung galt der Nennung des Vorgesetzten als Miterfinder. Dabei stellte sich heraus, daß eine grundsätzliche Miterfinderbenennung des Abteilungs- oder Gruppenleiters nicht selten vorkommt, auch wenn dieser fachlich gar nicht involviert war²⁹⁴. Insbesondere dadurch stellt sich in der Unternehmenspraxis aber das Problem der Echtheit von Miterfindungen. Häufig erfolgt die Miterfindernennung entweder nur aus innerbetrieblicher Übung heraus, oder der Abteilungsleiter setzt diese gegenüber den ihm unterstellten Erfindern durch. Seine Motivation zu diesem Vorgehen ergibt sich unter anderem aus der Erfindervergütung. Besonders einfach ist es für ihn zu behaupten, er habe alle wichtigen Anweisungen gegeben und die anderen hätten nur rein handwerklich seine Weisungen ausgeführt. Den Patentabteilungen der Firmen kommt es zumeist nicht auf die Echtheit der Erfinderbenennung an. Wichtig ist ihnen lediglich, daß sich die vermeintlichen Miterfinder über das Ob und die Höhe des Anteils einig sind²⁹⁵. Damit soll aber keinesfalls behauptet werden, der Abteilungsleiter könne nicht Miterfinder sein. Dies ist er sehr wohl in den Fällen, in denen er seinen Mitarbeitern Lösungsansätze mitteilt oder die Richtung der Tätigkeit in der Abteilung festlegt. Auch im Rahmen der von ihm durchgeführten Ergebnisbeurteilung, dem Vorschlagen von Lösungsmöglichkeiten und dem Abbrechen nicht zielführender Arbeiten kann dies durchaus berechtigt sein. Oftmals aber profitiert der Abteilungsleiter vom Informationsfluß seiner Fachabteilung. Es liegt in der Natur der Sache, daß er sich über das von seinen Mitarbeitern erarbeitete Know-how informiert. Bei der Anerkennung als Miterfinder durch seine Mitarbeiter stößt der Abteilungsleiter auch in Situationen, in denen dies nicht den tatsächlichen Gegebenheiten entspricht, kaum auf Widerstand, da die Mitarbeiter bezüglich der Gehalts- und Beförderungsfrage von der Beurteilung ihrer Führungskraft abhängig sind. Aufgrund der bestehenden Hierarchie wird es also in diesem Zusammenhang einen Widerspruch der Mitarbeiter nicht geben. Zudem liegt es grundsätzlich in der Entscheidungskompetenz des Abteilungsleiters, ob eine Erfindung zum Patent angemeldet, als Betriebsgeheimnis verwendet oder der Patentabteilung gar nicht mitgeteilt wird.

4.1.3.4 Der Patentsachbearbeiter als Miterfinder

Die Benennung eines Patentsachbearbeiters als Miterfinder ist ein Tabu. Nur in größten Ausnahmefällen wird ihm diese Ehre zuteil. Dafür muß er eigenständi-

---

²⁹⁴ Rosenberger, GRUR 1990, S. 238. Diese Aussage wurde auch in einem Interview mit einem Mitarbeiter eines Großunternehmens bestätigt.
²⁹⁵ Seeger/Wegner, Mitt 1975, S. 111.

A4 Der negative Miterfinderbegriff

ge Ideen in die Patentanmeldung einbringen. Dies ist restriktiv zu verstehen, denn es ist selbstverständlich, daß bei der Bearbeitung einer Anmeldung auch eigenes Wissen des Sachbearbeiters eingebracht wird. Die Patentabteilung ist demnach als reiner Dienstleister zu verstehen. Der Erfinder soll unbeeinflußt bleiben und keine Angst vor einer sukzessiven Miterfinderschaft des Patentsachbearbeiters haben müssen.

4.1.3.5 Die Person des Miterfinders

Miterfinder sind nicht nur Akademiker, sondern in der Praxis auch Laboranten und Techniker, wenn ihre Leistung über die strikte Befolgung von Weisungen und das bloße, nichtreflektierte Zuleiten von Ergebnissen hinausgeht. Seltener finden sich dagegen darunter technische Zeichner oder die Elektro- bzw. Ingenieurassistenten. Im Gespräch mit einem leitenden Ingenieur eines Unternehmens der Großindustrie äußerte dieser, daß ihm persönlich kein einziger derartiger Fall bekannt sei.

Miterfinder finden sich nicht nur innerhalb einer bestehenden Fachgruppe, sondern es gibt infolge der fachübergreifenden Zusammenarbeit häufig auch Miterfinder aus anderen Fachabteilungen, z. B. Anwendungstechnik und Produktion. Die Miterfinderstellung wird nicht nur bei gleichzeitiger, sondern auch sukzessive bei temporärer Zusammenarbeit anerkannt.

4.1.3.6 Die Nachprüfung durch die Patentabteilung

Die Miterfinderbenennung wird durch die Patentabteilung nicht überprüft, da ein solches Verfahren nur Unfrieden schaffen und die Teamarbeit erschweren würde. Denn dann wären die Mitarbeiter darauf bedacht, ihre Ideen möglichst lange für sich zu behalten, bis diese solche Formen annehmen würden, daß ihr Beitrag in jedem Fall als miterfinderisch anerkannt werden müßte. Ein Großteil der Inventionen entsteht jedoch durch Kommunikation. Die Patentabteilungen greifen nur im Streitfall schlichtend ein. Dieser ist jedoch äußerst selten[296]. Tritt aber einmal ein Streitfall ein, so werden zur Lösung grundsätzlich die Kriterien

---

[296] Die Zahl der Streitfälle ist nach Aussage aus der Industrie nicht zuletzt deshalb so gering, weil die Erfindervergütung nicht hoch ist. Wenn Streitfälle zustande kommen, dann nur in den Fällen, in denen es um eine hohe Erfindervergütung geht.

der Rechtsprechung verwendet und ein „wesentlicher" oder „erfinderischer" Beitrag gefordert. Zur Beurteilung der Miterfinderstellung werden von der Patentabteilung die in den Teambesprechungen gefertigten Aufzeichnungen und Protokolle genutzt.

4.1.4 Die unternehmensübergreifende Miterfinderschaft

4.1.4.1 Externe Vertragsforschung - Industrie und Wissenschaft

Bei der Forschungs- und Entwicklungskooperation von Wissenschaft und Industrie werden zum Teil an die Beiträge von externen Miterfindern höhere Anforderungen gestellt als an die von internen. Dies hat seinen Grund in der späteren Verwertung der Miterfindung, deren Anteile sich aus dem Grad der Beteiligung an der Erfindung bestimmen. Für externe Miterfinder genügt nicht der bloße geistige Beitrag, die intellektuelle Leistung, sondern es wird ein „erfinderischer" Beitrag verlangt. Dieser Begriff wurde jedoch nicht näher definiert. Das trifft auch dann zu, wenn grundsätzlich alle Mitarbeiter eines Teams Miterfinder sind. Diese Vergünstigung wird dem externen Teammitglied nicht ohne weiteres zugestanden. Vielmehr muß diesbezüglich die Zusammenarbeit so intensiv wie mit einem internen Mitarbeiter sein, oder der Externe muß einen signifikanten Beitrag leisten.

Bei der Zusammenarbeit mit Großfirmen innerhalb der externen Vertragsforschung kommt es aber nicht selten vor, daß diese die Auftragsvergabe davon abhängig machen, daß auch bei Einzelerfindungen des Instituts der Industriepartner ohne eigenen Beitrag als Miterfinder in der Patentanmeldung benannt wird[297]. Ebenso wird der Auftraggeber ohne weiteres dann als Miterfinder anerkannt, wenn ihm lediglich eine Anlage oder Maschine fehlt, um selbst zum Beispiel bestimmte Bauteile herzustellen oder Analysen durchzuführen.

---

[297] Ist diese Klausel im Sinne eines originären Erwerbs der Miterfinderstellung auszulegen, so ist diese unwirksam, da die Miterfinderstellung nicht rechtsgeschäftlich erworben werden kann, § 306 BGB. Diese Klausel muß also vielmehr als Anspruch auf Einräumung der Mitberechtigung an dem Patent ausgelegt werden, also als Anspruch auf Rechtsübertragung.

A4 Der negative Miterfinderbegriff

In der externen Vertragsforschung ist zudem ein besonderer Augenmerk auf den Aufgabensteller als Miterfinder zu richten. Schon die Besprechung der Problemstellung im Detail zwischen Auftraggeber und Forschungseinrichtung kann die Miterfinderstellung des ersteren ergeben. Dafür sprechen auch die detaillierte Ausarbeitung zur Problemstellung und der Hinweis auf den Punkt, an dem zur Lösung des Problems nach Sicht des Auftraggebers anzusetzen ist. Wenn aber die spätere Lösung nichts mehr mit dem Inhalt der Erörterung der Aufgabenstellung zu tun hat, das Institut also möglicherweise die Aufgabe ändert, dann wird der Auftraggeber nicht mehr als Miterfinder angesehen[298].

4.1.4.2 Kooperative Forschung und Entwicklung - Kooperation innerhalb der Industrie

Häufig werden im Rahmen von Industriekooperationen pro Partner gleich viele Miterfinder benannt, ohne Rücksicht darauf, ob dies auch der Realität entspricht. Dies dient der unentgeltlichen und gleichberechtigten Verwertung der Erfindungen durch beide Partner. Allerdings wird ebenso oft von dem Entstehen von Miterfindungen überhaupt abgeraten, weil durch die Existenz einer Miterfindung die Partner die Entscheidungsfreiheit über das Schicksal der Erfindung verlieren. Nach Aussage der befragten Patentabteilungen kommt es immer öfter zu Streitigkeiten, ob nun eine Einzel- oder eine Miterfindung vorliegt. Als Beweis werden in diesen Streitfällen Aufzeichnungen und Gesprächsprotokolle herangezogen.

4.1.5 Die Anteile der Miterfinder

4.1.5.1 Die Aufteilung bei internen Miterfindern

In der Regel wird nicht nur die Miterfinderbenennung, sondern auch der Anteil an der Erfindung durch die Beteiligten selbst bestimmt. Eine Nachprüfung durch die Patentabteilung findet grundsätzlich auch hier nicht statt. Diese greift nur im Streitfall ein, der diesbezüglich genauso selten ist wie bei der Benen-

---

[298] Ob es gerechtfertigt ist, bei Abänderung der Aufgabenstellung den Aufgabensteller vollkommen von der Erfinderstellung auszuschließen, soll unten in Kapitel A4.4.2.4 und A4.4.2.6 beantwortet werden.

nung[299]. Dabei erfolgt die Aufteilung vorwiegend nach Köpfen, d. h., es wird im Rahmen der Anteilsbestimmung keine Wertung der Beiträge vorgenommen. Eine Ausnahme gilt nur für die Fälle, in denen eine Erfindung nahezu von einer einzigen Person gemacht wurde.

In den Fällen, in denen eine prinzipiell gleichmäßige Aufteilung der Miterfinderbeiträge abgelehnt wird, versucht man die Beiträge über den Schwerpunkt der Erfindung zu werten. Beispielsweise steht in manchen Forschungs- und Entwicklungsabteilungen der Chemie derjenige im Zentrum der Miterfindung, der das patentierte Molekül hergestellt bzw. synthetisiert hat. Insbesondere bei fachübergreifenden Erfindungen wird darauf geachtet, welcher Bereich mehr zur Erfindung beigetragen hat. Der Aufteilungsprozeß vollzieht sich in der Diskussion aller am Projekt beteiligten Mitarbeiter. Eine Aufteilung nach geleistetem Arbeitsaufwand, also quantitativ, wird nicht vorgenommen.

Auffallend ist, daß bei den Teams, bei denen zuerst eine unterschiedliche Aufteilung angestrebt wird, zwar die Meinung vorherrscht, man könne die einzelnen Beiträge einer Wertung zuführen - sonst wären unterschiedliche Anteile ja auch nicht bestimmbar -, dies aber der von denselben Gesprächspartnern häufig geäußerten Meinung widerspricht, alle Beiträge würden durch den Kommunikationsprozeß miteinander verschwimmen. Je komplexer die Aufgabe und Lösung ist, desto gleichmäßiger werden die Anteile verteilt. Dies führt zu dem Schluß, daß die Praxis nur bei einfacheren Aufgabenstellungen eine unterschiedliche Anteilsbestimmung überhaupt in Erwägung zieht und ansonsten den einfachen Weg der Aufteilung nach Köpfen wählt.

4.1.5.2 Die Aufteilung bei externen Miterfindern

Im Rahmen von Industriekooperationen werden die Anteile häufig schon festgelegt, bevor mit der Inventionstätigkeit überhaupt begonnen wurde. Zumeist handelt es sich dabei um eine hälftige Aufteilung, denn jeder Kooperationspartner will das neue Know-how unentgeltlich nutzen. Die Anteile werden also ergebnisorientiert vereinbart, bevor der Umfang der späteren Verwertung fest-

---

[299] Ausnahme: hohe Erfindervergütung in Aussicht.

A4 Der negative Miterfinderbegriff

steht. In solchen Verträgen finden sich zum Ausgleich späterer Ungerechtigkeiten sogenannte Billigkeitsklauseln.

Auch in der Zusammenarbeit mit Forschungseinrichtungen strebt die Industrie eine hälftige Aufteilung an. Da die Institute die Erfindung nur im Wege der Lizenzvergabe verwerten können, ist die Größe der Anteile im wesentlichen im Rahmen der Kostentragung und der Verteilung der Lizenzeinnahmen von Bedeutung.

4.2 Intentionen einer innovativen Begriffsbestimmung

Neben den praktischen Erfahrungen müssen auch die allgemeinen Zielsetzungen des Patenschutzes und die unternehmensinternen Zielsetzungen auf die Begriffsentwicklung entscheidenden Einfluß nehmen.

4.2.1 Allgemeine Zielsetzungen des Patentschutzes

Der Erfinder erhält durch den Patentschutz das ausschließliche Verwertungsrecht an der geschützten Erfindung, § 6 PatG. Er kann die damit verbundenen wirtschaftlichen Vorteile bevorzugt auswerten, indem er die geschützte Erfindung entweder selbst benutzt[300] oder anderen gegen Gebühren Lizenzen[301] für das Schutzrecht erteilt. Gegenüber Nichtberechtigten, die die noch nicht geschützte Erfindung zum Patent anmelden, widerrechtlich entnehmen oder seine geschützte Erfindung benutzen, kann sich der Erfinder bzw. der Inhaber des Schutzrechts durch Rechtsbehelfe zur Wehr setzen[302].

Das deutsche Patentwesen erfreut sich bei der heimischen Wirtschaft hoher Attraktivität. Dies belegen 38.377 inländische Patentanmeldungen im Jahr 1995 - ein Anstieg zu 1994 um 1.587 -, die die bereits in den Vorjahren zu beobachtende stark positive Entwicklung der Anmeldezahlen fortsetzen[303]. Das Deut-

---

[300] Zu den Benutzungsarten im einzelnen vgl. die einschlägige Literatur zu § 9 PatG.

[301] Zu den Lizenzen im einzelnen vgl. die einschlägige Literatur zu § 15 PatG.

[302] §§ 21, 139 ff. PatG.

[303] Vgl. dazu die Internet-Seite des Deutschen Patentamts: AVL: URL: http//www.deutsches-patentamt.de/jahr_ber95/statistik/patsta_dt.htm v. 13.6.1997 mit dem Hinweis, daß

sche Patentamt wertet sie zugleich als „... ein Spiegelbild ... der ... Erfindungs- und Innovationskraft ..." der deutschen Wirtschaft[304].

4.2.1.1 Patentschutz als Instrument zur Fortschrittsförderung

Zur rechts- und wirtschaftspolitischen Rechtfertigung[305] des 1877 erlassenen ersten deutschen Patentgesetzes[306], und somit des deutschen Patentwesens insgesamt, entstanden schon gegen Ende des 19. Jahrhunderts verschiedene Patentrechtstheorien[307]. Dies waren[308]:

- die sogenannte **Naturrechts- oder Eigentumstheorie,** die, beeinflußt von der Naturrechtslehre des 17. und 18. Jahrhunderts, davon ausging, daß jede geistige Schöpfung natürliches Eigentum ihres Schöpfers sei. Demnach müßten auch eine Erfindung und deren Verwertungsmöglichkeiten Eigentum des Erfinders und genauso zu schützen sein wie das Sacheigentum. Das ein Ausschlußrecht gebende Patent sei die angemessene Form, um die Erfindung zu schützen[309].

- die **Belohnungs- oder Vergütungstheorie,** die auf das mittelalterliche Privilegienwesen und das englische Statute of Monopolies zurückgeht und nach

---

mehr als die Hälfte des gesamten Aufkommens der Patentanmeldungen von Anmeldern mit relativ geringer Patentaktivität bestritten wird. Dabei stammten 83,5 % der Anmeldungen von Unternehmen und nur 16,5 % der Anmeldungen von selbständigen Erfindern einschl. der Anmeldungen von Hochschullehrern und -assistenten, der von Arbeitnehmern mit freigegebenen Erfindungen und der von Unternehmererfindern.

[304] AVL: URL: http//www.deutsches-patentamt.de/jahr_ber95/statistik/patsta_dt.htm vom 13.6.1997.

[305] Bernhardt/Kraßer, a. a. O., S. 24 ff.; Straus, GRUR Int. 1982, S. 708; Oppenländer, GRUR Int. 1982, S. 598 ff.; zur Kritik am Patenrecht - auf die hier nicht eingegangen werden soll - vgl. Bußmann, GRUR 1977, S. 122 ff.

[306] Zur Geschichte des Patentwesens seit Beginn des 14. Jahrhunderts vgl. z. B. Beier/Straus, GRUR 1977, S. 282 f.

[307] In Anlehnung an Machlup, GRUR Int. 1961, S. 374 ff., können vier Theorien zur Rechtfertigung des Patentschutzes unterschieden werden.

[308] Beyer, GRUR 1994, S. 541; Machlup, GRUR Int. 1961, S. 374 ff.; einen detaillierten Vergleich bietet auch Säger, GRUR 1991, S. 267 ff.

[309] Straus, GRUR Int. 1982, S. 708; Bernhardt/Kraßer, a. a. O., S. 25 f.; BVerfG v. 15.1.74, BVerfGE 36, S. 290 f.; BVerfG v. 7. u. 8.7.71, BVerfGE 31, S. 239.

A4 Der negative Miterfinderbegriff

der dem Erfinder für die Vermehrung des allgemein zugänglichen technischen Wissens ein angemessener Anteil am Sozialprodukt gebühre. Durch die temporäre ausschließliche wirtschaftliche Nutzung der Erfindung durch den Erfinder sei dies am besten zu gewährleisten.

Diese beiden Ansätze weisen stark personalethische Bezüge auf. Wogegen die Anspornungs- und die Vertragstheorie primär sozialethische Fragen aufwarfen:

- die **Anspornungstheorie**, die das Interesse der Allgemeinheit in den Vordergrund stellte und als Ziel des Patentschutzes die Förderung der Erfindungstätigkeit[310] zur Beschleunigung des technischen Fortschritts[311] propagierte.
- die **Vertrags- oder Offenbarungstheorie**, die die Förderung der Offenbarung von Erfindungen als Vertragsgrundlage zwischen dem Erfinder und der Gesellschaft ansah[312]. Patentschutz erreicht nur der, der seine Erfindung als erster beim Patentamt anmeldet und damit die darin enthaltene Erweiterung des Standes der Technik der Öffentlichkeit preisgibt. Der Patentschutz sei dann die Gegenleistung für die Erweiterung des Standes der Technik.

Anfang der 60er Jahre beherrschte die volkswirtschaftliche Rechtfertigung die patentrechtstheoretische Diskussion[313]. Sie spiegelte die unterschiedlichen Ansichten über Sinn und Zweck eines gesetzlich geregelten Patentschutzes wider. Letztendlich rückte jedoch die Informationsfunktion des Patentrechts in den Mittelpunkt der Betrachtung[314]. Man sah damit die Förderung des technischen, wirtschaftlichen und sozialen Fortschritts als das letztlich entscheidende Ziel des ausschließlichen Patentschutzes an[315]. Unter den heutigen Forschungsbe-

---

[310] Oppenländer, GRUR Int. 1982, S. 604.

[311] Technischer Fortschritt ist im wesentlichen als Prozeß des Übergangs zu neuen oder neuartigen Produktionsverfahren oder zur Schaffung neuer Produkte oder der Qualitätssteigerung zu begreifen. Er gliedert sich in die drei Phasen: Entstehung, Entwicklung und Verbreitung.

[312] Säger, GRUR 1991, S. 267.

[313] Vgl. etwa Connor, GRUR 1963, S. 161 ff.; Mayer, GRUR 1963, S. 164 ff.; Spengler, GRUR 1951, S. 607 ff.; Bußmann, GRUR 1977, S. 121 ff.; Oppenländer, GRUR 1977, S. 362 ff.

[314] Beier/Strauss, GRUR 1977, S. 282 ff.

[315] Beier, GRUR Int. 1979, S. 227 ff., 231, 234 f.

dingungen bedürfen diese Zielsetzungen aber einer Differenzierung und Modifizierung[316].

4.2.1.2 Patentschutz als Verwertungsinstrument

Der Patentschutz ist für Unternehmen ein wichtiges Hilfsmittel, sich im Bereich von Forschung und Entwicklung den Wert einer Invention über den Markt anzueignen. Eine befriedigende Verwertbarkeit von Wissen ist möglich, weil an dem technisch nützlichen Wissen ein Eigentumsrecht entsteht, das ein dingliches Recht an der exklusiven Nutzung der Erfindung gewährt[317]. Eine Erfindung stellt so für den Erfinder nicht nur die Fortentwicklung seines technischen Know-hows dar, sondern verkörpert auch einen geldwerten Vorteil insofern es den Erfinder mit der Aussicht auf möglicherweise hohe Gewinne lockt. Als Folge dieser Gewinnaussichten vermindert der Patentschutz damit zugleich die Risikoscheu im Bereich der kostenintensiven Forschung und Entwicklung[318]. Ob sich diese Verwertungschance realisiert, muß aber der Markt zeigen. Das ausschließliche Verwertungsrecht gibt keinerlei Garantie.

Befriedigende Verwertbarkeit kann jedoch nicht gleichgesetzt werden mit der optimalen Nutzung dieses Wissens[319]. Diese wäre nur dann gewährleistet, wenn das technische Wissen der gesamten Gesellschaft zur Verfügung stünde, um eine Erhöhung des allgemeinen Lebensstandards für die breite Bevölkerung im Rahmen des technischen Fortschritts über möglichst niedrige Kosten zu erreichen. Je ausschließlicher aber die Nutzung des geschützten Wissens und je höher der zu erwartende Gewinn, desto eher wird man dieses Wissen der Öffentlichkeit nicht uneingeschränkt zur Verfügung stellen.

Diesem Nachteil steht allerdings die Möglichkeit der Kostenamortisierung durch die Verwertung gegenüber, aus der sich für den Erfinder die Finanzierung neuer Forschungs- und Entwicklungsarbeiten ergeben kann. Daraus darf aber

---

[316] A. A. Beier/Straus, GRUR 1977, S. 284, die der Offenbarungs- und Informationsfunktion des Erfindungsschutzes immer noch entscheidende Bedeutung zumessen.

[317] Kaufer, a. a. O., S. 319.

[318] Connor, GRUR 1963, S. 162, hält dies insbesondere für die Grundlagenforschung zutreffend.

[319] Kaufer, Industrieökonomik, 1980, S. 319.

A4 Der negative Miterfinderbegriff

nicht geschlossen werden, daß ohne diese Verwertungsmöglichkeit nur noch der Idealismus Anreiz zu Erfindungen geben würde. Dies gilt insbesondere deshalb, weil bei einer Verfahrensdauer von ca. 18 Monaten der Schutz der Verwertung relativ lange auf sich warten läßt[320]. Auch die nicht geschützte Technologie bietet neue Marktchancen, wenn auch die Gefahr der Imitation weitaus größer ist. Dies könnte aber andererseits zu noch schnelleren Innovationszyklen Anlaß geben, um den Vorsprung vor der Konkurrenz zu wahren und dieser Marktvorteile aufgrund der Imitation streitig zu machen.

4.2.1.3 Patentschutz als marktwirtschaftliches Instrument

Kern jedes klassischen Patentsystems ist das ausschließliche Verwertungsrecht, das der Erfinder oder das Unternehmen als sein Arbeitgeber im Wege der Patenterteilung erlangt[321]. Der Unternehmer meldet seine Erfindung nicht an, weil er den Informationseffekt herbeiführen will, sondern weil er den Patentschutz begehrt. Folge des Patentschutzes ist aber - außer den Verfahrenskosten - zunächst nicht mehr und nicht weniger als die Ehre, Schöpfer einer schutzwürdigen Erfindung zu sein. Weder erhält der Erfinder als Frucht der Patenterteilung den Aufwand für seine Forschungs- und Entwicklungsarbeiten erstattet, noch gewährt der Staat automatisch ein Risikokapital für künftige Entwicklungen. Allein der Markt entscheidet darüber, ob der Erfinder den „reasonable reward" erhält, der ihm als „Lehrer der Nation" gebührt[322]. Das Patent ist folglich nichts weiter als eine Verwertungschance, die es auf dem Markt im freien Wettbewerb mit alternativen technischen Lösungen zu realisieren gilt.

Beier[323] ist der Ansicht, daß nicht die Erfindung allein technischen und wirtschaftlichen Fortschritt bringe. Diesen erlange man vielmehr erst durch ihre Veröffentlichung und Verwertung, für die wiederum das ausschließliche

---

[320] Vgl. dazu die Internet-Seite des BMFT: AVL: URL: http//www.patente.bmbf.de v. 13.6.1997; gerade diese Phase zwischen der Erfindung und der ersten wirtschaftlichen Verwertung, und damit dem Patentwesen insgesamt, wird von der ökonomisch orientierten Patentliteratur eine diffusionshemmende Wirkung zugesprochen, Oppenländer GRUR 1977, S. 366.

[321] Vgl. hierzu insbes. Bußmann, GRUR 1977, S. 126 ff.

[322] Beier, GRUR 1992, S. 231.

[323] Beier, GRUR Int. 1979, S. 234 f.

Schutzrecht sorge. Die Chance, dieses Recht frei zu übertragen und Lizenzen daran zu erteilen, ermögliche eine effektive Verbreitung des technischen Wissens und mache das Ausschließlichkeitsrecht somit zum „... rechtlichen Instrument des Technologietransfers ..."[324] Als Argument für die Bedeutung des ausschließlichen Verwertungsrechts zur Förderung des technischen, wirtschaftlichen und sozialen Fortschritts führt er die Patent- und Lizenzpolitik der öffentlichen Hand an[325]. In diesem Bereich trägt der Staat im Wege der Subventionierung die Forschungs- und Entwicklungskosten der Unternehmen und Forschungsinstitute. Die Subventionen decken aber nicht den hohen Risikoaufwand für Verfahrens- und Produktentwicklung und die Markteinführung ab. *Beier* ist deshalb der Ansicht, daß viele interessante Forschungsergebnisse nicht in die industrielle Praxis überführt werden würden, wenn keine Möglichkeit bestünde, dieses finanzielle Restrisiko über die ausschließliche Verwertung der Erfindung auszugleichen[326]. In dieser für ihn zwingenden Folge kann ihm jedoch nicht zugestimmt werden. Das ausschließliche Verwertungsrecht ist kein Garant für den technischen und wirtschaftlichen Fortschritt. Eine Verwertung des angeeigneten Wissensvorsprungs ist auch ohne das Schutzrecht möglich. Durch die Ausschließlichkeit der Verwertung wird vielmehr der Forschungs- und Entwicklungswettbewerb privater Unternehmen angeregt, weil die auf gleichem Gebiet tätigen Konkurrenzunternehmen gezwungen sind, nach alternativen Technologien zu suchen[327].

4.2.1.4 Patentschutz als Wettbewerbsinstrument

Wird der Schutz geistigen Eigentums demnach mit der Vorstellung vom Patent als Gewinn verheißendes Monopol, mit der Notwendigkeit des Imitationsschutzes für den Wissensvorsprung oder damit begründet, daß der durch den Ausschließlichkeitsschutz ermöglichte Wissensvorsprung dem System dynamischen

---

[324] Beier, GRUR 1992, S. 231.

[325] Beier/Ullrich (Hrsg.), Staatliche Forschungsförderung und Patentschutz - Rechtsvergleichende Untersuchung zur Patent- und Lizenzpolitik im Bereich der öffentlich geförderten Forschung und Entwicklung, 1982 ff.

[326] Ebenda; Beier, GRUR 1992, S. 231; Beier, GRUR Int. 1979, S. 234 f.

[327] Bernhardt/Kraßer, a. a. O., S. 32 ff.

A4 Der negative Miterfinderbegriff

Wettbewerbs immanent sei, so ist das irreführend[328]. Dem liegt nämlich die Vorstellung zugrunde, daß der Erfinder oder das Unternehmen im Falle einer Arbeitnehmererfindung für das Auffinden der technischen Lösung belohnt werden müsse, um dadurch weitere Investitionen in die Wissenserstellung und -verwertung zu begünstigen[329]. Dadurch wird der Patentschutz zu einer technischen Offenbarungsfunktion hochstilisiert, die ihn zur „... Triebkraft von technischem Fortschritt und Industrialisierung ..." macht[330]. Angenommen jedoch, es gäbe dieses ausschließliche Schutzrecht nicht, so dürfte es dieser Ansicht nach konsequenterweise auch keinen oder nur einen geringen technischen Fortschritt geben. Dies ist aber unrealistisch[331]. Es hätten sich andere Mechanismen entwickelt. Das Betriebsgeheimnis wäre noch mehr in den Vordergrund gerückt, obwohl dies zugegebenermaßen aufgrund der Fluktuation der Arbeitnehmer und des Erfinderehrgeizes Probleme gäbe[332]. Die Unternehmen wären zum Erhalt der Marktstellung und der Gewinnmaximierung gezwungen, auch ohne das ausschließliche Verwertungsrecht in die Forschung und Entwicklung zu investieren.

Tatsächlich macht der Patentschutz das erlangte Wissen zum aneignungs- und handelsfähigen Wirtschaftsgut und bereitet so für die geschützte Erfindung ei-

---

[328] Ullrich, Wissenschaftlich-technische Kreativität zwischen privatem Eigentum, freiem Wettbewerb und staatlicher Steuerung, in: Harabi (Hrsg.), Kreativität, Wirtschaft und Recht, 1996, S. 210 m. w. N.; vgl. aber so die Diskussion im Rahmen der Patentrechtstheorien.

[329] So die Anspornungs- und Belohnungstheorie; vgl. dazu Bernhardt/Kraßer, a. a. O., S. 32 ff.

[330] Ullrich, Wissenschaftlich-technische Kreativität zwischen privatem Eigentum, freiem Wettbewerb und staatlicher Steuerung, in: Harabi (Hrsg.), Kreativität, Wirtschaft und Recht, 1996, S. 210

[331] Aus Befragungen des Ifo-Instituts für Wirtschaftsforschung im Jahr 1977 ging hervor, daß 21 % aller untersuchten Erfindungen nach Auskunft der Unternehmen ohne Patentschutz nicht gemacht worden wären, dies bedeutet aber, daß 79 % trotzdem tätig geworden wären, Oppenländer, GRUR 1977, S. 363; dies gesteht auch Beier, GRUR Int. 1979, S. 234 ein, wenngleich er der Ansicht ist, daß die Unternehmen dann „... risikoreiche, langfristige und aufwendige Projekte vermeiden, den sicheren Weg gehen und sich vorzugsweise auf Entwicklungen konzentrieren, die längere Zeit geheimgehalten werden können oder bei denen das Nachahmungsrisiko aus anderen Gründen gering ist ..."

[332] Oppenländer, GRUR 1977, S. 363.

nen Markt, auf dem es Wettbewerb erzeugt[333]. „... Es ist ein Markt des Wissens und der Ideen. Für dieses Gut ist es charakteristisch, daß es zur gleichen Zeit und in der gleichen Weise an beliebig vielen Orten und von beliebig vielen Personen benutzt werden kann ..."[334] Der Patentschutz eröffnet also neben dem Waren- einen Technologiewettbewerb, bereitet die Rahmenbedingungen für diesen Wettbewerb vor und verschafft den Unternehmen, die diesen Schutz für ihr Know-how in Anspruch nehmen einen unbestrittenen Wettbewerbsvorteil. Tatsächliche Zielsetzung des Patentschutzes ist es somit, die Erfindung zu einem Gegenstand des Rechts-(Geschäfts-)verkehrs[335], also marktfähig zu machen und für den Inhaber des Patentschutzes und seine Wettbewerber Transparenz und Rechtssicherheit zu gewähren.

Zusammenfassend kann festgehalten werden, daß das Patent zwar nicht frei von Nachteilen ist, aber dennoch ein Instrument zur sinnvollen und befriedigenden Nutz- und Verwertbarkeit von technischem Wissen darstellt. Ziel des Patentschutzes ist es, zum einen **Rechtssicherheit und Transparenz** zu schaffen und zum anderen als **Wettbewerbsinstrument** dem Erfinder über das Zurverfügungstellen des marktfähigen Gutes „Patent" schlichtweg die Möglichkeit zu geben, seine Aufwendungen zur Lösung des technischen Problems zumindest zu amortisieren, wenn nicht gar in Gewinn umzuwandeln.

4.2.2 Unternehmensinterne Zielsetzungen

Neben der allgemeinen Zielsetzung des Patentschutzes haben für die Abgrenzung zwischen Erfinder und Erfindungsgehilfen die unternehmensinternen Ziele, die mit der Bandbreite des Miterfinderbegriffs in der Praxis verfolgt werden sollen, wesentliche Bedeutung.

---

[333] Ullrich, Wissenschaftlich-technische Kreativität zwischen privatem Eigentum, freiem Wettbewerb und staatlicher Steuerung, in: Harabi (Hrsg.), Kreativität, Wirtschaft und Recht, 1996, S. 211; Bußmann, GRUR 1977, S. 126 f.

[334] Bußmann, GRUR 1977, S. 127.

[335] Häufigster Verkehrsfall ist nicht der Verkauf, sondern die Lizenzierung, ebenda.

4.2.2.1 Friede im Team

Ziel muß es zum einen sein, Streitigkeiten um die Miterfinderstellung innerhalb des Teams zu vermeiden und damit für ein friedliches Betriebsklima zu sorgen. Wie sich aus der Erfahrung der Miterfindersituation in der Praxis zeigt, werden die Miterfinder nicht durch die Patentabteilung bestimmt, sondern durch die Mitarbeiter selbst bzw. durch den jeweiligen Leiter des Teams in Absprache mit den Mitarbeitern. Die Patentabteilung greift nur ein, wenn im Team keine Einigung zu erlangen ist. Dieses Ziel würde auf den ersten Blick für einen sehr weiten Miterfinderbegriff sprechen, der in der Konsequenz alle Mitarbeiter an der betreffenden Erfindung in den Genuß der Erfinderehre kommen läßt, außer jene, die sich offenkundig durch ihre rein mechanische, weisungsgebundene Tätigkeit abgrenzen lassen. Dabei müßte eine möglichst genaue Fixierung der Abgrenzungsmerkmale gefunden werden, so daß für jeden Mitwirkenden von Anfang an klar ist, ob seine Tätigkeit noch als Miterfinderbeitrag gewertet wird oder nicht, und es so von Beginn an keine Konflikte geben kann. Konflikte im Team können aber grundsätzlich auch durch einen engen Miterfinderbegriff verhindert werden. Da dieser sehr hohe Anforderungen an die Miterfinder stellen muß, um den Kreis klein zu halten, kann man hier ebenfalls einschätzen, zu welcher Kategorie man gehört.

Streitigkeiten untereinander über die Qualität der Arbeit des einzelnen sind nur in den Fällen zu befürchten, in denen die Tätigkeit zwar schon qualitativ hochwertig war, jedoch möglicherweise noch nicht ausreichend für die Erfinderstellung. Dies kann zu einer gegenseitigen Herabsetzung der Tätigkeit führen, um auf Kosten der Konkurrenz innerhalb des Teams die Bewertung der eigenen Leistung zu erhöhen. Um solche Konflikte zu vermeiden, ist eine rein negative Abgrenzung nach objektiven Tätigkeitsmerkmalen ebenfalls vorzuziehen. Diese stellt nicht auf eine Bewertung der Beiträge als gedankliche Anteile an der Erfindung ab, sondern beurteilt die Tätigkeit an sich. Da die Tätigkeit der einzelnen Mitwirkenden auch im nachhinein noch weitaus eher herauskristallisiert und genau bestimmt werden kann als die Beiträge, die letztlich in den Erfindungsgedanken einfließen, ist so eine Einordnung als Miterfinder oder Erfindungsgehilfe von Anfang an leichter möglich. Die Bewertung der einzelnen

Beiträge kann man allerdings letztendlich nicht vermeiden, da diese für die Anteilsbestimmung an der Erfindung wesentlich sind[336].

Fraglich ist aber, ob sich eine negative Abgrenzung für alle denkbaren zukünftigen Konstellationen wegen der nicht vorhersehbaren Entwicklung in der Art und Weise der Forschungstechniken vornehmen läßt. Es muß deshalb auch eine flexible Grauzone geschaffen werden.

Eine Zweiklassengesellschaft zwischen denjenigen, die sich von Anfang an ihrer Position als Miterfinder einer zukünftigen technischen Problemlösung sicher sein können, und denjenigen, die pauschal auf bloße Erfindungsgehilfen festgelegt werden, ist nicht zu befürchten. Erfinden ist ein fließender Prozeß, bei dem nicht zu Beginn jede Tätigkeit unverrückbar feststeht, die die Mitwirkenden durchführen. Vieles ergibt sich erst aus der Notwendigkeit der Situation.

4.2.2.2 Förderung von Teamarbeit, Kommunikation, Motivation und Innovation

Da der Erfolg des Forschungs- und Entwicklungsprozesses stark durch die Bereitschaft zur Teamarbeit und zur Kommunikation beeinflußt wird, könnte man auf den ersten Blick gegen den engen Miterfinderbegriff mit hohen Anforderungen folgende These aufstellen:

Die Kommunikation würde ge- bzw. verhindert und die Innovation verzögert, wenn nicht gar unmöglich gemacht, weil die Mitwirkenden ihre eigenen Ergebnisse und das erlangte Wissen solange nicht mit dem Team teilen würden, bis sie davon überzeugt sind, selbst den entscheidenden Gedanken zur Lösung des technischen Problems entwickelt zu haben. Damit würden sie dem hohen Anspruch gerecht und sicherten sich so die Miterfinderposition. Würden sie aber vorher ihre Teamkollegen an ihren Ideen teilhaben lassen, bestünde die Gefahr, daß die „Konkurrenz" diese Informationen mit ihren eigenen Kenntnissen und Erfahrungen zur Problemlösung verbindet. Letztere könnte so am Ende als Alleinerfinder gelten oder die Mitteilenden zumindest aus dem Kreis der Miter-

---

[336] Siehe dazu unten Kapitel B3.3.2.6, B3.4.1.1 und B3.5.2.3.

A4 Der negative Miterfinderbegriff

finder ausschließen, weil deren Vorschläge noch nicht den erforderlichen Qualitätsgrad erreicht haben.

Diese Aussage ist aber nur dann zutreffend, wenn man den engen Begriff mit einer positiven Begriffsbestimmung verbindet, bei der die Beiträge zunächst voneinander isoliert und dann getrennt bewertet werden müssen. Geht man aber von einer negativen Abgrenzung aus, die nur die Art der Tätigkeit bewertet, aber nicht die Bedeutung des einzelnen Beitrags für die Erfindung, so besteht diese Gefahr nicht. Im Gegenteil, einem weiten Miterfinderbegriff muß doch vorgeworfen werden, daß derjenige, der für seine Miterfinderstellung nur geringen Anforderungen ausgesetzt ist, sich auch nicht besonders anstrengt. Sind immer nahezu alle Mitarbeiter an der Erfindung Miterfinder, so hat die Erfindereigenschaft keinen besonderen Einfluß mehr auf Beförderungen oder Gehaltserhöhungen. Die Quoten bzw. die Verwertungspotentiale der einzelnen sinken. Also muß ein enger Miterfinderbegriff weitaus leistungssteigernder und motivierender wirken.

Zudem ist zu bedenken, daß die Motivation von Arbeitnehmererfindern nicht vorrangig aus dem Willen zur Erfindung herrührt. Vielmehr wollen sie die vom Arbeitgeber gestellte Aufgabe optimal lösen und durch Schutzrechte die Konkurrenz außerhalb des Unternehmens ausschalten. Die Belohnung ihrer Leistung durch eine Erfindervergütung ist in der Praxis eher zweitrangig. Es ist auch zu bedenken, daß die Mitarbeiter eines Teams sich grundsätzlich nicht als Gegner im Kampf um die Erfinderehre betrachten, sondern als Partner zu Erfüllung der ihnen gestellten Aufgabe. Ausnahmen gibt es in diesem Bereich immer, aber diese sind nicht die Regel.

Zusammenfassend ist als Ergebnis festzuhalten:

1. Ziel eines Forschungs- und Entwicklungsteams ist allgemein die schnelle, bestmögliche und kostengünstigste Lösung des technischen Problems.
2. Der Miterfinderbegriff muß die Erreichung dieses Zieles fördern und darf es nicht hemmen.
3. Dies kann eher durch einen engen Miterfinderbegriff erreicht werden.
4. Dieser Miterfinderbegriff darf aber keine rein negative Abgrenzung zum Erfindungsgehilfen darstellen, sondern muß durch seine Tatbestandsmerkmale den Mitarbeitern die Möglichkeit offenlassen, durch die Art und Qualität ih-

rer Tätigkeit auch aus einer grundsätzlich mechanischen und weisungsgebundenen Aufgabenstruktur heraus den Kreis der Miterfinder zu erreichen.

4.2.2.3 Konflikt mit den Arbeitnehmerinteressen?

Fraglich ist, ob die unternehmensinternen Ziele maßgeblich für eine Begriffsdefinition sein dürfen, die doch ausschließlich das Innenverhältnis der Miterfinder betrifft. Diese Ziele werden aus der Sichtweise der Arbeitgeber und der Auftraggeber der Vertragsforschung bestimmt und sind weniger auf die Mitwirkenden an der Erfindung, die Arbeitnehmer der Forschungsinstitute und der Industriebetriebe[337] zugeschnitten. Einerseits entsteht dadurch, daß man die unternehmensinternen Ziele zu einem der bestimmenden Faktoren erklärt, ein gewisser Konflikt zum Interesse der Arbeitnehmer an der Erfinderposition - je enger der Miterfinderbegriff, desto weniger Miterfinder -, die neben der Erfindervergütung auch berufliche Vorteile mit sich bringen kann. Andererseits könnte man einen weiten Miterfinderbegriff genau unter demselben Aspekt kritisieren. Dieser würde zwar zu einer hohen Zahl an Miterfindern führen, aber die Achtung für den einzelnen Miterfinder und die Arbeitnehmererfindervergütung erheblich mindern. Folglich liegt ein enger Miterfinderbegriff auch im Interesse der Erfinder. Es werden nicht nur die Ziele der Arbeitgeber im Sinne einer reibungslosen inner- und überbetrieblichen Kooperationsarbeit gefördert, sondern auch die Interessen der Arbeitnehmererfinder an einer entsprechenden Würdigung ihrer Einzelleistung beachtet.

4.3 Der enge, negative Miterfinderbegriff als Regel

Ein allgemeingültiger und praxisgerechter Miterfinderbegriff kann sich nicht an einer individualistischen Sichtweise vom heroischen Erfinder orientieren, der in völliger Isolation Pionierarbeit leistet. Er muß die Funktionsweise des routinemäßigen Erfindungsprozesses unter heutigen Forschungsbedingungen gewährleisten. Dieser Erfindungsprozeß ist aber nicht durch individuelle Leistungen gekennzeichnet, sondern durch gruppendynamische, interdisziplinäre und interaktive Gemeinschaftsarbeit. Soll der Miterfinderbegriff jedoch primär die Funk-

---

[337] Bernhardt/Kraßer, a. a. O., S. 245: „... läßt sich der Anteil der von Arbeitnehmern stammenden Erfindungen mit 80 - 90 % veranschlagen ..."

A4 Der negative Miterfinderbegriff

tionsfähigkeit des Erfindungsprozesses im Rahmen des Teamworks gewährleisten, so gerät er in Konflikt mit den allgemeinen Zielsetzungen des Patentsystems und der unternehmensinternen Ziele. Diese sind nicht auf die Förderung der Bereitschaft zur engen und vorbehaltlosen Zusammenarbeit ausgerichtet, sondern haben ein konkretes Anreizsystem zum Inhalt, das sich fördernd auf den Wettbewerb und hinderlich auf den Informationsfluß auswirkt. Nicht Kommunikation, sondern Konkurrenz ist der Effekt, den die Regelungen über die Arbeitnehmererfindervergütung und andere unternehmensinterne Vorteile für Erfinder haben. Aufgabe des hier zu entwickelnden Miterfinderbegriffs muß also auch die Lösung dieses Grundkonflikts sein.

Unter den heutigen Forschungsbedingungen kann die Lösung - die Abgrenzung des Miterfinders vom Erfindungsgehilfen - nicht in der isolierten Bewertung der einzelnen Miterfinderbeiträge als durchschnittlich oder überdurchschnittlich liegen. Erstens ist überwiegend eine Isolierung der einzelnen Beiträge und damit ihre Bewertung gar nicht möglich. Zweitens haben alle Beiträge - ob durchschnittlich oder überdurchschnittlich - einen synergetischen Effekt auf die Gesamterfindung. Sie sind deshalb gleich wertvoll bzw. in gleicher Weise kausal für das Ergebnis. Wie der rechtstatsächliche Befund darlegt, liegt das Problem auch nicht auf der patentrechtlichen Ebene. Begriffe wie „Neuheit" oder „auf erfinderischer Tätigkeit beruhend" müssen bei der Entwicklung des Miterfinderbegriffs außer acht gelassen werden, auch wenn die Beweisanzeigen für das Vorliegen der „erfinderischen Tätigkeit" im Sinne des § 4 PatG durchaus Bedeutung gewinnen können[338]. Es geht nicht um die Identifikation von Miterfindern, sondern um die Respektierung und Sicherung der Funktionsfähigkeit eines Erfindungsprozesses als Gemeinschaftsvorhaben. Relevant ist also nicht die Patentwürdigkeit des einzelnen Beitrags, sondern daß überhaupt ein ausreichender Beitrag innerhalb des Teams eingebracht wird. In jedem Fall ist es erforderlich, daß Rechtsunsicherheiten vermieden werden. Die Begriffsbestimmung muß eine eindeutige, für die Praxis verständliche und transparente Zuordnung als Erfinder oder Erfindungsgehilfe erlauben.

Der betrieblichen Organisation des Erfindungsprozesses und seiner Funktionsweise kann nur ein enger Miterfinderbegriff mit einer grundsätzlich negativen

---

[338] Vgl. dazu unten Kapitel A4.4.1.

Abgrenzung zum Erfindungsgehilfen gerecht werden, bei dem nicht grundsätzlich alle Mitarbeiter eines Teams zu Miterfindern erklärt werden. Negative Begriffsbestimmung bedeutet, daß die Tätigkeitsmerkmale zu ermitteln sind, die nur die Erfindungsgehilfenposition, aber nicht die Miterfinderstellung ausfüllen. So werden die Erfindungsgehilfen bestimmt. Die verbleibenden Mitwirkenden an der Erfindung sind Miterfinder. Ein weiteres Merkmal dieses Definitionsansatzes ist demzufolge die Orientierung an der objektiven Tätigkeit und nicht an den Beiträgen der Mitwirkenden. Unter der Tätigkeit ist dabei das aktive Handeln an sich zu verstehen, während der Beitrag als der gedankliche Anteil an der Lösung des technischen Problems auszulegen ist.

4.3.1 Der positive Miterfinderbegriff als Ausnahme

Grundsätzlich ist die positive, sich an der Wertung der Beiträge orientierende Begriffsbestimmung in der Praxis nicht durchführbar, da die Beiträge aufgrund der Vorgehensweise in der modernen Forschung und Entwicklung nicht trennbar und damit auch nicht zu gewichten sind. Aufgrund der interdisziplinären Aufgabenstellung bauen Forschung und Entwicklung in der heutigen Zeit wesentlich auf Kommunikation und Diskussion von Ideen und Lösungsansätzen auf. Dies führt dazu, daß die Beiträge ineinander aufgehen und miteinander verschwimmen.

Betrachtet man die bisher veröffentlichten Lösungsansätze der Miterfinderproblematik einmal genauer, so muß man feststellen, daß die positive Begriffsbestimmung als solche gescheitert ist. Kein Definitionsversuch, ob aus den Reihen der Rechtsprechung oder der Literatur, ist frei von Lücken. Vielen fehlt es an der Anwendbarkeit für die Praxis, weil sie zu schwammig und auslegungsbedürftig sind. Wenn man sich auch noch das System vor Augen führt, durch das die Praxis die Miterfinder ermittelt, so muß dies schließlich zu einer grundsätzlichen Abkehr von der positiven Begriffsbestimmung führen. In der Praxis werden keine besonderen Definitionen verwandt. Zudem hält man sich nicht mit der Trennung der Beiträge auf. Von einem Großteil der Beteiligten wird bereits eine negative Begriffsbestimmung durchgeführt.

Die negative Abgrenzung ist weitaus praktikabler. Es kommt dabei nicht mehr auf Beitragsnennung und -isolierung oder die besondere Qualifikation des Mitwirkenden an. Es ist nicht mehr ausschlaggebend, ob die Art der Tätigkeit eine

A4 Der negative Miterfinderbegriff

geistige[339] oder rein mechanische war. Zugegebenermaßen kann man aber dem Problem der Beitragstrennung letztendlich nicht ausweichen. Spätestens bei der Frage nach der Anteilshöhe an der Miterfindung muß man Farbe bekennen und die Beiträge über die Auswirkung der Tätigkeit auf die Lösung des technischen Problems in irgendeiner Form bewerten. Dies ist zwar ein notwendiges Übel, denn aus Gründen der Gerechtigkeit können nicht alle Beiträge gleich bewertet werden. Demjenigen, der mehr für das Auffinden der Lösung geleistet hat, muß auch ein höheres Verwertungspotential an der Erfindung oder eine höhere Quote bei der Arbeitnehmererfindervergütung zustehen. Dennoch liegt hier kein grundsätzlicher Einwand gegen den negativen Miterfinderbegriff. Während nämlich die Zuordnung der Miterfindungsberechtigung als Frage der Eigentumsordnung und aus Rechtssicherheitsgründen eindeutig und unbedingt erfolgen muß, stellt die Vergütungsregelung von vornherein ein Wertungsproblem dar, daß sich im Verhandlungswege und im Streitfall nach Billigkeitsgesichtspunkten auflösen läßt.

Im übrigen kann die positive Begriffsbestimmung nicht für alle Fälle abgelehnt werden. Sind ausnahmsweise die Beiträge dergestalt isolierbar, daß von einem oder mehreren Mitwirkenden ein überdurchschnittlicher Beitrag festgestellt werden kann, also ein geistiger Anteil am Erfindungsgedanken, der sich qualitativ klar über den der anderen Mitwirkenden erhebt, so muß dieser über eine positive Begriffsbestimmung zum harten Kern der Miterfinder gezählt werden.

4.3.2 Argumente für die Abkehr vom weiten Miterfinderbegriff

Ein weiter Erfinderbegriff wirkt motivationsverringernd und leistungsmindernd. Er arbeitet somit den unternehmenseigenen Zielsetzungen entgegen. Auch die Praxis geht nicht von einem weiten Miterfinderbegriff aus, obwohl grundsätzlich alle Team-Mitglieder benannt werden. Erfahrungsgemäß besteht ein Team aus Ingenieuren, anderen Naturwissenschaftlern und Technikern, die an der Lö-

---

[339] Das Tatbestandsmerkmal der „geistigen Tätigkeit" kann nicht zu einer befriedigenden Lösung führen, wenn man bedenkt, was „geistige Tätigkeit" eigentlich bedeutet. Auch der Mechaniker denkt bei seiner Arbeit. Definiert man geistiges Arbeiten aber enger als reflektierendes Arbeiten, so werden dennoch zu viele Mitwirkende zu Miterfindern. Denn auch derjenige, der lediglich Informationen liefert, also eine Auswahl aus dem ihm zur Verfügung stehenden Wissen trifft, sich aber nicht mit dem Problem als solches auseinandersetzt, müßte aufgrund seiner geistigen Mitwirkung an der Erfindung zum Miterfinder werden.

sung eines Einzelproblems im Wege der Kommunikation und Diskussion arbeiten. Ihre Beiträge können infolgedessen kaum voneinander getrennt werden. Technische Zeichner, Laboranten und Ingenieurassistenten werden grundsätzlich nicht benannt. Somit wird der auf den ersten Blick weit wirkende Miterfinderbegriff tatsächlich eng. Auch die Vorgesetzten- bzw. Gruppenleiterbenennung führt nicht automatisch zu einem weiten Miterfinderbegriff. Erstens arbeitet der Vorgesetzte häufig selbst an der Problemlösung mit, und zweitens ist dies mehr ein Problem der Echtheit von Miterfindungen[340].

Ein enger Miterfinderbegriff löst auch den Grundkonflikt zwischen unternehmensinternen sowie dem Patentsystem immanenten Zielsetzungen auf der einen und dem Ziel, die Funktionsweise des routinemäßigen Erfindungsprozesses unter heutigen Forschungsbedingungen zu gewährleisten, auf der anderen Seite. Dieser Erfindungsprozeß ist durch seine interdisziplinäre Ausrichtung und das hohe Maß an Komplexität der Aufgabenstellung zwingend auf Kommunikation und Gruppendynamik angewiesen. Werden nicht automatisch alle Mitwirkenden an der Erfindung als Miterfinder benannt, so wird sich der einzelne verstärkt anstrengen, um in diesen Kreis zu kommen. Die Miterfinderstellung bietet ihm schließlich einige Vorteile, z. B. die Arbeitnehmererfindervergütung, eine möglicherweise bessere Beurteilung, Aufstiegschancen etc. Dadurch wird er sich an der Kommunikation bewußt beteiligen. Dies wirkt sich also eher fördernd als hemmend auf den gruppenspezifischen Prozeß des Erfindens aus. Im Gegensatz dazu steht der weite Miterfinderbegriff. Wenn jedes Mitglied eines Teams als Miterfinder benannt wird, dann ist vom einzelnen keine besondere Leistung mehr erforderlich. Im Gegenteil, Mitarbeiter können sich in ihrer Leistungsbereitschaft sogar gebremst fühlen, wenn auch derjenige, der nur „Dienst nach Vorschrift" macht, als Miterfinder bedacht wird.

4.4 Definitionsansatz des engen, negativen Miterfinderbegriffs

Aus den bisherigen Ausführungen ist deutlich geworden, daß die Vorstellung von einer knappen, allgemeingültigen Formel, die jede Situation erfaßt, illusorisch ist. Auch im Rahmen eines negativen Definitionsansatzes kann die Lösung dieses „gordischen Knotens" nicht in einigen wenigen Worten an die Hand ge-

---

[340] Siehe dazu näher oben Kapitel A4.1.3.3.

geben werden. Wie so oft ist man auf die Bildung von Fallgruppen angewiesen. Anhand derer ist jeweils zu untersuchen, in welche Gruppe die Art der Mitwirkung fällt.

Aufgrund der Vielschichtigkeit, der Komplexität und der fehlenden Transparenz des Erfindungsvorganges kann es nicht nur die zwei Schubladen der Miterfindertätigkeiten und der Nichtmiterfinder geben. Vielmehr existiert auch ein Graubereich, in den die Tätigkeiten gehören, die man nicht von vornherein eindeutig bewerten kann. Einen Anspruch auf Vollständigkeit kann die folgende Fallgruppenbildung nicht erheben. Die Forschungs- und Entwicklungstätigkeit befindet sich in stetem Wandel. Es kann heute nicht eine Prognose für sämtliche Varianten der Mitwirkung gewagt werden.

4.4.1 Die positive Fallgruppe - der Miterfinder

Wie oben dargelegt, kommt man auch im Rahmen eines negativen Definitionsansatzes nicht ganz ohne eine positive Fallgruppe aus. Als Orientierungshilfe für eine derartige Fallgruppe steht im Gegensatz zu den anderen Fallgruppen zumindest ein Teil der Sachverhalte schon zur Verfügung. Man kann sich zum Beispiel an den Indizien anlehnen, die einen Alleinerfinder ausmachen, wobei jedoch nicht vergessen werden darf, daß sich der Miterfinder ja gerade durch eine Teilleistung zur Gesamterfindung vom Alleinerfinder unterscheidet. Als solche Indizien kommt die Anwendung der Beweisanzeichen in Betracht, die gegen ein Naheliegen der Erfindung sprechen[341]. In jedem Fall bedarf es aber eines überdurchschnittlichen Beitrags, der von der Gesamtheit der Beiträge zur Erfindung isolierbar ist.

4.4.2 Die negative Fallguppe - Erfindungsgehilfe, Anreger, Aufgabensteller und Koordinator

Im folgenden wird zum einen eine negative Auswahl der Mitwirkungsfelder getroffen, die für die Begründung der Miterfinderschaft nicht ausreichen, und zum anderen die Sachverhalte dargestellt, die eine eindeutige Zuweisung nicht zulassen, bei denen es also noch einer weiteren Untersuchung und Abwägung bedarf. Dieser Weg der Miterfinderbenennung sagt aber noch nichts über den

---

[341] Vgl. dazu Kapitel A1.2.2.3.

Grad der Miterfinderschaft aus. Dieses Problem muß bei der Festlegung der Verwertungsanteile[342] an der Erfindung gelöst werden.

4.4.2.1 Das unselbständige und weisungsgebundene Handeln

Nicht Miterfinder ist, wer kumulativ die folgenden Voraussetzungen erfüllt:

1. Mitwirkung an der Lösung des technischen Problems,
2. Fremdbestimmung der Art und Weise der Tätigkeit im Detail,
3. genaue Befolgung dieser Arbeitsanweisungen und
4. keine selbständige Modifikation des Arbeitsvorgangs aufgrund eigener Ideen[343].

Ganz bewußt wurde bei der Formulierung dieses Tatbestands vermieden, dem dergestalt Handelnden einen eigenen geistigen Beitrag abzusprechen, wie es häufig in den sonst vertretenen Definitionsansätzen der Fall ist. Heute kann in Forschung und Entwicklung auch bei exakt vorgeschriebenen Arbeitsabläufen nicht mehr von einer rein mechanischen Arbeitsweise gesprochen werden. Ausschlaggebend ist vielmehr die detaillierte Anweisung und deren fehlende Modifikation.

Das Tatbestandsmerkmal „Fremdbestimmung" kann im übrigen nicht mit dem Argument verworfen werden, daß jeder Arbeitnehmer weisungsgebunden und dies somit im Bereich der Arbeitnehmererfindung irreführend sei. Die Weisungsgebundenheit ist zwar neben der abhängigen Beschäftigung ein Merkmal der Abgrenzung des Arbeitnehmers vom Selbständigen, das allgemeine Weisungsrecht des Arbeitgebers gegenüber seinem Arbeitnehmer ist jedoch ein anderes als das, wovon hier die Rede sein soll. Das Direktionsrecht ist die Befugnis des Arbeitgebers, dem Arbeitnehmer Weisungen über Ort, Art und Zeit der

---

[342] Siehe dazu in Kapitel B3.3.2.6, B3.4.1.1 und B3.5.2.3.

[343] So auch die herrschende Lehre, z. B. Schade, GRUR 1977, S. 390 ff. und GRUR 1972, S. 510 ff.; Seeger/Wegner, Mitt 1975, S. 108 ff.; Spengler, GRUR 1938, S. 231 ff.; Wunderlich, a. a. O., S. 34; Lindenmaier/Weiss, a. a. O., § 3 PatG Rdn. 17; Reimer, a. a. O., § 3 PatG Rdn. 10; Hubmann, a. a. O., S. 103; BGH v. 5.5.66, GRUR 1966, S. 559 (Spanplatten).

A4 Der negative Miterfinderbegriff

Arbeit sowie das Verhalten im Betrieb zu erteilen[344]. Dies bezieht sich grundsätzlich auf die Art der Tätigkeit im allgemeinen, d. h., zum Beispiel die Anweisung an einem bestimmten Projekt mitzuarbeiten und im Rahmen dieses Projekts eine bestimmte Aufgabe zu übernehmen. Wie die Aufgabe im einzelnen dann vom Arbeitnehmer erfüllt wird, bleibt aber grundsätzlich ihm selbst überlassen. Die Art der Problemlösung, die Mittel zur Problemlösung und den zeitlichen Ablauf kann er demnach grundsätzlich selbst festlegen. Diese Eigenständigkeit in der Aufgabenerfüllung ist es aber gerade, die den entscheidenden Unterschied zu der Art von Weisungsgebundenheit ausmacht, von der im Folgenden die Rede sein soll. Hier wird nicht nur eine allgemeine Richtung, die Aufgabenstellung, vorgegeben, sondern der Mitarbeiter bekommt zusätzlich die genaue Anleitung zur Problemlösung - zur Bewältigung der gestellten Aufgabe - an die Hand gegeben. Er hat somit keinerlei Spielraum mehr, kein Ermessen bei seiner Tätigkeit. Er bringt demnach auch keine eigenen Ideen in die Mitarbeit ein. Dies unterscheidet seine Fremdbestimmung im wesentlichen von der allgemeinen Weisungsgebundenheit des Arbeitnehmers. Natürlich kann sich der einzelne Mitarbeiter von den Weisungen lösen und die Art der Aufgabenlösung modifizieren. Ist das der Fall, so kann er nicht mehr nur aufgrund der bestehenden genauen Arbeitsanweisung von der Miterfinderschaft ausgeschlossen werden.

Als unselbständige, weisungsgebundene Mitwirkung an der Erfindung sind demnach zu verstehen:

- rein konstruktive Beigaben,
- rein mechanische Ausführungsarbeiten nach Anweisung oder
- streng weisungsgebundene Konstruktions- oder Experimentieraufgaben[345].

Folgende Umstände sind denkbar:

---

[344] Auch bezeichnet als Direktionsrecht, basiert es auf dem Arbeitsvertrag. Schaub, Arbeitsrechts-Handbuch, 1996, § 31 VI.
[345] BGH v. 5.5.66, GRUR 1966, S. 558 f. (Spanplatten); Benkard/Bruchhausen, a. a. O., § 6 PatG Rdn. 32.

- die Durchführung eines Versuchs streng nach Anweisung ohne Abwandlung des Versuchsablaufs oder der Versuchsanordnung nach eigenen Vorstellungen;
- die Erfassung und der Bericht über das Ergebnis eines in dieser Weise durchgeführten Versuchs ohne eigenständige Analyse, Bewertung oder Auswertung des Resultats;
- die Ausführung und Ausarbeitung einer Konstruktionszeichnung streng nach Anweisung ohne weitere Problemstellung durch den Anweisenden und ohne Modifikation der Vorgabe nach eigenen Vorstellungen;
- die Ausführung und Ausarbeitung einer Konstruktionszeichnung eines an sich bekannten Objekts (z. B. einer Pumpe), bei dem lediglich angegeben wird, welche Leistung es erbringen soll (z. B. Erreichen eines bestimmten Wasserdrucks), aber keine Informationen über die Ausmaße der einzelnen Teile gegeben werden. Wird diese Aufgabe aufgrund der Benutzung bekannter Formeln, d. h. aufgrund bloßen Einsetzens der Variablen gelöst, ist also keine technische Kreativität, kein Suchen nach unbekannten Lösungswegen erforderlich, so ist der technische Zeichner nicht Miterfinder[346];
- die Zugabe von bloßer Arbeitskraft und Fingerfertigkeit nach Weisung.

1.4.2.2 Der reine Informationsfluß

Wer Informationen weitergibt, die zur Problemlösung beigetragen haben, muß nicht Miterfinder sein. Es kann sich dabei auch um einen sog. „Anreger" handeln, dem kein Anteil an der Erfindung und dem Patent zusteht. Der Informationsfluß ist also ein Sachverhalt, der keine ausschließliche Zuordnung zu der einen oder der anderen Fallgruppe zuläßt. Ein Teil der Informationsfluß-Konstellationen wird vom sog. Graubereich erfaßt, in dem sich die zunächst nicht einzuordnenden Sachverhalte sammeln. Grund ist, daß der Informationsfluß fast immer im Rahmen einer wechselseitigen Kommunikation stattfindet. Hier ist natürlich zumeist nicht feststellbar, ob der Informant sein Wissen ohne Auseinandersetzung mit dem zugrundeliegenden technischen Problem weitergibt oder ob er eigene gedankliche Verknüpfungen leisten muß.

---

[346] Dieses Beispiel wurde im Rahmen eines Interviews der Autorin als typischer Fall des Erfindungsgehilfen genannt.

A4 Der negative Miterfinderbegriff

Beispiele für den Anreger-Informationsfluß, der keine Miterfinderschaft begründet, sind:

- das Beisteuern von Fachwissen und Erfahrungen auf Anfrage[347], ohne daß der Informant weitere Angaben über das der Anfrage zugrundeliegende technische Problem bekommt. Die Information erfolgt also ohne Verknüpfung durch den Informanten mit dem technischen Problem, ohne differenzierte Auseinandersetzung mit der Aufgabe;
- das Beisteuern eines Ausführungsbeispiels, das in die Zeichnungen und Beschreibungen der Patentschrift aufgenommen worden ist, nachdem die Erfindung fertig war[348];
- nicht neuartige Anregungen, die sich innerhalb des Fachkönnens eines Durchschnittsfachmanns halten[349], bzw. das Beisteuern von bereits bekannten Ergebnissen und Erkenntnissen. Zwar ist auch dies ein selbständiger Beitrag zur Erfindung. Jedoch kann dies nicht mehr als Mitwirkung im Sinne der Miterfinderdefinition angesehen werden. Dadurch würde sich sonst der Kreis der Miterfinder ins Unermeßliche steigern. Jeder, der den Miterfinder an seinem Fachwissen Anteil haben läßt, würde ebenfalls zum potentiellen Miterfinder werden. Allerdings sind hier im Einzelfall Einschränkungen vorzunehmen. Sobald sich nämlich derjenige, der dem Miterfinder sein Know-how zukommen läßt, nicht nur auf bloße Informationen beschränkt, sondern sich auch aktiv mit dem technischen Problem auseinandersetzt und versucht, aus seinem Wissen und seinen Erfahrungen heraus den passenden Beitrag zur Lösung zu liefern, muß auch der Informant als Miterfinder betrachtet werden[350].
- Die Information wird zwar erst aufgrund der Auseinandersetzung mit dem zugrundeliegenden technischen Problem gegeben, hat aber mit der später gefundenen Lösung, mit den in der Patentschrift enthaltenen Ansprüchen nichts

---

[347] OLG Düsseldorf v. 30.10.70, GRUR 1971, S. 215 (Einsackwaage); Schulte, a. a. O., § 6 PatG Rdn. 16.
[348] RG v. 31.1.41, GRUR 1941, S. 152 (Farbwertrichtige Druckplatten).
[349] Benkard/Bruchhausen, a. a. O., § 6 PatG Rdn. 32.
[350] LG Hamburg v. 31.10.56, GRUR 1958, S. 77; Benkard/Bruchhausen, a. a. O., § 6 PatG Rdn. 32.

zu tun[351]. Die Information bzw. der Lösungsansatz stellt sich also im nachhinein als nicht passend oder schlicht abwegig dar. Dies darf aber nicht mit der sogenannten negativen Auswahl verwechselt werden, die sehr wohl zur Miterfinderschaft führen kann[352]. Unbrauchbare oder falsche Hinweise und Lösungsansätze können nicht allein ursächlich für die Miterfinderschaft sein.

1.4.2.3 Die materiellen Unterstützungsleistungen

Ebenfalls als Gehilfen und nicht als Miterfinder werden die Personen bezeichnet, die die materiellen Voraussetzungen für die Erfindung schaffen (Geldgeber, Bereithalten von Materialien oder Räumen)[353].

1.4.2.4 Der Aufgabensteller

Früher wurde vertreten, daß auch der Aufgabensteller Erfinder sei, wenn der Fachmann allein aus der verlautbarten Aufgabe und allein aufgrund des ihm zur Verfügung stehenden Fachwissens und Fachkönnens die Lösung ersehen konnte[354]. Der Inhalt der Aufgabe - das technische Problem, das durch die Erfindung gelöst werden soll - richtet sich nicht nach der subjektiven Willensrichtung des Erfinders, sondern wird durch die objektive Beurteilung dessen festgelegt, was sich dem Durchschnittsfachmann aus den Anmeldeunterlagen oder der Patentschrift, unter Heranziehung des gesamten Standes der Technik und des allgemeinen Fachwissens, als Vorteile und Wirkungen offenbart[355]. Erschöpft sich aber die Mitarbeit des Aufgabenstellers einzig in der Angabe des technischen Problems, so kann er nicht (Mit-)Erfinder sein. Zu der gegenteiligen Meinung konnten nur jene kommen, die nicht genau zwischen dem technischen Problem und seiner Lösung unterschieden, sondern diese als einheit betrachteten. Sie setzten die Aufgabe mit der durch die Erfindung zu erzielenden Wirkung und mit der allgemeinen Lehre, ein Problem mit ungenannten, dem

---

[351] Oberstes Gericht der DDR v. 8.7.88, GRUR Int. 1989, S. 786 f. (Hochspannungswicklung).

[352] BGH v. 5.5.66, GRUR 1966, S. 558 ff. (Spanplatte).

[353] RG v. 17.12.42, Mitt 43, S. 76 (Kohlepapier); Schulte, a. a. O., § 6 PatG Rdn. 16.

[354] Siehe Kapitel A3.1.2.4 und A3.2.4.

[355] BGH v. 11.11.80, BGHZ 78, S. 358, 364 (Spinnturbine II); BGH v. 22.11.84, GRUR 1985, S. 369 (Körperstativ); BGH v. 22.5.90, GRUR 1991, S. 811, 814 (Falzmaschine); Benkard/Bruchhausen, a. a. O., § 1 PatG Rdn. 57; Keil, GRUR 1986, S. 13.

A4 Der negative Miterfinderbegriff

Fachmann aber aus dem Stand der Technik bekannten Mitteln zu lösen, gleich[356]. Wenn das RG und der BGH in früheren Entscheidungen also von einer Aufgabenerfindung sprachen, verstanden sie die Aufgabe tatsächlich als Lösungskonzept oder Lösungsprinzip, dessen konstruktive Verwirklichung nach der Erkenntnis des Grundprinzips keine Schwierigkeiten mehr bereitete[357]. Heute wird jedoch zwischen dem technischen Problem und der Lehre exakt unterschieden[358]. Wenn aber aus der Problemstellung alle Lösungsansätze oder richtungsweisenden Hinweise herausgenommen werden, bleibt für die Aufgabenerfindung kein Raum mehr[359].

Der Aufgabensteller kann also nicht Erfinder oder Miterfinder sein, außer er liefert zusätzlich zur gestellten Aufgabe noch weitere Beiträge zur Lösung des technischen Problems, wie z. B. das Aufweisen des späteren Lösungsweges oder das Ausscheiden ungeeigneter Mittel. Dann besteht aber auch kein Bedürfnis mehr, diese Mitarbeit als Aufgabenerfindung zu bezeichnen. Anzufügen ist noch, daß auch nicht die Planer und Leiter von Teams - als potentielle Aufgabensteller - von vornherein aus dem Kreis der potentiellen Miterfinder ausgeschlossen werden können. Diese sind Miterfinder, wenn sie zusätzlich zu ihrer leitenden Funktion eigenes Gedankengut in den Innovationsprozeß einfließen lassen.

1.4.2.5 Der Koordinator

Auch bloße Koordination und Organisation eines Erfindungsprozesses genügen nicht. D. h., daß derjenige, der anhand der Problemstellung einzelne Aufgaben mittels eines Geschäftsverteilungsplans an die Mitarbeiter verteilt und deren

---

[356] Benkard/Bruchhausen, a. a. O., § 1 PatG Rdn. 58.

[357] RG v. 20.11.13, Mitt 1929, S. 325, 327 (Selbsttätige Waage); RG v. 6.11.16, Mitt 1929, S. 327 f. (Lastenaufzug); BGH v. 7.10.71 Mitt 1972, S. 235 f. (Rauhreifkerze); Benkard/Bruchhausen, a. a. O., § 4 PatG Rdn 21 f.

[358] Vgl. Hesse, GRUR 1981, S. 853 ff.; Keil, GRUR 1986, S. 12 ff.; BGH v. 15.11.83, GRUR 1984, S. 194 ff. (Kreiselegge); anderer Ansicht ist zum Teil aber das EPA und das BPatG, vgl. Benkard/Bruchhausen, a. a. O., § 1 PatG Rdn 58 m. w. N. und § 4 PatG Rdn 21 m. w. N.

[359] BGH v. 22.11.84, GRUR 1985, S. 369 (Körperstativ).

Ergebnisse später ohne selbständige Wertung zu einem Gesamtergebnis aneinanderreiht, grundsätzlich nicht Miterfinder sein kann, da dies keine eigenständige Leistung darstellt. Die Beurteilung muß aber anders ausfallen, wenn zur bloßen Koordination die Kombination tritt. Sobald der Koordinator die Ergebnisse der Mitarbeiter zu einem Gesamtergebnis kombiniert und wertet und aus der Summe der Einzelleistungen ein neues, durch ihn in eigener Leistung geschaffenes Gesamtbild macht, muß er als Miterfinder gelten. Ob er sogar als Alleinerfinder betrachtet werden muß, ist eine Frage des Einzelfalls. Wahrscheinlich erscheint dies aber nicht, wenn die Problemlösung durch den Koordinator nur aufgrund der Einzelleistungen zustande gekommen ist, er dafür also auf keinen der einzelnen Beiträge hätte verzichten können.

4.4.2.6 Die Grauzone - Auftraggeber und Anreger

In die Grauzone müssen diejenigen Fälle der Mitwirkung an einer Erfindung eingeordnet werden, bei denen die Zuordnung zu einer der negativen Fallgruppen nicht eindeutig bejaht oder verneint werden kann. Problematisch scheinen dabei nur die Aufgabensteller - erst nach einer Analyse der Umstände des Einzelfalls, der Auswertung der Hinweise, die er mit der Aufgabenstellung verbunden hat, kann seine Rolle eindeutig festgelegt werden - und die Anreger zu sein. Sowohl bei dem Erfindungsgehilfen, der rein weisungsgebunden und unselbständig eine Anweisung ausführt, als auch bei einer materiellen Unterstützungshandlung kann unproblematisch entschieden werden, ob diese Tatbestandsmerkmale zutreffend sind oder nicht. Maßgeblich für eine endgültige Qualifikation der Mitwirkung im Rahmen der Grauzone sind die Umstände des Einzelfalls[360].

4.4.2.6.1 Der Anreger - Der Informationsfluß

Der, der an einer Erfindung dadurch mitwirkt, daß er dem späteren Erfinder eine Information überläßt, kann nicht pauschal in die eine oder andere Gruppe eingeordnet werden. Die Weitergabe einer Information kann für den Informanten dreierlei bedeuten, entweder:

---

[360] Siehe dazu Kapitel A4.4.2.6.2.

A4 Der negative Miterfinderbegriff

- die bloße Weitergabe von aktuellem Wissen ohne Kenntnis des Problems (kein Miterfinder[361]) oder
- die bloße Weitergabe von aktuellem Wissen bei Kenntnis des Problems oder
- die Verknüpfung von Daten und Fakten durch den Informanten bei Kenntnis eines Teilausschnitts und Reflexion des Problems.

Wer ohne Kenntnis des Ausgangsproblems Fachwissen weitergibt, das nicht schon die Problemlösung, sondern nur mitursächlich für die spätere Erfindung ist, macht sich über das zugrundeliegende Problem keine Gedanken und kann somit nicht Miterfinder werden. Diese Ansicht kann auch nicht mit dem Argument, es gäbe doch auch die „Zufallserfindung", bei der dem Erfinder die Problemlösung sozusagen in den Schoß falle[362], abgelehnt werden. Der Begriff der Zufallserfindung besagt lediglich, daß das Patent nicht für die Anstrengung des Erfindens, sondern für das Ergebnis erteilt wird. Die isolierte Information stellt aber noch nicht die Erfindung dar.

Nicht so eindeutig ist dies jedoch bei den anderen beiden Konstellationen. Wer das Problem kennt, bei dem ist nicht auszuschließen, daß er das ihm zur Verfügung stehende Fachwissen zur Beantwortung der Frage filtert und verschiedene, ihm zur Verfügung stehende Daten und Fakten verknüpft. Genausowenig kann dieser Informant jedoch ohne weiteres zum Miterfinder erhoben werden. Hier gibt es also keine eindeutige Antwort. Die Umstände des Einzelfalls sind entscheidend.

4.4.2.6.2 Maßgebliche Umstände des Einzelfalls

Um innerhalb der Grauzone Miterfinderschaft annehmen zu können, muß die Analyse der Umstände des Einzelfalls ergeben, daß die Mitwirkungshandlung etwas zur Lösung des technischen Problems beigetragen hat, also kausal für die Erfindung war. Nicht ausreichend wäre es aber zum Beispiel im Falle des Informationsflusses, daß eine Information weitergegeben wird, die letztendlich keinen positiven Impuls für die Lösung gebracht hat, sondern entweder mit dieser nicht in Zusammenhang stand oder auf eine falsche Spur geführt hätte. Man

---

[361] Siehe dazu oben Kapitel A4.4.2.2.
[362] BGH v. 5.11.64, GRUR 1965, S. 138 (Polymerisationsbeschleuniger).

muß sich also fragen, ob die Information den Fragenden der Erfindung nähergebracht hat.

Ein anderes Problem ist die Frage, welcher Kausalitätsmaßstab angewendet werden soll. Zur Auswahl stehen die äquivalente Kausalität[363] und die adäquate Kausalität[364]. Nach ganz herrschender Meinung kann nicht der Beurteilungsmaßstab der conditio sine qua non herangezogen werden. Dies würde zu einem viel zu großen Kreis an Miterfindern führen[365]. Vielmehr ist vom Maßstab der adäquaten Kausalität auszugehen. Zu bedenken ist aber auch im Rahmen der adäquaten Kausalität, daß die Grenze der Lebenswahrscheinlichkeit sehr weitgehend erscheint. Die Spannbreite dieses Kausalitätsbegriffes muß deshalb reduziert werden. Die Tätigkeit kann nur dann zur Miterfinderstellung führen, wenn sie unmittelbaren Einfluß auf die Problemlösung gehabt hat, wenn also aus objektiver Sicht unschwer zu erkennen ist, daß der (Mit-)Erfinder gerade durch diese Tätigkeit das Problem gelöst hat. Es genügt also nicht die nur entfernte Möglichkeit der Beeinflussung. Resultat dieses Qualifikationsmerkmals ist natürlich eine weitere Eingrenzung des engen Miterfinderbegriffs. Dies ist aber durch zwei Argumente gerechtfertigt. Zum einen ist eine vernünftige Verwertung bei einem allzu großen Kreis von Miterfindern kaum mehr durchführbar und die geschützte Erfindung in ihrer Funktion als marktfähiges Gut beschränkt[366]. Zum anderen würde ein zu großer Kreis an Miterfindern kontraproduktiv zu den Zielen in der Praxis wirken.

Ob die Mitwirkungshandlung im Stadium[367] der Aufgabenstellung, der Konzeption oder der Konstruktion der Lösung des technischen Problems stattfindet, darauf kann es nach den oben gemachten Ausführungen nicht mehr ankommen.

---

[363] Äquivalent kausal (oder conditio sine qua non) ist ein Umstand dann, wenn er nicht hinweggedacht werden kann, ohne daß das Ergebnis entfiele.

[364] Adäquat kausal ist ein Umstand für den Erfolg, wenn der Eintritt des Erfolges nicht außerhalb jeder Lebenswahrscheinlichkeit liegt.

[365] Lüdecke, a. a. O., S. 17 f.

[366] Kapitel A4.2.1.3 und A4.2.1.4.

[367] A. A. Wunderlich, a. a. O., S. 70 ff., der der Ansicht ist, daß Miterfindungen nur im Stadium der Konzeption des erfinderischen Gedankens entstehen könnten.

A4 Der negative Miterfinderbegriff

In jeder Phase kann eine Erfindung zur Miterfindung werden. Einzig entscheidend ist nur Ausschluß einer negativen Fallgruppe.

Die so im Wege der negativen und engen Begriffsbestimmung ermittelten Miterfinder können in drei Situationstypen auftreten, von denen aber nur zwei eine gesetzliche Regelung erfahren haben:

- Die **angestellten Miterfinder**, deren Probleme weitgehend über das Arbeitnehmererfinderrecht[368] zu lösen sind. Da 80 - 90 % aller Erfindungen im Rahmen von Arbeitsverhältnissen in Industrieunternehmen und Forschungseinrichtungen gemacht werden[369], stellen sie den häufigsten Fall dar.
- Die **zufällige Miterfindergemeinschaft aus Einzelerfindern**. Diese hat der Gesetzgeber versucht, durch die Bereitstellung der Bruchteilsgemeinschaft[370] zu erfassen.

---

[368] Die Rechtslage hinsichtlich der Anmeldung und Verwertung solcher Erfindungen im Verhältnis des Arbeitnehmererfinders zu seinem Arbeitgeber, die gemäß § 2 ArbNErfG patent- oder gebrauchsmusterfähig sein müssen, ist seit 1957 durch das Arbeitnehmererfindungsgesetz geregelt. Sonstige Neuerungen bezeichnet § 3 ArbNErfG als technische Verbesserungsvorschläge. Auf diese wird im Rahmen dieser Arbeit nicht näher eingegangen. Der persönliche Anwendungsbereich des Arbeitnehmererfindergesetzes erfaßt neben Arbeitnehmern der privaten Wirtschaft auch solche des öffentlichen Dienstes, Beamte und Soldaten, § 1 ArbNErfG. Das Grundmodell bilden dabei die Vorschriften, die auf privatrechtliche Arbeitsverhältnisse anwendbar sind. Für den öffentlichen Dienst und Soldaten gelten gemäß §§ 40 f. ArbNErfG einige Abwandlungen, auf die hier aber nicht näher eingegangen wird. Wer Arbeitnehmer ist, bestimmt sich nach den von Rechtsprechung und Literatur entwickelten Kriterien. Allgemein ist dies jemand, der durch Rechtsverhältnis in persönlicher und abhängiger Stellung zur Arbeit verpflichtet ist. Ausgenommen davon sind Organe oder Mitglieder von Organen juristischer Personen und freie Mitarbeiter (vgl. dazu auch Volmer, GRUR 1978, S. 329 ff.; Schaub, Arbeitsrechts-Handbuch, 1983, § 8; Volmer/Gaul, Arbeitnehmererfindungsgesetz., 1983, § 1 ArbNErfG Rdn. 26 ff.).

[369] Bartenbach/Volz, Arbeitnehmererfindergesetz, 1997, vor § 1 Rdn. 2; Beier, GRUR 1979, S. 669; Bernhardt/Kraßer, a. a. O., S. 245 mit einem Verweis auf eine Ifo-Studie; Reimer/Schade/Schippel, Das Recht der Arbeitnehmererfindung, 1992, § 4 ArbNErfG Rdn. 1; Ursache ist der heutige Stand der technologischen Entwicklung. Eine wirtschaftlich erfolgreiche Erfindung kann gegenwärtig kaum mehr mit bescheidenen Mitteln und in der "Bastelwerkstatt" eines Einzelerfinders zur Entstehung gebracht werden. Vielmehr bedarf es des Einsatzes umfangreicher, aufwendiger Forschungseinrichtungern und eines Teams von hochspezialisierten Mitarbeitern. Vgl. dazu im übrigen Kapitel B2.

[370] §§ 741 ff. BGB, vgl. dazu Kapitel B3.3.

- Die **Miterfindergemeinschaften**, die zwar nicht zufällig, aber auch nicht planmäßig **im Rahmen der Vertragsforschung und der unternehmensübergreifenden Forschungs- und Entwicklungskooperationen** entstehen. Diese haben keine ausdrückliche Regelung erfahren, gewinnen aber zunehmend an Bedeutung[371].

Die nächsten Kapitel werden sich deshalb mit arbeitnehmererfinderrechtlichen Fragen in Forschungs- und Entwicklungskooperationen (allgemeine Darstellung der Kooperationen, Arbeitgeberstellung, Inanspruchnahme und Erfindervergütung) und mit Verwertungsfragen von Miterfindungen aus Forschungs- und Entwicklungskooperation (ausreichendes gesetzliches Regelungsmodell, alternative Lösungen) auseinandersetzen.

---

[371] Vgl. dazu Kapitel B3.

Teil B
Die Miterfindung in der Forschungs- und Entwicklungskooperation

1 Gründe und Ziele von vertraglich begründeten Forschungs- und Entwicklungskooperationen

Miterfindungen sind häufig das Ergebnis der Kooperation von Wirtschaft und Wissenschaft, sei es im Rahmen der kooperativen Forschung oder der externen Vertragsforschung. Die Gründe für den Zusammenschluß zu einer Forschungs- und Entwicklungskooperation sind genauso vielfältig wie die individuellen Ziele, die mit ihr erreicht werden sollen. Diese betriebsinternen Beweggründe sind sehr auf den einzelnen Kooperationsfall bezogen. Sie können, müssen sich aber nicht mit den allgemeinen Motiven decken. Im Folgenden werden nur die betriebswirtschaftlichen Gründe berücksichtigt, die einer Verallgemeinerung zugänglich sind[372].

1.1 Forschungs- und Entwicklungskooperationen als Instrument zur Steigerung der Wettbewerbsfähigkeit

Die Verschärfung des globalen Wettbewerbs zwingt die Unternehmen zu einer schnelleren Gangart bei der Produkteinführung auf der einen Seite und der Desintegration strategisch nicht relevanter und unrentabler Bereiche auf der anderen Seite[373]. Die Steigerung der technologischen Wettbewerbsfähigkeit und die beschleunigte Umsetzung von Forschungsergebnissen zur Herstellung

---

[372] Nicht Berücksichtigung finden auch die volkswirtschaftlichen, gesellschaftspolitischen und mittelstandspolitischen Motive, vgl. dazu aber eingehend Straube, Zwischenbetriebliche Kooperation, 1972, S. 8 ff.

[373] Baur, Vertikale Kooperation als Strategie innovativen Unternehmertums - Dargestellt am Beispiel der Automobilindustrie - in: Laub/Schneider (Hrsg.), Innovation und Unternehmertum, 1991, S. 82.

marktfähiger Produkte sind die Grundvoraussetzungen für Unternehmen, um ihre Wettbewerbsfähigkeit auf dem in- und ausländischen Markt zu erhalten. Die Unternehmen können nur dann langfristig national und international bestehen, wenn sie der Konkurrenz mit neuen bzw. weiterentwickelten Produkten auf dem gemeinsamen Markt gegenübertreten[374]. Neben Japan und den anderen Ländern des ostasiatischen Raums, insbesondere den aufstrebenden Tigerstaaten, gelten in nicht allzu ferner Zukunft auch einige Länder Osteuropas als starke Konkurrenten[375]. Dies ist zum Teil auf die Öffnung der Märkte zum Westen, zum Teil aber auch auf die geringen Lohnkosten und die Standortvorteile gegenüber dem lohnintensiven und stark regulierten Wirtschaftsstandort Deutschland zurückzuführen. Dieser Konkurrenz können die einzelnen Unternehmen nicht standhalten. Sie sind vielmehr darauf angewiesen, ebenfalls in den Bereichen der Forschung und Entwicklung eine optimale Aufteilung von Make or Buy zu finden und den Dialog mit der Wissenschaft zu fördern[376]. Auf diesen Rahmenbedingungen, begünstigt durch die Einführung leistungsfähiger Informations- und Kommunikationstechnologien, basiert die Entscheidung zur Kooperation, die Chancen, aber auch Risiken mit sich bringt.

1.2 Forschungs- und Entwicklungskooperationen als Instrument zur Steigerung der Wirtschaftlichkeit

Die Forschungs- und Entwicklungskooperation bringt für die Unternehmen nicht nur den Technologietransfer und die Steigerung des Basiswissens, also Knowhow-Austausch und gemeinsamen Know-how-Erwerb, sondern bildet auch die Grundlage zur Kostenminimierung[377], Zeit-, Risiko-[378] und Kapazitätsreduzierung[379]. Außerdem wird das Finanzpotential und die Sachmittelausstat-

---

[374] Vis a Vis international, Heft 1, 1996, S. 6, „Technologietransfer für die Zukunft".

[375] Handelsblatt vom 10.1.1996, „Deutschland kein High-Tech-Land".

[376] Reukauf, GRUR 1986, S. 415; Häussler, Neue Formen, gesetzliche Möglichkeiten und Finanzierungshilfen für die zwischenbetriebliche Zusammenarbeit (Kooperation), 1977, S. 13 f.

[377] Kostenvorteil durch Kostendegression aufgrund der Größe und Vermeidung von Doppelaktivitäten.

[378] Risikominimierung durch Fehlerausgleich und Investitionsaufteilung.

[379] Möffert, Der Forschungsvertrag, 1995, S. 1; Reukauf, a. a. O., S. 415; Staudt, Kooperationshandbuch, 1992, S. 3 ff. und S. 14 ff.

tung verstärkt. Der Unterhalt einer eigenen Forschungs- und Entwicklungsabteilung bedeutet für das einzelne Unternehmen bekanntlich einen hohen Kostenaufwand. Zur Durchführung einer Forschungsaufgabe bedarf es der Beschäftigung hochqualifizierter und lohnintensiver Mitarbeiter, des Unterhalts und der Einrichtung geeigneter Forschungsstätten und eines hohen Kostenaufwands für Versuchsmaterial. Darüber hinaus muß einem großen Zeitbedarf Rechnung getragen werden. Dennoch gibt es keine Garantie, schließlich zu einem verwertbaren Ergebnis zu gelangen. Abgesehen von dem hohen Risiko, ob sich der Aufwand lohnt, hat das einzelne Unternehmen schließlich auch das Risiko zu tragen, ob ein Mitbewerber bereits früher mit einer Parallelentwicklung das Ziel erreicht[380]. Deshalb ist es für viele Unternehmen, insbesondere die kleinen und mittleren, deren wichtigstes Wettbewerbsinstrument ihre Innovationsfähigkeit ist, ein überlebensnotwendiger Schritt, sich für die Kooperation zu entscheiden. Im Gegensatz dazu suchen Großunternehmen die Kooperation eher um „... a window on new technology ..." zu gewinnen[381]. Dies sind Motive, die gleichsam für die kooperative Forschung und Entwicklung und die externe Forschung und Entwicklung im Wege der Vertragsforschung sprechen. Für die externe Vertragsforschung können aber zudem noch Kosten- und Organisationsgesichtspunkte angeführt werden, die die Durchführung der eigenen Forschung ganz verbieten. Forschung auf Bestellung garantiert „... die gleichzeitige Erfüllbarkeit der Forderungen nach wirtschaftlicher, also stets gleichmäßiger Ausnutzung der eigenen Kapazität und nach einem qualitativ stets ausreichenden Leistungsstand ..."[382] Vertragsforschungseinrichtungen werden demnach am häufigsten von Unternehmen mit eigenen Forschungs- und Entwicklungsabteilungen beauftragt, da diese über den nötigen Sachverstand verfügen, eine Aufgabe genau festzulegen und deren Durchführung zu überprüfen[383]. Kooperationen haben also allgemein den Vorteil, daß sich die Unternehmen nur temporär an einen bestimmten Partner binden und sie für die Nutzung und Verwertung des angestrebten Know-hows keinen großen Ressourcenaufwand bereitstellen müs-

---

[380] Bartenbach, Zwischenbetriebliche Forschungs- und Entwicklungskooperation und das Recht der Arbeitnehmererfindung, 1985, S. 1 f.

[381] Forrest/Martin, R&D Management 22/1992, S. 41.

[382] Ullrich, Privatrechtsfragen der Forschungsförderung in der Bundesrepublik Deutschland, S. 46.

[383] Ebenda.

sen[384]. Schon im vergangenen Jahrzehnt wurden deshalb verstärkt Anstrengungen in diesem Bereich unternommen. Zum Ende der 80er Jahre gewann die Kooperation von Unternehmen im Bereich von Forschung und Entwicklung mit externen Partnern (Unternehmen, Forschungsinstitutionen und Hochschulen) nochmals an Bedeutung.

Zusammenfassend können also folgende betriebswirtschaftliche Ziele[385] einer Kooperation festgehalten werden:

- Erschließung eines bestimmten Marktes,
- Erschließung einer neuen Technologie bzw. eines neuen Know-how-Bereiches,
- Intensivierung der Forschungs- und Entwicklungsaktivitäten,
- Erzielung eines höheren Effizienzgrades durch die Ausschöpfung von Kostensenkungspotentialen,
- gleichmäßige Ausnutzung der eigenen Kapazität und ein qualitativ stets ausreichender Leistungsstand,
- Risiko- und Zeitminimierung von Forschungsvorhaben und
- Zeit- und Flexibilitätsgewinn.

1.3 Probleme einer Forschungs- und Entwicklungskooperation

Allerdings hat eine Kooperationsvereinbarung nicht nur Vorteile. Die einzelnen Kooperationspartner begeben sich auch in eine Reihe von rechtlichen Unsicherheiten. Probleme der Forschungs- und Entwicklungskooperation im rechtlichen Bereich sind insbesondere:

---

[384] Broll, Internationale Kooperation in der Forschung und Entwicklung (Ökonomische Aspekte der Vertragsgestaltung), in: Oberender/Streit (Hrsg.), Marktwirtschaft und Innovation, 1991, S. 101.

[385] Gerybadze, Innovation und Unternehmertum im Rahmen internationaler Joint-Ventures - Eine kritische Analyse, in: Laub/Schneider (Hrsg.), Innovation und Unternehmertum - Perspektiven, Erfahrungen, Ergebnisse, 1991, S. 142; Schneider/Zieringer, Innerorganisatorisches F&E-Management und F&E-Integration als Herausforderungen innovativen Unternehmertums: F&E zwischen E&F, in: Laub/Schneider (Hrsg.), Innovation und Unternehmertum - Perspektiven, Erfahrungen, Ergebnisse, 1991, S. 71.

B1 Gründe und Ziele von Forschungs- und Entwicklungskooperationen

- das Rechtsverhältnis der Kooperationspartner untereinander,[386]
- das Rechtsverhältnis der Kooperationspartner zum Entwicklungsgegenstand, insbesondere die Frage der Verwertung, und[387]
- das Rechtsverhältnis zu den Erfindern, insbesondere im Bereich der Arbeitnehmererfindervergütung[388].

Neben der rechtlichen Problematik ergeben sich aber auch eine Reihe praktischer Probleme[389]. Durch die Vielzahl der nun in die Projektentscheidungen einbezogenen Parteien kann es zu Kostennachteilen kommen, da die Kommunikation erschwert wird und längere Entscheidungszeiten, Reise- und Vertragskosten entstehen können. Zusätzlich können die Kooperationspartner die Zusammenarbeit als Flexibilitäts- und Eigenständigkeitsverlust empfinden, da sie sich nun mit dem Partner wegen der Nutzung der im Kooperationsprojekt gebundenen Ressourcen absprechen müssen. Schließlich wird es auch zur Offenlegung von Geschäftsgeheimnissen kommen müssen, die nicht nur den Austausch von Know-how - den Technologietransfer -, sondern auch Kalkulationskenntnisse und Marketingstrategien umfassen können.

Trotz der bestehenden Nachteile ist die Forschungs- und Entwicklungskooperation jedoch zweckmäßig, um die Innovationsfähigkeit des eigenen Unternehmens entscheidend zu verbessern und die Risiken einer eigenen Forschungs- und Entwicklungstätigkeit zu mindern. Allerdings lassen sich durch die Kooperation nicht alle Unternehmensziele erreichen und alle Risiken ausschalten. Auch einer Kooperation sind diesbezüglich Grenzen gesetzt. Die Kooperation an sich kann weder den Erfolg der Zusammenarbeit garantieren, noch Mängel in der Unternehmensqualifikation ausgleichen.

---

[386] Vgl. dazu Kapitel B3.
[387] Vgl. dazu Kapitel B3.
[388] Vgl. dazu Kapitel B2.
[389] Staudt, a. a. O., S. 5 und S. 16 ff.

1.4 Die Organisationsformen von Forschungs- und Entwicklungskooperationen

Zwischen den Extrempunkten der verschiedenen Organisationsformen für Forschung und Entwicklung - Eigenfertigung (Make) und Fremdbezug (Buy) - liegt eine Bandbreite anderer Erscheinungsformen. Grundsätzlich muß das Unternehmen die Entscheidung der geeigneten Organisationsform für jede singuläre Forschungs- und Entwicklungsleistung jedesmal neu treffen. Als Kooperationspartner bieten sich für die Unternehmen andere Industrieunternehmen (kooperative Forschung und Entwicklung), aber auch Universitäten, halbstaatliche Institute bzw. Gesellschaften und privatwirtschaftliche Unternehmen an, welche im Bereich der Invention und Innovation als Dienstleister tätig sind und in der Hauptsache Vertragsforschung betreiben (externe Forschung und Entwicklung)[390]. Abb. 5 zeigt mögliche Formen der Kooperationen.

Interne FuE		Kooperative FuE			Externe FuE	
Unternehmensinterne FuE-Abteilung	Übernahme von FuE durch Akquisition oder Fusion	Gemeinschafts-FuE	Koordinierte Einzel-FuE	Ergebnis-/ Erfahrungs-austausch	Vertrags-FuE	Lizenznahme[391]
hohe Bindungsintensität ◄─────────────────────────────► niedrige Bindungsintensität						

Abb. 5: Organisationsformen von Forschungs- und Entwicklungskooperationen[392]

---

[390] Wolff u. a., Forschungs- und Entwicklungskooperation von kleinen und mittleren Unternehmen, 1994, S. 64.

[391] Der Lizenz- und der Forschungsvertrag unterscheiden sich nicht nur durch den unterschiedlichen Zeitpunkt des vertraglichen Zugriffs, sondern auch durch wirtschaftlich grundverschiedene Erwerbssachverhalte. Der Lizenzgeber trägt neben dem technischen Risiko auch das Risiko der Lizenznachfrage allein. Das allgemeine Marktrisiko tragen sowohl Lizenzgeber als auch Lizenznehmer. Ullrich, Privatrechtsfragen der Forschungsförderung in der Bundesrepublik Deutschland, S. 43; zur Risikoverteilung bei der Vertragsforschung vgl. unten Kapitel B1.4.2.

[392] Schneider/Zieringer, a. a. O., S. 59.

B1 Gründe und Ziele von Forschungs- und Entwicklungskooperationen 109

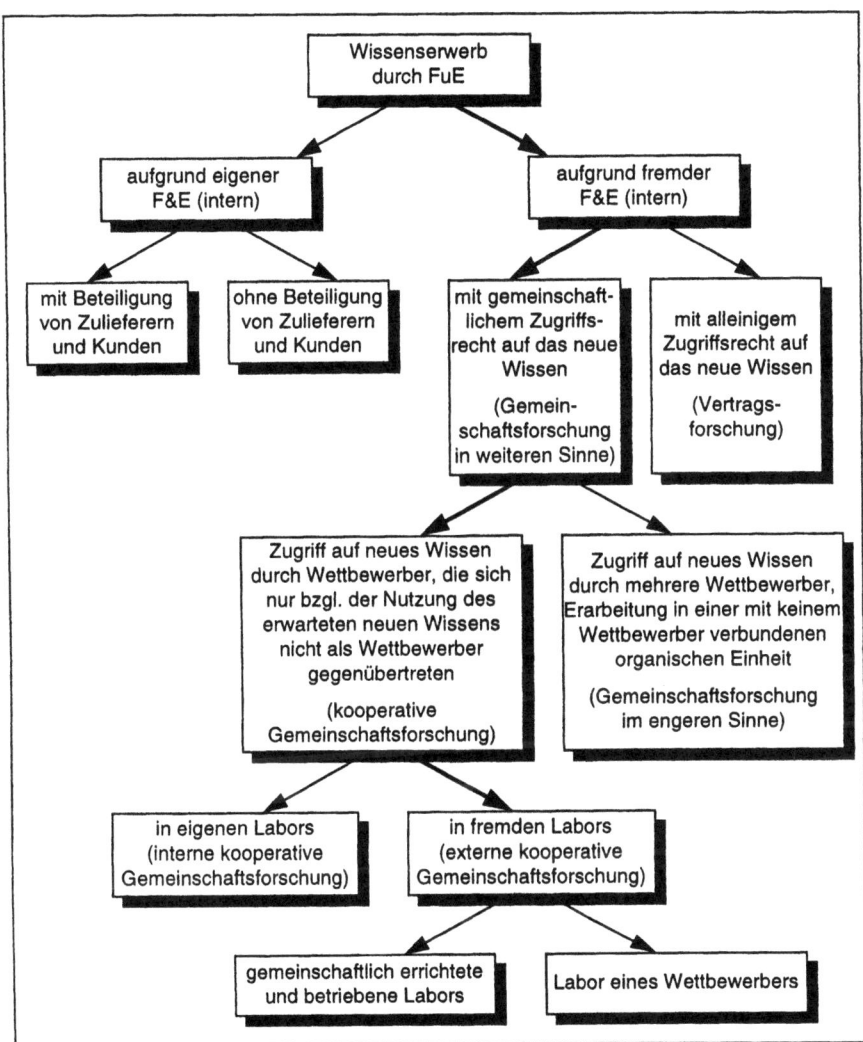

Abb. 6: Gliederung der Durchführungsmöglichkeiten von Forschung und Entwicklung nach institutioneller Aufteilung (ohne Mischformen)[393]

---

[393] In Anlehnung an Brockhoff, Forschung und Entwicklung: Planung und Kontrolle, 1994, S. 46.

Die vorliegende Arbeit beschäftigt sich nur mit der kooperativen sowie der externen Forschung und Entwicklung. Bei letzterer wiederum nur mit dem Bereich der externen Vertragsforschung. Abb. 6 soll die Durchführungsmöglichkeiten von Forschung und Entwicklung zusätzlich veranschaulichen.

1.4.1 Kooperative Forschung und Entwicklung

Innerhalb der kooperativen Forschung und Entwicklung führt jedes Unternehmen interne Forschungs- und Entwicklungsaktivitäten durch und nimmt zugleich in gewisser Weise externe Forschungs- und Entwicklungsarbeiten in Anspruch. Diese Form der Kooperation ist demnach eine Mischform zwischen interner und externer Forschung und Entwicklung[394]. Die oben aufgeführten Organisationsformen können je nach ihrer Bindungsintensität unterschieden werden. Zudem wird eine Unterscheidung nach Branchen vorgenommen: Unternehmen aus derselben Branche (horizontale Forschungs- und Entwicklungskooperation), aus verschiedenen Branchen (komplementäre Forschungs- oder Entwicklungskooperation) oder aus Zulieferindustrie und Handwerk (vertikale Forschungs- und Entwicklungskooperation)[395].

1.4.1.1 Gemeinschaftsforschung und -entwicklung

Im Vordergrund steht hier stets die kooperative Absicht, den durch die Kooperation erhaltenen Ressourcenpool langfristig gemeinsam zu nutzen und im Idealfall Schutzrechte zu erwerben. Zu den zahlreichen Erscheinungsformen sind die gemeinsame Vergabe von Forschungsaufträgen, Forschungsvereinigungen und die Gründung von Gemeinschaftsunternehmen zu zählen[396]. Die Unternehmensaktivitäten dieser Kooperationsformen gehen dabei von der vorwettbewerblichen Gemeinschaftsforschung und Forschungs- und Entwicklungsprojekten mit gleichzeitigem Personalaustausch[397], Joint-Ventures, bis hin zur gemeinsamen Produktentwicklung mit einem oder mehreren Partnern[398]. Die Ge-

---

[394] Ebenda, S. 60.

[395] Staudt, a. a. O., S. 7 f.

[396] Bartenbach, a. a. O., S. 7 ff.; Ullrich, GRUR 1993, S. 339; Wolff u. a., a. a. O., S. 54.

[397] Zum Wissenstransfer durch Personalaustausch vgl. v. Freyend/Haas, Wissenschaftstransfer durch Personalaustausch, in: Schuster (Hrsg.), Handbuch des Wissenschaftstransfers, 1990, S. 587 ff.

[398] Wolff u. a., a. a. O., S. 160.

meinschaftsforschung ist der typische Ausgangspunkt für die Entstehung von Miterfindungen und gibt durch die Zusammenarbeit von Arbeitnehmern aus verschiedenen Unternehmen oder von rechtlich selbständigen freien Erfindern die meisten Fragen im Bereich der Rechtsverhältnisse auf. Zwei Konstellationen sind vorstellbar:

- Entweder bleiben beide Forschungszentren den Mutterunternehmen unterstellt,
- oder es wird eine eigenständige, von den Mutterunternehmen unabhängige Tochtergesellschaft, bestehend aus den Forschungszentren, gegründet [399].

1.4.1.1.1 Die eigenständige, überbetriebliche Zusammenarbeit

Die Kooperationspartner vereinbaren diesbezüglich eine Zusammenarbeit auf einem bestimmten technischen Gebiet, ohne zu diesem Zweck gemeinsam ein Unternehmen zu gründen. Dabei kann es vorkommen, daß Mitarbeiter des jeweils anderen Unternehmens in der Forschungsabteilung des Kooperationspartners mitarbeiten. Es entstehen je nach Art der Kooperationspartner:

- mehrbetriebliche Arbeitnehmererfindergemeinschaften mit ausschließlicher Beteiligung von Arbeitnehmern der Kooperationspartner,
- freie Erfindergemeinschaften mit ausschließlicher Beteiligung von Erfindern ohne Arbeitnehmerstatus oder
- gemischte Erfindergemeinschaften, bestehend aus Arbeitnehmern der Kooperationspartner und freien Erfindern[400].

1.4.1.1.2 Gemeinschaftsunternehmen

Zum Zweck der gemeinschaftlichen Forschung wird von den Kooperationspartnern ein rechtlich selbständiges Unternehmen in der Rechtsform einer Gesellschaft (GmbH, OHG, KG etc.) gegründet. Auf dem vereinbarten speziellen technischen Gebiet wird die Forschung dann nur noch von dem Gemeinschaftsunternehmen, jedoch nicht mehr von den Kooperationspartnern selbst betrieben. Arbeitnehmer der Partner können an das Gemeinschaftsunternehmen abgeord-

---

[399] Kroitzsch, GRUR 1974, S. 177.
[400] Lüdecke, a. a. O., S. 9 ff.

net oder auch selbst eingestellt werden. Es kommt auch die freie Mitarbeiterschaft ohne Arbeitnehmerstatus in Betracht. Dadurch kann es zu einer Miterfinderschaft

- von Arbeitnehmern eines Arbeitgebers,
- zu einer mehrbetrieblichen Arbeitnehmererfindergemeinschaft,
- zu einer freien Miterfindergemeinschaft oder
- zu einer gemischten Miterfindergemeinschaft kommen.

Die Gründung eines Gemeinschaftsunternehmens bietet aber nicht nur die in der jeweiligen Gesellschaftsform immanenten Vorteile und Chancen, sondern ist auch mit den höchsten Risiken behaftet[401], weil sie hohe Anfangsaufwendungen verlangt und zur Verselbständigung neigt.

1.4.1.2 Koordinierte Einzelforschung

Die Bindungsintensität ist bei der koordinierten Einzelforschung nicht so stark ausgeprägt wie bei der Gemeinschaftsforschung, da sich die Unternehmen mit der Absicht auf bestimmte Forschungsgebiete spezialisieren, die einzelnen Forschungs- und Entwicklungsergebnisse zusammenzuführen bzw. gegenseitig auszutauschen[402]. Es besteht meist keine vertraglich begründete Berechtigung, auf die Forschungs- und Entwicklungsressourcen der Partner zurückzugreifen. Jeder Partner ist auf die Nutzung seines eigenen Know-hows beschränkt. Grundsätzlich setzen sich in diesem Fall die Kooperationspartner ein gemeinsames technisches Ziel und verteilen diesbezüglich die Aufgaben, an denen der einzelne dann eigenständig arbeitet, meist gesteuert durch gemeinsame Lenkungs- oder Koordinierungsausschüsse. Werden die Ergebnisse der Einzelforschung dann zusammengeführt, so ergibt dies im Idealfall die Lösung des gemeinsam formulierten technischen Problems. Miterfinderschaft tritt bei der FuE-Koordinierung oder dann auf, wenn das Zusammenfügen der Einzelforschungsergebnisse eine einheitliche Erfindung ergibt[403].

---

[401] Staudt, a. a. O., S. 38 ff.

[402] Machunsky, Forschungskooperation im Recht der Wettbewerbsbeschränkung, 1985, S. 6 f.

[403] Bartenbach, a. a. O., S. 7 ff.; Ullrich, GRUR 1993, S. 339; Wolff u. a., a. a. O., S. 54.

1.4.1.3 Erfahrungs- und Ergebnisaustausch

Da der Erfahrungs- und Ergebnisaustausch[404] häufig nur einen informellen, kurzfristigen und lockeren Charakter hat und nur im Zuge von Arbeitskreisen mit häufig wechselnden, nur sporadisch anwesenden Mitgliedern auftritt, ist die Bindungsintensität hier am geringsten[405]. Diese Art der Kooperation wird vor allem von technologieorientierten Unternehmen angewandt. Es bestehen dabei vielfältige Beziehungen in Netzwerken aus Unternehmen, innovationsorientierten Dienstleistungseinrichtungen und Forschungs- und Entwicklungsanbietern.

Jeder Kooperationspartner unterhält seine eigene Forschungs- und Entwicklungs-Abteilung, auf deren Organisation das andere Unternehmen jeweils keinerlei Einfluß ausübt. Die Zusammenarbeit kann sich nur auf ein bestimmtes technisches Gebiet beschränken, nur temporär oder auch global sein. Zweck dieser Organisationsform ist ein reiner Technologie- und Wissenstransfer, wobei jeder seine Ergebnisse allein und ohne Einwirkung oder Legitimation des anderen verwertet. Häufig ist Basis dieser nicht-koordinierten Einzelforschung ein Lizenz- oder Know-how-Vertrag oder die Zugehörigkeit zu einer Dachorganisation, wie einem Patentpool, einem Konzern oder einer Gütergemeinschaft. Miterfindungen sind dabei äußerst selten, weil es an einem tatsächlichen Zusammenwirken zur Lösung eines technischen Problems fehlt.

1.4.2 Externe Forschung und Entwicklung - Vertragsforschung

Abzugrenzen von der kooperativen Forschung ist die Vertragsforschung[406]. Während die kooperative Forschung Wettbewerbsvorteile für alle Kooperationspartner bringen soll, ist an den Forschungsergebnissen der Vertragsfor-

---

[404] Ebenda.

[405] Machunsky, a. a. O., S. 6 f.

[406] Zu den Vor- und Nachteilen der Auftrags- bzw. der Vertragsforschung gegenüber der unternehmenseigenen Forschung vgl. Düttmann, a. a. O., S. 63 ff.; eine andere Form der Vertragsforschung ist die öffentliche Auftragsvergabe durch den Staat. Dieser beauftragt ein Industrieunternehmen oder eine Wissenschaftseinrichtung mit der Entwicklung und der Produktion eines bestimmten Produkts. Auftraggeber sind in diesem Fall überwiegend das Bundesministerium für Forschung und Technologie und das Bundesministerium für Verteidigung (Reukauf, GRUR 1986, S. 416). Die öffentliche Auftragsvergabe ist nicht Gegenstand dieser Arbeit.

schung vor allem der Auftraggeber interessiert. Dies liegt nicht zuletzt an den häufig unzureichenden Verwertungsmöglichkeiten der Forschungsinstitute, die Vertragsforschung betreiben. Vertragliche Hauptleistung ist die entgeltliche Lieferung einer technischen Lehre für die Fertigung oder das Fertigungsverfahren der Produkte des Bestellers[407]. Im wesentlichen erfolgt hier ein Austausch von finanziellen Mitteln gegen Forschungsergebnisse. Dieser Fremdbezug von Forschungs- und Entwicklungsleistungen verfügt über die geringste Bindungsintensität.

Anbieter sind im Bereich der Wirtschaft[408] z. B.

- Ingenieurbüros,
- Tochtergesellschaften industrieller Unternehmen oder
- Entwicklungsabteilungen hochspezialisierter Unternehmen sowie
- Beratungsgesellschaften und freie Einzelentwickler,

im Wissenschaftsbereich öffentliche und private[409] Institutionen, z. B.:

- die reinen Vertragsforschungseinrichtungen wie das Battelle-Institut[410] und industriegetragene Verbandsinstitute. Unternehmensziel dieser Institute ist vorwiegend die Auftragsforschung[411].
- Aber auch Universitäten und staatlich abgesicherte Großforschungseinrichtungen und Forschungseinrichtungen[412], wie z. B. die GSF, das IPP, die DFVLR, bei denen die Vertragsforschung noch sekundäre, aber steigende Bedeutung hat[413].

---

[407] Ullrich, Privatrechtsfragen der Forschungsförderung in der Bundesrepublik Deutschland, S. 45.

[408] Ebenda, S. 47.

[409] Vgl. zur Darstellung der privaten Institutionen Graf Stenbock-Fermor, Außeruniversitäre Forschungseinrichtungen, in: Flamig u. a. (Hrsg.), Handbuch des Wissenschaftsrechts, BD. 2, S. 159 ff.

[410] Das Batelle-Institut ist weltweit die größte private Einrichtung für Vertragsforschung.

[411] Reitzle, Mitt 1992, S. 245.

[412] IHK-Ratgeber, Forschung und Technologie in Bayern, 1986, S. 62 ff.

[413] Reitzle, Mitt 1992, S. 245; staatliche Forschungseinrichtungen und Universitäten sind nur mit 1 - 2 % am nationalen Patentwesen beteiligt, was aber nichts über den tatsächlichen Ein-

B1 Gründe und Ziele von Forschungs- und Entwicklungskooperationen 115

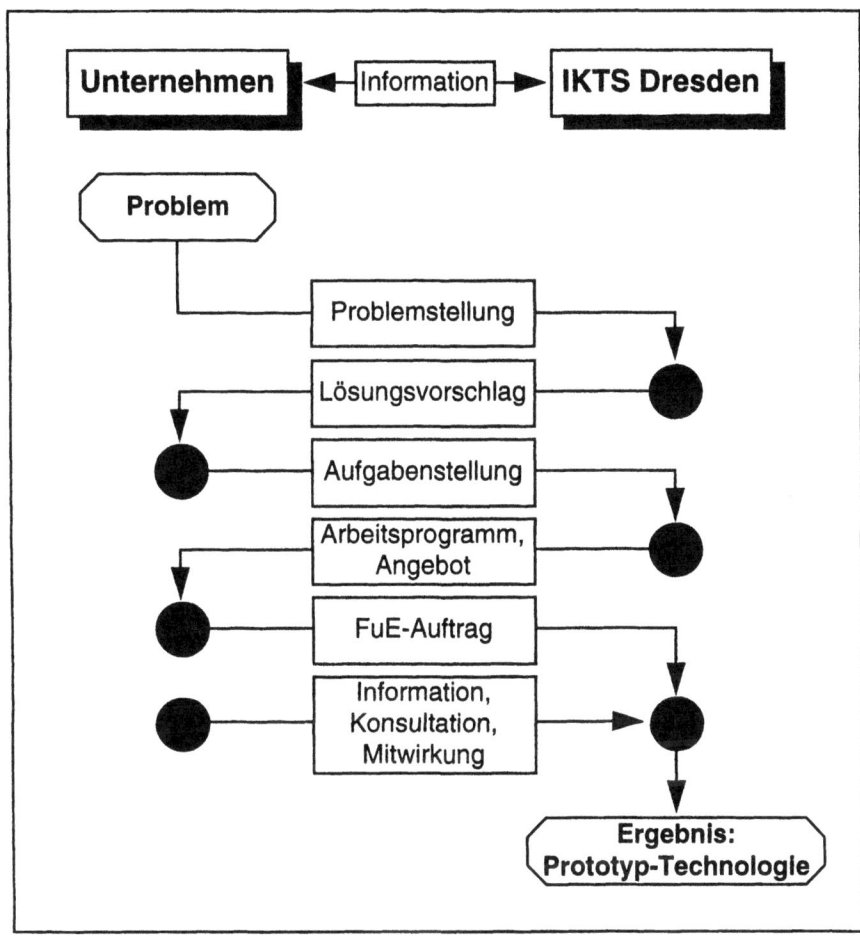

Abb. 7: Arbeitsweise in der Vertragsforschung am Bsp. des IKTS Dresden[414]

---

fluß in den betreffenden Bereichen aussagt, Gottlob, GRUR Int. 1991, S. 885; zur unterschiedlichen Einsatzfähigkeit ertragsabhängiger und staatlich abgesicherter Forschungseinrichtungen vgl. Ullrich, Privatrechtsfragen der Forschungsförderung in der Bundesrepublik Deutschland, S. 49.

[414] In Anlehnung an die Internet-Seite der Fraunhofer-Gesellschaft - Institut Keramische Technologien und Sinterwerkstoffe, AVL: URL: http://www.ikts.fhg.de/jb1995/Arbeitsweise/ 1bild1b.gif v. 21.6.1997.

Im Gegensatz zum Lizenzvertrag trägt bei der Vertragsforschung der Besteller allein das Marktrisiko, denn er bestimmt „... das Forschungsziel im Hinblick auf seine Einschätzung der Nachfrage von Erzeugnissen, die nach künftigem Wissen hergestellt werden sollen ..."[415] Aufgrund der Komplexität und des häufig auftraggeberspezifischen Zuschnitts sind regelmäßige Abstimmungsgespräche zur weiteren Vorgehensweise und etwaiger Änderung der Leistungsspezifität zwischen Auftraggeber und Auftragnehmer eine Voraussetzung für den Erfolg der Kooperation[416]. Angesichts der Arbeitsweise in der Vertragsforschung sind unternehmensübergreifende Miterfindungen häufig. Zur Verdeutlichung zeigt Abb. 7 die Arbeitsweise in der Vertragsforschung beispielhaft anhand einer Grafik für die Fraunhofer-Gesellschaft.

1.5 Die Häufigkeit von Forschungs- und Entwicklungskooperationen

Genaue Angaben über die Häufigkeit von Forschungs- und Entwicklungskooperationen als solche oder sogar ihrer verschiedenen Organisationsformen zu machen, erweist sich als äußerst schwierig. Die Literatur weist keine aktuellen Evaluationen aus. Dies bestätigte auch die Auskunft des ISI-Karlsruhe[417], nach der es derzeit keine aktuelle Evaluierung anhand der angemeldeten Patente gibt, da alle Versuche der letzten Zeit schon an Problemen der methodischen Zuordnung gescheitert sind. Allerdings wurde vom Ifo-Institut für Wirtschaftsforschung 1988 eine empirische Untersuchung veröffentlicht, die auf einer Erhebung im Kreis von Industrieunternehmen beruhte, die im Zeitraum von 1982 bis 1986 Erfindungen zum Patent beim Deutschen Patentamt angemeldet hatten[418]. Diese kam zum damaligen Zeitpunkt für die organisatorische Form und Durchführung von Forschungs- und Entwicklungsaktivitäten zu folgendem Ergebnis:

---

[415] Ullrich, Privatrechtsfragen der Forschungsförderung in der Bundesrepublik Deutschland, S. 44.

[416] Schneider/Zieringer, a. a. O., S. 61.

[417] Interview mit Dr. Knut Koschatzky, Fraunhofer-Institut für Systemtechnik und Innovationsforschung, am 19.6.1997.

[418] Täger, Technologie- und wettbewerbspolitische Wirkungen von Forschungs- und Entwicklungskooperationen - Eine empirische Darstellung und Analyse, 1988, S. 17 ff.

FuE-Aktivitäten	Häufigkeit der Meldungen in % (Mehrfachnennungen möglich)
überwiegend interne FuE	96
Externe Vertragsforschung	36
Kooperative FuE	26

Abb. 8: *Prozentuale Verteilung der Kooperationsformen*[419]

Die hohe Zahl von 26 % der an einer kooperativen Forschung und Entwicklung beteiligten Unternehmen erklärt die Studie zum einen mit der Berücksichtigung von horizontalen Kooperationen aus Zulieferverhältnissen und der Zusammenarbeit aus industrieller Gemeinschaftsforschung (z. B. von AIF-Instituten oder Fraunhofer-Instituten). Zum anderen haben die befragten Unternehmen wohl aber auch die Vertragsforschung unter die kooperative Forschung gefaßt, wenn die Arbeitsweise die Bereitstellung von Personal des Auftraggebers erforderte.

Bei der Nutzung der verschiedenen Formen kooperativer Forschung und Entwicklung zeigten sich erhebliche Unterschiede, wie Abb. 9 wiedergibt. Die Befragung der Unternehmen ließ erkennen, daß diese Verteilung vor allem durch die jeweils aus der Kooperationsform heraus resultierenden beiderseitigen Verpflichtungen, den notwendigen finanziellen und personellen Voraussetzungen und dem rechtlichen Gestaltungsumfang von Vereinbarungen über die spätere Verwertung der marktfähigen Ergebnisse bedingt ist. Der bloße Erfahrungsaustausch verpflichtet die Unternehmen eben nicht zur Offenlegung von Knowhow. Die koordinierte Einzelforschung hat die relativ starke Unabhängigkeit bei den individuellen Forschungs- und Entwicklungsaktivitäten innerhalb eines gemeinsamen Projekts zum Vorteil, während die Gemeinschaftsforschung zu einer langfristigen und sehr intensiven Bindung führt, aus der heraus die Firmen um den Verlust ihrer Fachkompetenz auf dem kooperationsrelevanten Gebiet

---

[419] Täger, a. a. O., S. 18.

118   B DIE MITERFINDUNG IN DER FORSCHUNGS- UND ENTWICKLUNGSKOOPERATION

Formen der Zusammenarbeit	... % der Unternehmen nehmen folgende Formen der FuE-Zusammenarbeit in Anspruch (Mehrfachnennungen möglich)		
	häufig	selten	nicht/ o. Angabe
Organisierter Ergebnis- und Erfahrungsaustausch (ohne direkte Zusammenarbeit)	26	30	44
Koordinierte Einzelforschung für ein gemeinsames FuE-Projekt (ohne Zusammenlegung der FuE-Aktivitäten)	52	28	20
Gemeinsame Durchführung der FuE-Aktivitäten (mit Zusammenlegung)	11	16	73
Gemeinsame FuE-Aktivitäten in einem dafür gegründeten Gemeinschaftsunternehmen	4	9	88

Abb. 9: Nutzungshäufigkeit wesentlicher Formen[420]

fürchten. Durch die enge Verflechtung im Rahmen der Kooperationsvereinbarung besteht überdies zu befürchten, daß auch die Unternehmenspolitik hinsichtlich der koordinierten Forschungs- und Entwicklungsaktivitäten beeinflußt wird[421]. Das der Spezialisierung durch sachliche Aufteilung des Forschungsvorhabens und der Zuweisung von Teilaufgaben der Vorzug vor der Gemeinschaftsbildung gegeben wird, liegt an dem besseren Schutz der Unternehmen für ihr eigenes Know-how und für die spätere Verwertung des neuen Know-hows[422].

Ein Zusammenhang wurde auch zwischen der Unternehmensgröße, ihren Forschungs- und Entwicklungsaktivitäten und ihren kooperativen Aktivitäten auf

---

[420] Täger, a. a. O., S. 42.
[421] Täger, a. a. O., S. 42 ff.
[422] Ullrich, GRUR 1993, S. 339.

B1 Gründe und Ziele von Forschungs- und Entwicklungskooperationen

Beschäftigten-größenklassen	... % der Unternehmen betreiben ihre FuE-Aktivitäten in folgender organisatorischer Form (Mehrfachnennungen möglich)		
von ... bis ... Beschäftigte	überwiegend intern	externe Vertragsforschung	kooperative Fue
unter 100	95	25	21
100 - 250	97	34	18
251 - 500	96	35	22
501 - 1000	97	40	28
1001 - 2000	98	49	29
2001 - 5000	97	57	42
5001 und mehr	99	65	62
insgesamt	96	36	26

Abb. 10: *Organisation der Forschungs- und Entwicklungsaktivitäten von Industrieunternehmen nach Beschäftigtengrößenklassen*[423]

den relevanten Forschungs- und Entwicklungsfeldern anhand der Befragung von 1225 Unternehmen nachgewiesen. „... Großunternehmen mit einem umfangreichen Programm von technologieintensiven Produkten unterhalten tendenziell häufiger und mehr kooperative Forschungs- und Entwicklungsaktivitäten mit anderen Unternehmen als kleinere Unternehmen, die infolge ihrer z. T. recht beschränkten Produktpalette und ihrer manchmal weniger forschungsintensiven Produkt- und Fertigungstechnologien seltener kooperative Forschungs- und Entwicklungsaktivitäten entfalten ..."[424] Dies wurde mit der Gefahr einer langfristigen und technologischen Abhängigkeit vom größeren Kooperationspartner begründet.

Zur Branchenherkunft befragt, ergab sich für die kooperierenden Unternehmen schließlich das folgende Bild:

---

[423] Ebenda, S. 21.
[424] Täger, a. a. O., S. 19.

Die Unternehmen hatten FuE-Kooperationen überwiegend mit ...	Häufigkeit der Meldungen (Mehrfachnennungen möglich)
Unternehmen gleichartigem Produktprogramm	27 %
Unternehmen des gleichen Wirtschaftszweiges	43 %
Unternehmen des gleichen Technologieschwerpunktes	48 %
Unternehmen und Forschungseinrichtungen • aus dem Inland • aus dem Ausland	83 % 26 %

Abb. 11: Gesamtbild der Herkunft der Partnerunternehmen [425]

Daran ist zu erkennen, daß die Unternehmen den gleichen Wirtschaftszweig und den gleichen Technologieschwerpunkt als gute Kooperationsbasis ansahen. Das etwas mehr Zurückhaltung bei einer gleichartigen Produktpalette geübt wurde, läßt sich wohl damit begründen, daß der Kooperationspartner hier immer zugleich der potentielle Wettbewerber ist. Die Studie ist weiter zu dem Ergebnis gekommen, daß größere Unternehmen ab 500 Beschäftigte die Kooperation mit Unternehmen bevorzugen, die gleiche technologische Probleme aufweisen, während kleinere Unternehmen Kooperationspartner mit gleichartiger Produktpalette oder aus dem gleichen Wirtschaftszweig den Vorzug geben. Begründet wird dies damit, daß größere Unternehmen in einem möglichst branchenfremden Partner die Sicherung ihres Wettbewerbsvorsprungs sehen. Wogegen zu große Identität der Unternehmensfelder zu einer Einengung oder Beschränkung ihres Wettbewerbshandelns führen könnte[426].

Im Gegensatz zur Häufigkeit von Forschungs- und Entwicklungskooperationen lassen sich aktuelle Aussagen über die finanziellen Aufwendungen der Wirtschaft in diesem Bereich machen. Die Gesamtausgaben der privaten Wirtschaft

---

[425] Ebenda, S. 24.

[426] Ebenda, S. 26, 28; an diesem Punkt wird in Kapitel B3.5 bei der Vertragsgestaltung anzuknüpfen sein, wenn es um das Problem der Benutzung der Miterfindung durch die Kooperationspartner geht.

B1 Gründe und Ziele von Forschungs- und Entwicklungskooperationen 121

für Forschung und Entwicklung betrugen 1995 laut einer Erhebung des „Stifterverbands für die Deutsche Wirtschaft"[427] in Deutschland knapp 60 Mrd. DM (+ 2 % zu 1994). Davon wurden insgesamt 51,6 Mrd. DM in die interne Forschung und Entwicklung investiert und nur 7,8 Mrd. DM in die externe Vertragsforschung durch andere Unternehmen, private Forschungsinstitute und Hochschulen[428]. Am meisten gab dabei das verarbeitende Gewerbe mit knapp 56 Mrd. DM für die interne und externe Forschung und Entwicklung aus. Den größten Anteil daran hatte der Stahl-, Maschinen und Fahrzeugbau mit insgesamt knapp 26,5 Mrd. DM (intern 22,44 Mrd. DM, extern 4.04 Mrd. DM), gefolgt von der Elektrotechnik mit insgesamt 15,4 Mrd. DM (intern 14 Mrd. DM, extern 1.4 Mrd. DM), und der Chemischen Industrie mit insgesamt knapp 10,7 Mrd. DM (intern 9,84 Mrd. DM, extern 0,82 Mrd. DM)[429]. Von der Vertragsforschung machten nur wenige Firmen Gebrauch. Dabei war auch hier die Metallverarbeitung am besten vertreten, die jede 7. Mark ihres Forschungsetats an externe Einrichtungen fließen ließ. Zum Vergleich erwirtschaftete die Fraunhofer-Gesellschaft 1996 610 Mio. DM aus der Vertragsforschung, wobei dies auch Staatsaufträge erfaßt. Die Fraunhofer-Gesellschaft kooperierte 1996 mit insgesamt 2.700 Kunden aus der Wirtschaft. Zwei Drittel davon zählten zu den kleinen und mittleren Unternehmen[430]. Allerdings bemerkt auch die Fraunhofer-Gesellschaft ausdrücklich eine Nachfragestagnation und Angebotsinflation auf dem Vertragsforschungsmarkt[431]. Dies ist nicht zuletzt darin begründet, daß aufgrund der knappen öffentlichen Mittel auch die öffentlich geförderten Forschungseinrichtungen auf den Markt drängen und zudem die Forschungsabteilungen großer Unternehmen vermehrt ihre Dienstleistungen anbieten.

---

[427] Vgl. iwd, Unternehmen denken selbst, v. 8.2.96, S. 2. Es ist davon auszugehen, daß die kooperative Forschung von den Zahlen der internen Forschung und Entwicklung mit erfaßt wird.

[428] Ebenda.

[429] Ebenda.

[430] Aus der Internet-Seite der Fraunhofer-Gesellschaft, AVL. URL: http://www.fhg.de/german/presse/jahresbe/jb1996/jb96-08.htm v. 13.6.1996.

[431] Ebenda.

2 Problembereiche aus dem Recht der Arbeitnehmererfindung

Erfindungen im Rahmen von Forschungs- und Entwicklungskooperationen können besondere Fragen des Arbeitnehmererfindungsrechts (ArbNErfG) aufwerfen[432]. Probleme ergeben sich - neben der Frage der Miterfinderschaft[433] -

- im Rahmen der Bestimmung des für die Einordnung als Diensterfindung maßgeblichen Arbeitgebers,
- im Rahmen der Zuordnung des Arbeitsergebnisses zum jeweiligen Kooperationspartner,
- im Rahmen der Inanspruchnahme der Erfindung durch die unterschiedlichen Kooperationspartner und
- im Rahmen der Erfindervergütung, bei der Beurteilung der Anteile der jeweiligen Arbeitnehmer an der Erfindung und der unterschiedlichen Verwertungsmöglichkeiten der Arbeitgeber[434].

2.1 Die Miterfindung als Diensterfindung

Die Kooperationspartner haben in der Regel ein starkes Interesse an der Verwertung der neuen Technologie. Ob sie Rechte an der Erfindung geltend machen können, ergibt sich aus der Abgrenzung zwischen Diensterfindung und freier Erfindung, § 4 ArbNErfG[435], nur die Diensterfindung erlaubt eine Inanspruchnahme durch den Arbeitgeber, §§ 5 - 17 ArbNErfG, während der Arbeit-

---

[432] Zum Stand der Diskussion über die Existenzberechtigung des Arbeitnehmererfindungsgesetzes siehe sehr kritisch: Staudt, Mühlemeyer, Kriegesmann, zfo 1993, S. 100 ff.

[433] Vgl. dazu A4.

[434] Insbesondere betroffen sind hier Miterfindergemeinschaften aus Kooperationen von Industrie und Wissenschaft oder von der Größe nach sehr unterschiedlichen Unternehmen.

[435] Aufgrund des im heutigen Patentrecht geltenden Erfinderprinzips ist die Annahme einer Betriebserfindung als dritte Alternative nicht mehr möglich; vgl. dazu Kapitel A2.2.

B2 Problembereiche aus dem Recht der Arbeitnehmererfindung

nehmererfinder bei der freien Erfindung lediglich eine Mitteilungs- und gegebenenfalls eine Anbietungspflicht[436] hat, §§ 18, 19 ArbNErfG[437].

Nach der Legaldefinition des § 4 Abs. 2 ArbNErfG[438] gilt als Diensterfindung entweder eine während des Arbeitsverhältnisses[439] fertiggestellte[440] Obliegenheitserfindung, § 4 Abs. 2 Nr. 1 ArbNErfG, oder eine Erfahrungserfindung, § 4 Abs. 2 Nr. 2 ArbNErfG. Die Abgrenzung zur freien Erfindung gestaltet sich - abhängig von der Ausgestaltung der Forschungs- und Entwicklungskooperation - oftmals schwierig, weil bestimmt werden muß, welcher der Kooperationspart-

---

[436] Zur nichtausschließlichen Nutzung, wenn die Erfindung im Zeitpunkt des Angebots in den vorhandenen oder vorbereiteten Arbeitsbereich des Unternehmens des Arbeitgebers fällt.

[437] Der Anteil an verwerteten freien oder freigewordenen Erfindungen beträgt weit unter 5 % (Bartenbach/Volz, a. a. O., § 4 ArbNErfG, Rdn. 48). Die Beweislast für das Vorliegen einer Diensterfindung trägt der Arbeitgeber (Volmer/Gaul, a. a. O., § 4 ArbNErfG Rdn. 106 ff., 129 ff., 139). Zur kostenfreien Entscheidung im Streitfall ist die Schiedsstelle berufen, die gemäß § 28 ArbNErfG ihren Sitz beim Deutschen Patentamt hat. Scheitert die gütliche Einigung vor der Schiedsstelle, so erfolgt eine gerichtliche Entscheidung einer Kammer für Patentsachen, §§ 37 ff. ArbNErfG in Verbindung mit § 143 PatG.

[438] Gemäß § 22 ArbNErfG kann vor der Meldung der Erfindung gemäß § 5 ArbNErfG der Begriff der Diensterfindung nicht zuungunsten des Arbeitnehmers erweitert werden. Eine engere innerbetriebliche Auslegung des Diensterfindungsbegriffs müßte zwar rechtlich möglich sein, weil sie die Bandbreite der freien Erfindung erweitert und deshalb zugunsten des Arbeitnehmererfinders wirkt, ist tatsächlich aber eher unwahrscheinlich, da sich das Unternehmen dadurch von vornherein den unbeschränkten Zugriff auf bestimmte Erfindungen versperren würde.

[439] Entscheidend ist das rechtliche und nicht das tatsächliche Arbeitsverhältnis, also der rechtliche Beginn und die rechtliche Beendigung, und nicht die tatsächliche Arbeitsaufnahme und der tatsächlich letzte Arbeitstag (BGH v. 18.5.71, GRUR 1971, 407 (Schlußurlaub); Reimer/Schade/Schippel, a. a. O., § 4 ArbNErfG Rdn 16 ff. mwN und Beispielen; Volmer/Gaul, a. a. O., § 4 ArbNErfG Rdn. 49 ff., 55 ff.; Bartenbach/Volz, a. a. O., § 4 ArbNErfG Rdn. 10 ff.; Tetzner, Leitfaden des Patent-, Gebrauchsmuster- und Arbeitnehmererfindungsrechts der Bundesrepublik Deutschland, S. 283 f.; Bernhardt/Kraßer, a. a. O., S. 252 f.). Allerdings ist ausnahmsweise bei einem rein faktischen Arbeitsverhältnis wegen eines nichtigen Arbeitsvertrages die tatsächliche Arbeitsaufnahme und Beendigung maßgeblich. Demnach ist weder der Urlaub, eine Beurlaubung am Schluß des Arbeitsverhältnisses, Arbeitsunfähigkeit noch ein lediglich suspendierend wirkender Streik für die Annahme einer Diensterfindung hinderlich. Wird die Erfindung erst nach Beendigung des Arbeitsverhältnisses fertiggestellt, so ist sie keine Diensterfindung im Sinne des § 4 ArbNErfG, selbst wenn der Erfinder die entscheidenden Impulse aus seinem früheren Arbeitsverhältnis entnommen hat.

[440] Es kommt jedoch nicht darauf an, ob er die Arbeiten zur Lösung des technischen Problems schon in dem Betrieb begonnen hat, indem die Erfindung fertiggestellt wurde.

ner die Arbeitgeberposition innehat und damit einerseits den Bereich der Diensterfindungen bestimmt, andererseits inanspruchnahmeberechtigt und vergütungspflichtig ist.

2.1.1 Abgrenzung der Diensterfindung von der freien Erfindung

Im Rahmen dieser Abgrenzung ist lediglich auf objektive Kriterien abzustellen, der Wille der Arbeitsvertragsparteien ist nicht entscheidend[441], auch nicht der Ort (innerhalb oder außerhalb der Betriebsräume des Arbeitgebers), der Zeitpunkt (Arbeits- oder Freizeit[442]) oder die Quelle der eingesetzten finanziellen Mittel[443].

2.1.1.1 Die Obliegenheitserfindung[444]

Eine Obliegenheitserfindung ist anzunehmen, wenn sie aus der dem Arbeitnehmer[445] im Betrieb obliegenden Tätigkeit entstanden ist. Wird ein Arbeitnehmer im Rahmen einer Forschungs- und Entwicklungskooperation mit der Mitarbeit an der Lösung eines bestimmten technischen Problems betraut, so wird also in aller Regel eine Diensterfindung vorliegen, da üblicherweise ein konkreter Forschungs- und Entwicklungsauftrag gegeben ist. Grundlage der Obliegenheitserfindung ist jedoch nicht nur die Übertragung eines bestimmten Forschungs- oder Entwicklungsvorhabens allein oder im Team. Der Begriff der dem Arbeitnehmer obliegenden Tätigkeit ist vielmehr weitreichender als die spezifische

---

[441] So bereits die durch Gesetz überholte Rechtsprechung des RG z. B. v. 2.2.1887, JW 1887, S. 209 ff.; Volmer/Gaul, a. a. O., § 4 ArbNErfG Rdn. 34 ff.; vgl. auch Anmerkung zu § 22 ArbNErfG; möglich ist allerdings eine übereinstimmende tatsächliche Klärung bei unterschiedlichen Auffassungen über den maßgeblichen Sachverhalt für das Entstehen der Erfindung.

[442] RG v. 9.7.19, JW 1920, S. 382 ff.; BGH v. 18.5.71, GRUR 1971, S. 407 (Schlußurlaub).

[443] Bartenbach/Volz, a. a. O., § 4 ArbNErfG Rdn. 15.

[444] Z. T. wird dieser Begriff kritisiert, da er den Eindruck erwecken könne, der Arbeitnehmer sei zur Erfindung qua Arbeitsvertrag verpflichtet, und statt dessen der Begriff der Aufgabenerfindung verwandt. Dieser Begriff ist jedoch nicht weniger zweideutig, da er auch als Bezeichnung für die Erfindung durch den Aufgabensteller herhalten muß. Auch der teilweise verwendete Begriff der Auftragserfindung ist nicht vorzuziehen, da Auftragserfindungen kein Arbeitsverhältnis voraussetzen. Es wird deshalb für diese Arbeit am zugegebenermaßen zweideutigen Begriff der Obliegenheitserfindung festgehalten.

[445] Zum Begriff des Arbeitnehmers im ArbNErfG vgl. eingehend Volmer, GRUR 1978, S. 329 ff.

Aufgabe, die er im Wege einer Erfindung löst. Entscheidend für die Einordnung als Obliegenheitserfindung ist der tatsächlich zugewiesene Tätigkeits- und Pflichtenkreis des Arbeitnehmers im Unternehmen[446]. Fehlt ein ausdrücklich oder stillschweigend erteilter Auftrag, so kann zumindest aus der Abordnung zur Arbeit innerhalb der Kooperation ein entsprechender Tätigkeits- und Pflichtenkreis zu entnehmen sein[447].

Bei der Festlegung des Umfangs des hierbei zu betrachtenden Tätigkeits- und Pflichtenkreises dürfen die Grenzen nicht zu eng gesteckt werden. Nicht nur die arbeitsvertragliche Zuordnung zu einem bestimmten Tätigkeitsgebiet in dem Betrieb ist ausschlaggebend, vielmehr sind im Rahmen einer Betrachtung der Umstände des Einzelfalls auch die Einflüsse und Einwirkungen aus anderen Betriebsbereichen hinzuzuziehen, soweit der Arbeitnehmer mit diesen aus seiner Tätigkeit heraus in Kontakt steht. Auszugehen ist demnach von einer natürlichen Betrachtungsweise, die den Gegenstand der Erfindung kausal[448] mit der arbeitsvertraglich begründeten Funktion des Erfinders verbindet, und nicht von der konkreten vertraglichen Aufgabenstellung[449]. Maßgeblich ist demzufolge das tatsächliche Arbeitsgebiet des Erfinders. Dabei ist zu beachten, daß eine sehr weitgefaßte Aufgabenstellung, insbesondere eine Funktion, die die Überwachung und Verbesserung von Produktions- und Arbeitsabläufen beinhaltet, auch ein sehr weites Spektrum für mögliche Diensterfindungen mit sich bringen kann[450]. Vor allem kann von Arbeitnehmern, die im Bereich der Forschung und

---

[446] Reimer/Schade/Schippel, a. a. O., § 4 ArbNErfG Rdn. 8.

[447] Vgl. auch Bartenbach/Volz, a. a. O., § 4 ArbNErfG Rdn. 14.1.

[448] Für die Kausalität des Tätigkeits- und Pflichtenkreises für die Erfindung ist nicht die Art und Weise der Problemlösung oder deren Kenntnisquelle maßgeblich, sondern die Quelle des technischen Problems. Zu den Kausalitätsproblemen vgl. insbesondere Volmer/Gaul, a. a. O., § 4 ArbNErfG Rdn. 103 ff.; Bartenbach/Volz, a. a. O., § 4 ArbNErfG Rdn. 33 f.

[449] Volmer/Gaul, a. a. O., § 4 ArbNErfG Rdn. 74.

[450] Die Entscheidungen der Schiedsstelle gehen bei der Feststellung des "Ob" einer obliegenden Tätigkeit zum Teil sehr weit. Zum Beispiel wurde die Erfindung eines in leitender Stellung tätigen Volkswirts, der für die Bereiche der Marktforschung und Absatzplanung zuständig war und im Rahmen dieser Tätigkeit in intensivem Kontakt zu der technischen Leitung stand, als Diensterfindung gewertet. Reimer/Schade/Schippel, a. a. O., § 4 ArbNErfG Rdn. 9 mit weiteren Beispielen; zu den weiteren Spezialfällen der Anregungserfindung, der betrieblichen Auslobung, der Vertretung eines Kollegen vgl. Volmer/Gaul, a. a. O., § 4 ArbNErfG Rdn. 89 ff.; weitere Beispiele siehe auch Bartenbach/Volz, a. a. O., § 4 ArbNErfG Rdn. 30 ff.; Bernhardt/Kraßer, a. a. O., S. 253.

Entwicklung mit höher qualifizierten Tätigkeiten betraut sind, erwartet werden, daß sie auf die Lösung von technischen Problemen bedacht sind. Schließlich sind weder die Höhe der Arbeitnehmervergütung noch seine Schul- bzw. Berufsausbildung als Indizien für das Vorliegen einer Diensterfindung relevant [451].

2.1.1.2 Die Erfahrungserfindung

Gehört die Erfindung nicht zum tatsächlichen Arbeitsgebiet des Arbeitnehmers und gilt somit nicht als Obliegenheitserfindung, so kommt eine Erfahrungserfindung in Betracht. Dazu muß die Erfindung maßgeblich auf den Erfahrungen oder Arbeiten des Betriebes beruhen. Das Institut der Erfahrungserfindung wurzelt in der Absicht des Gesetzgebers, daß auch der Anteil des Betriebes an der Erfindung, also der innerbetriebliche Stand der Technik[452], Berücksichtigung finden muß, soweit er dem Erfinder zugänglich ist[453]. Für die Erfahrungserfindung genügt jedoch nicht das bloße Vorliegen des innerbetrieblichen Standes der Technik. Nach dem Gesetzeswortlaut des § 4 Abs. 2 Nr. 2 ArbNErfG muß die Erfindung vielmehr „maßgeblich" darauf beruhen. Die Erfahrungen oder Arbeiten des Betriebes müssen also über ihre bloße Zugänglichkeit für den Erfinder hinaus auf die Erfindung einen erheblichen Einfluß gehabt haben und vom Erfinder auch tatsächlich benutzt worden sein. Wie aus dem unbestimmten Rechtsbegriff der Maßgeblichkeit folgt, ist hierfür die bloße Kausalbeziehung zwischen Erfahrung und Erfindung nicht ausreichend[454]. Ansonsten würde die Existenz der freien Erfindung, die außerhalb des Arbeitsbereiches des Arbeitnehmers liegt, leerlaufen, wenn der Arbeitnehmer durch die betriebliche Tätigkeit den Anstoß zu dieser Erfindung bekommen hat. Als maßgeblich für die Er-

---

[451] Volmer/Gaul, a. a. O., § 4 ArbNErfG Rdn. 100.

[452] Der innerbetriebliche Stand der Technik kann vom allgemeinen Stand der Technik nach oben oder nach unten abweichen, wobei eine schutzfähige Erfindung gemäß § 3 PatG eine technische Lösung erfordert, die über dem allgemeinen Stand der Technik liegt. Zum innerbetrieblichen Stand der Technik ist auch das Wissen des Erfinders selbst zu zählen, soweit es dem Arbeitnehmer aus seinem Tätigkeitsbereich entstanden ist. Dieses Wissen geht in den allgemeinen Wissensstand des Unternehmens über.

[453] Zum Begriff der Erfahrungen vgl. die beispielhafte Aufzählung in Bartenbach/Volz, a. a. O., § 4 ArbNErfG Rdn. 39; Reimer/Schade/Schippel, a. a. O., § 4 ArbNErfG Rdn. 11, 12; Volmer/Gaul, a. a. O., § 4 ArbNErfG Rdn. 112 ff.

[454] Der Gesetzgeber hat bewußt die reine Anregungserfindung nicht zu den Diensterfindungen gerechnet; Bernhardt/Kraßer, a. a. O., S. 254 mit Verweis auf die amtliche Begründung zum ArbNErfG.

findung wird man die Erfahrungen und Arbeiten des Betriebes jedoch dann betrachten müssen, wenn der Arbeitnehmer das technische Problem der Beobachtung von betrieblichen Mängeln, den Hinweisen von Vorgesetzten oder der Besprechung mit Mitarbeitern entnommen hat, wenn also die Erfahrungen und Arbeiten des Betriebes in bestimmendem Umfang zur Entwicklung der schutzwürdigen Erfindung geführt haben[455]. Im übrigen muß die Maßgeblichkeit jeweils nach den konkreten Umständen des Einzelfalls beurteilt werden.

Im Rahmen von Forschungs- und Entwicklungskooperationen zählen zu den relevanten Erfahrungen des Unternehmens nicht nur das eigene, schon vorhandene Know-how oder das durch die Kooperation neu entstandene, sondern auch das Know-how, das der andere Kooperationspartner in die Forschungs- und Entwicklungsarbeit mit eingebracht hat[456]. Diese Verbindung von eigenem und eingebrachtem Know-how zur Erzielung von Forschungsergebnissen stellt den eigentlichen Sinn einer Forschungs- und Entwicklungskooperation dar. Im Ergebnis sind die Begriffe „Erfahrungen" und „Arbeiten" also sehr weit auszulegen.

2.1.2 Der maßgebliche Arbeitgeber

Die Regelungen des ArbNErfG betreffen nur das Verhältnis der Arbeitsvertragsparteien. Daraus folgt, daß sich das Vorliegen einer Diensterfindung ausschließlich im Verhältnis zum jeweiligen Arbeitgeber bestimmt[457]. Ebenso aber wie der Begriff des Arbeitnehmers hat auch der des Arbeitgebers im ArbNErfG keine Regelung gefunden. Allein mit der allgemeingültigen Definition, daß derjenige der Arbeitgeber sei, auf dessen Rechnung und in dessen Namen ein anderer beschäftigt ist[458], kommt man bei unternehmensübergreifenden Miterfindungen aus einer Forschungs- und Entwicklungskooperation nicht aus. Hier können der Träger des Anspruchs auf Arbeitsleistung und Träger der Weisungsbefugnis personenverschieden sein. Die Frage nach dem maßgeblichen Arbeitgeber bedarf deshalb der Klärung. In Betracht kommt hier sowohl das

---

[455] Volmer/Gaul, a. a. O., § 4 ArbNErfG Rdn. 125 f.
[456] Bartenbach/Volz, a. a. O., § 1 Rdn. 106, § 4 ArbNErfG Rdn. 14.1.
[457] Siehe dazu auch Bartenbach, a. a. O., S. 76 ff.; Bartenbach/Volz, a. a. O., § 4 ArbNErfG Rdn. 14.1.
[458] Vgl. dazu auch Schaub, a. a. O., § 17 1. a).

Arbeitsverhältnis zu einem der Kooperationspartner als auch zur Kooperation selbst.

2.1.2.1 Die Abordnung

Wird das Arbeitsverhältnis bei der Tätigkeit des Arbeitnehmers innerhalb der Forschungs- und Entwicklungskooperation unverändert mit einem der Kooperationspartner beibehalten, so ist grundsätzlich allein dieser der Arbeitgeber. Es kommt jedoch nicht selten vor, daß die Arbeitnehmer nicht nur im Betrieb ihres eigentlichen Arbeitgebers tätig werden, sondern auch bzw. ausschließlich in das Unternehmen des Kooperationspartners abgeordnet werden. Fraglich ist dann, ob der eigentliche Arbeitgeber oder der Kooperationspartner für die Einordnung der Arbeitsergebnisse als Diensterfindung maßgeblich ist.

Denkbar ist in diesen Fällen die Begründung eines „echten" Leiharbeitsverhältnisses[459]. Hier bleiben die arbeitsvertraglichen Beziehungen zwischen dem Arbeitgeber als Verleiher und dem vorübergehend oder auf Dauer verliehenen Arbeitnehmer auch in arbeitnehmererfinderrechtlicher Sicht bestehen[460]. Es beurteilt sich somit allein im Verhältnis zum Verleiher, ob eine Dienst- oder freie Erfindung vorliegt. Allerdings begründet die Abordnung zum Betrieb des Kooperationspartners für sich allein noch kein Leiharbeitsverhältnis, da der Arbeitnehmer weiter seine Arbeitsleistung für seinen eigentlichen Arbeitgeber erbringt. Ein Leiharbeitsverhältnis kommt nur dann in Betracht, wenn es Zweck der Abordnung ist, daß der Arbeitnehmer Aufgaben des Kooperationspartners im Rahmen der Kooperation erbringt[461]. Handelt es sich aber um ein „echtes" Leiharbeitsverhältnis, so ist die Erfindung dann nicht als Dienst-, sondern als freie Erfindung einzuordnen, wenn diese ausschließlich im Rahmen des dem Entleiher zustehenden Direktionsrechts oder auf der Grundlage von Erfindungen und Arbeiten seines Unternehmens gemacht wurde[462]. Der Verleiher kann dann auf sein Unternehmen bezogene Rechte aus §§ 18 f. ArbNErfG geltend

---

[459] Bartenbach/Volz, a. a. O., § 1 Rdn. 57; im Unterschied zum „unechten Leiharbeitsverhältnis" als gewerbsmäßiges Ausleihen von Arbeitskräften, vgl. dazu und zum Leiharbeitsverhältnis allgemein Volmer, GRUR 1978, S. 400.

[460] Allg. Meinung vgl. BGH v. 9.3.1971 AP Nr. 1 zu § 611 (Leiharbeitsverhältnis); Bartenbach/Volz, a. a. O., § 1 Rdn. 57; Volmer, GRUR 1978, S. 401.

[461] Bartenbach, a. a. O., S. 72.

[462] Bartenbach/Volz, a. a. O., § 1 Rdn. 58.

machen, während der Entleiher auf eine vertragliche Vereinbarung mit dem Arbeitnehmer angewiesen ist[463].

2.1.2.2 Das Kooperationsunternehmen mit eigener Rechtspersönlichkeit

Wird infolge der Forschungs- und Entwicklungskooperation ein gemeinsames Unternehmen mit eigener Rechtspersönlichkeit gegründet und der Arbeitnehmer eines Kooperationspartners dorthin im Wege der Begründung eines neuen Arbeitsverhältnisses zu dem neuen Unternehmen abgeordnet, so ist das Vorliegen der Diensterfindung hinsichtlich dieses neuen Arbeitgebers zu untersuchen. Anders ist die rechtliche Situation nur dann zu beurteilen, wenn der Arbeitnehmer an das neue Unternehmen nur ausgeliehen wird, tatsächlicher Arbeitgeber also weiterhin der Kooperationspartner bleibt.

2.1.2.3 Das Kooperationsunternehmen als Personengesamtheit

Von der Gründung eines rechtlich selbständigen Unternehmens zum Zwecke der Kooperation kann aber nicht schon deshalb ausgegangen werden, weil die zwischenbetriebliche Kooperation als solche nach außen hin im Rechtsverkehr auftritt. In den häufigsten Fällen wird es sich dabei um eine Personengesamtheit im Sinne einer BGB-Außengesellschaft handeln, §§ 705 ff. BGB. Auch wenn diese Personengesamtheit Arbeitnehmer einstellt, ist mangels eigener Rechtspersönlichkeit nicht sie Arbeitgeber, sondern jeder der Kooperationspartner[464]. Das Vorliegen einer Diensterfindung beurteilt sich dann im Verhältnis zu allen Arbeitgebern. Grundsätzlich genügt es, wenn im Verhältnis zu einem der Kooperationspartner die Voraussetzungen der Diensterfindung vorliegen[465].

Unproblematisch ist die Rechtslage, wenn es sich um einen Arbeitnehmer handelt, der vorher zu keinem der Kooperationspartner in einem Arbeitsverhältnis gestanden hat. War der Arbeitnehmer aber im Vorfeld bei einem der Kooperationspartner angestellt und ruht sein Arbeitsverhältnis, weil er im Wege der Begründung eines neuen Arbeitsverhältnisses an die Personengesamtheit abgestellt wurde, muß man sich fragen, ob nun ausschließlich die Kooperation in ihrer

---

[463] Ebenda.
[464] BAG v. 16.10.74, NJW 1975, S. 710; Volmer, GRUR 1978, S. 402.
[465] Bartenbach, a. a. O., S. 79; Bartenbach/Volz, a. a. O., § 4 Rdn. 14.2.

Gesamtheit oder aber sein früherer Arbeitgeber, zu dem das Arbeitsverhältnis nur ruht, maßgeblich für die Beurteilung der Diensterfindung ist. Dürfen die Erfahrungen also nur auf die der Kooperation oder auch auf die des Betriebes seines früheren Arbeitgebers bezogen werden? *Volmer*[466] unterscheidet diesbezüglich danach, wer das originäre Recht hat, die Arbeitsleistung des Arbeitnehmers zu fordern. Ist dies der Stammbetrieb, so hätte dieser allein Arbeitgeberfunktion nach dem ArbNErfG. Ist der Arbeitnehmer aber in die Personengesellschaft fest eingegliedert, dann würde man den Diensterfindungscharakter allein im Verhältnis zur Kooperation als Arbeitgeber bestimmen. Im letzteren Fall wäre die Erfindung im Verhältnis zum ursprünglichen Arbeitgeber eine freie. Liegt dann aber auch im Verhältnis zur Kooperation keine Diensterfindung vor - und kann mangels Arbeitgeberstatus auch zum „ruhenden" Arbeitgeber nur eine freie Erfindung angenommen werden -, so führt dies im Bereich der Erfahrungserfindung zu einem unbefriedigenden Ergebnis, wenn die Erfindung zwar nicht auf den Erfahrungen des Kooperationsunternehmens, aber doch auf denen des Kooperationspartners als „ruhender" Arbeitgeber zurückgeht. In diesem Fall würden die Erfahrungen und Beiträge des „ruhenden" Arbeitgebers völlig außer acht gelassen. Als Konsequenz würde dies den Arbeitnehmer aufgrund der Abordnung besserstellen als einen Arbeitnehmer, mit dem ein ganz neues Arbeitsverhältnis begründet wird. Dies kann nicht sein. Es ist deshalb mit *Bartenbach*[467] davon auszugehen, daß aus dem Ruhen des Arbeitsverhältnisses, welches rechtlich noch keine Beendigung erfahren hat, folgt, daß für die Diensterfindung sowohl die Kooperation an sich als auch der abordnende Kooperationspartner maßgeblich sind. Abb. 12 faßt die Darstellungen zusammen.

---

[466] Volmer, GRUR 1978, S. 402.

[467] Bartenbach, a. a. O., S. 80.

Einbindung des Arbeitnehmers	Maßgeblicher Arbeitgeber
• durch Abordnung	• ursprünglicher Arbeitgeber
• in Kooperationsunternehmen als juristische Person	• Kooperationsunternehmen
• in Kooperationsunternehmen als Personengesamtheit	• alle Kooperationspartner • bei Ruhen des urspünglichen Arbeitsverhältnisses auch der „ruhende" Arbeitgeber

Abb. 12: Maßgeblicher Arbeitgeber

2.1.3 Die Meldepflicht

Arbeitnehmererfinder sind verpflichtet, eine Diensterfindung dem Arbeitgeber zu melden, § 5 ArbNErfG[468]. Im Falle der Miterfindung trifft diese Pflicht jeden der beteiligten Arbeitnehmer[469]. Im Rahmen von Forschungs- und Entwicklungskooperationen sind die Adressaten folgende:

- Sind auch Betriebsfremde an der Erfindung beteiligt, so müssen die Arbeitnehmer ihren jeweiligen Arbeitgebern die Miterfinderschaft melden.
- Kommt es im Rahmen eines Kooperationsunternehmens als Personengesamtheit zu einer Diensterfindung und stellt die Erfindung auch zum abordnenden Arbeitgeber eine solche dar, so ist der Arbeitnehmer dazu verpflichtet, die Diensterfindung an beide zu melden[470].

---

[468] Zu den Anforderungen an Form und Zeitpunkt der Meldung gemäß §§ 5 Abs. 3, 6 Abs. 2, 8 Abs. 1 Nr. 3 ArbNErfG vgl. die einschlägigen Kommentare. Eine der Rechtsfolgen der Meldung ist die grundsätzliche Verpflichtung des Arbeitgebers gemäß § 13 ArbNErfG, die Diensterfindung im Inland zur Erteilung eines Schutzrechts anzumelden. Zur Schutzrechtsanmeldung vgl. i. ü. die einschlägigen Kommentare und Bernhardt/Kraßer, a. a. O., S. 260 ff.
[469] Lüdecke, a. a. O., S. 73; Wunderlich, a. a. O., S. 132.
[470] Zur Problematik des Doppelarbeitsverhältnisses vgl. Bartenbach, a. a. O., S. 81. Diese wirkt sich aber regelmäßig nicht bei zwischenbetrieblichen Kooperationen aus, da hier der abordnende Kooperationspartner auch immer an der Forschungs- und Entwicklungskooperation mitwirkt.

Die Meldung muß jeweils Angaben über Art und Umfang der Mitarbeit enthalten. Diese Angaben sind sowohl für die Einordnung als Miterfinder oder Erfindungsgehilfen als auch für die Berechnung der Vergütung von Bedeutung. Dies gilt auch für Dienstmiterfindungen, die im Rahmen einer unternehmensübergreifenden Forschungs- und Entwicklungskooperation entstanden sind. In diesem Zusammenhang kommt der Angabe des Grades der Beteiligung der jeweiligen Arbeitnehmer zusätzlich Bedeutung zu, da dies im Rahmen der Anteilsfestlegung zu berücksichtigen sein wird, sofern diese nicht von vornherein vertraglich geregelt wurde.

Fraglich ist bei unternehmensübergreifenden Miterfindungen aber, ob die Meldepflicht nur den Anteil des jeweiligen Arbeitnehmers oder aber die gesamte Problemlösung umfassen muß. Dabei ist zu beachten, daß die Erfindung als solche auch Know-how des jeweils anderen Kooperationspartners enthält. Da die Erfindung aber eine untrennbare Einheit darstellt, genügt nicht die Nennung des eigenen Beitrags, sofern dieser überhaupt isolierbar ist, sondern die Mitteilungspflicht des einzelnen Miterfinders erfaßt die gesamte Erfindung[471]. Ebenfalls bestimmt § 5 Abs. 2 ArbNErfG für die inhaltlichen Anforderungen an die Meldung, daß der Arbeitnehmer die technische Aufgabe, ihre Lösung und das Zustandekommen der Diensterfindung beschreiben sowie unter anderem Angaben über die benutzten Erfahrungen oder Arbeiten des Betriebes erfassen muß. Es ist deshalb unumgänglich, daß die Kooperationspartner Kenntnis vom eingebrachten Know-how der anderen beteiligten Unternehmen erlangen, soweit dieses in die Erfindung eingeflossen ist[472].

---

[471] Volmer/Gaul, a. a. O., § 5 ArbNErfG Rdn. 152 ff.
[472] Bartenbach, a. a. O., S. 82.

2.2 Die Inanspruchnahme der Diensterfindung

Ist eine Diensterfindung entstanden, so kann der Arbeitgeber die mit der Erfindung verbundenen Vermögensrechte für sich in Anspruch nehmen, §§ 6, 7 ArbNErfG[473]. Allgemein ist die Inanspruchnahme im Rahmen von Miterfindungen nur dann wirksam, wenn der Arbeitgeber sie gegenüber dem einzelnen Miterfinder - nicht notwendig gegenüber allen, auch die Inanspruchnahme nur eines einzelnen Erfindungsanteils ist möglich - gesondert erklärt. In der überwiegenden Zahl der Fälle nimmt der Arbeitgeber aber eine Diensterfindung gegenüber allen beteiligten Miterfindern unbeschränkt in Anspruch[474]. Dies ergibt sich notwendig aus dem Wert der Diensterfindung für den Arbeitgeber, der gerade in der Möglichkeit liegt, eine freie Entscheidung über die Nutzung der Erfindung zu treffen. Mit Zugang der Inanspruchnahmeerklärung gehen alle Rechte an der Erfindung mit Ausnahme des unübertragbaren Erfinderpersönlichkeitsrechts auf den Arbeitgeber über. Dieser Rechtsübergang umfaßt auch die schon erfolgte Anmeldung der Erfindung zum Patent oder die Schutzrechtserteilung an den Arbeitnehmererfinder.

Durch die nur beschränkte Inanspruchnahme erwirbt der Arbeitgeber allein ein nichtausschließliches Benutzungsrecht. Im übrigen wird die Diensterfindung frei, § 8 Abs. 1 Nr. 2 ArbNErfG[475]. Das nichtausschließliche Benutzungsrecht

---

[473] Als einseitig empfangsbedürftige Willenserklärung muß die Inanspruchnahme schriftlich innerhalb von 4 Monaten nach Eingang der ordnungsgemäßen Erfindungsmeldung zugehen, § 6 Abs. 2 ArbNErfG. Versäumt der Arbeitgeber die Frist, so wird die Erfindung gemäß § 8 Abs. 1 Nr. 3 1. Fall ArbNErfG frei. In diesem Fall kann sich der Arbeitgeber nicht einmal mehr auf die Rechte bei einer originär freien Erfindung berufen. Nimmt der Arbeitgeber eine Diensterfindung unbeschränkt gemäß § 6 ArbNErfG oder beschränkt gemäß § 7 ArbNErfG in Anspruch, so entsteht für den Arbeitnehmer ein Anspruch auf angemessene Vergütung gemäß § 9 bzw. § 10 ArbNErfG. Zur Rechtsnatur der Inanspruchnahme im einzelnen vgl. Reimer/Schade/Schippel, a. a. O., § 6 ArbNErfG Rdn. 3, 11; zur Unzulässigkeit der Vorausübertragung siehe Bernhardt/Kraßer, a. a. O., S. 248.

[474] Villinger, CR 1996, S. 399.

[475] Zwar ist der Arbeitnehmer dann zur Benutzung der Erfindung berechtigt, diese wird jedoch oft seiner arbeitsvertraglichen Pflicht entgegenstehen, dem Arbeitgeber keine Konkurrenz zu machen. Die arbeitsvertragliche Treuepflicht des Arbeitnehmers hindert ihn jedoch nicht an der einfachen Lizenzvergabe an Dritte, da die Erfindung frei wird und gemäß § 25 ArbNErfG die Rechte aus § 8 Abs. 1 Nr. 2 ArbNErfG der arbeitsvertraglichen Treuepflicht

hat grundsätzlich den gleichen Inhalt wie ein kraft vertraglicher Abrede entstehendes einfaches Lizenzrecht, das nicht durch besondere Abreden eingeschränkt ist. Der Arbeitgeber erhält dadurch eine betriebs- und personengebundene Erlaubnis zur Benutzung der Erfindung[476]. Der Arbeitnehmer muß das Schutzrecht jedoch weder erwerben noch aufrechterhalten. Ebensowenig ist der Arbeitgeber zur Benutzung verpflichtet[477]. Hat der Arbeitnehmer an einen Dritten ein ausschließliches Benutzungsrecht vergeben, so muß der Dritte das Benutzungsrecht des Arbeitgebers gegen sich gelten lassen, § 7 Abs. 3 ArbNErfG. Ein nichtausschließliches Benutzungsrecht eines Dritten bleibt unberührt. Im Fall, daß alle Miterfinder Arbeitnehmer des gleichen Unternehmens sind, ergeben sich auf der personellen Seite der Inanspruchnahme somit keine Schwierigkeiten. Anders sieht es jedoch bei überbetrieblichen Miterfindergemeinschaften aus.

---

hier vorgehen, auch wenn der Arbeitnehmer die Lizenz an einen Konkurrenten seines Arbeitgebers vergibt. Nachteile aus der beschränkten Inanspruchnahme können sich für den Arbeitnehmer dann ergeben, wenn aufgrund der übermächtigen Marktposition des Arbeitgebers eine Lizenzvergabe an andere Wettbewerber auf geringes oder gar kein Interesse stößt. § 7 Abs. 2 ArbNErfG räumt dem Arbeitnehmer deshalb für den Fall der unbilligen Erschwernis der Verwertung in Folge des Benutzungsrechts des Arbeitgebers das Recht ein, diesen unter Fristsetzung zur unbeschränkten Inanspruchnahme aufzufordern, mit der Rechtsfolge, daß ansonsten die Erfindung frei wird und der Arbeitgeber dann weder ein Benutzungsrecht noch die sonstigen Rechte einer originär freiwerdenden Erfindung erhält, § 8 Abs. 1 Nr. 3 2. Fall ArbNErfG.

[476] BGH v. 23.4.74, BGHZ 62, S. 276 u. GRUR 1974, S. 463 ff. (Anlagengeschäft); es ist demnach weder eine Übertragung des Benutzungsrechts noch die Vergabe von Lizenzen an Dritte möglich. Dies gilt nach Ansicht des BGH selbst dann, wenn Gegenstand der Diensterfindung ein Verfahren ist und der Arbeitgeber Dritten Maschinen oder Anlagen liefert, deren bestimmungsgemäßer Gebrauch die Benutzung dieses Verfahrens erfordert, BGH, a. a. O., S. 278 f. Anderer Ansicht ist hingegen die Literatur, die dem Arbeitgeber dann die Vergabe von Benutzungsrechten an Dritte zugestehen will, wenn die Verfahrensbenutzung mittels der gelieferten Vorrichtungen erfolgt, Fischer, GRUR 1974, S. 500 ff.; Flaig, Mitt. 1982, S. 47 ff. Der Ansicht der Literatur ist aus wirtschaftlichen Gründen dann zu folgen, wenn das Unternehmen ohne die Befugnis zur Vergabe von Benutzungsrechten an Dritte keinen Markt für die neue Vorrichtung bekommen wird, wenn also die neue Vorrichtung zwingend nur unter Anwendung der Verfahrenserfindung verwendbar ist. Kann die Vorrichtung auch unter Verwendung anderer Verfahren genutzt werden, ist sich der Ansicht des BGH anzuschließen.

[477] Dies folgt aus § 10 Abs. 1 ArbNErfG, der eine Vergütungspflicht des Arbeitgebers erst bei Benutzung entstehen läßt.

2.2.1 Denkbare Konstellationen der Inanspruchnahme bei einer unternehmensübergreifenden Miterfindung

Handelt es sich um eine unternehmensübergreifende Miterfindung aus einer Forschungs- und Entwicklungskooperation, so kann jeder Arbeitgeber die Erfindung gegenüber seinen Arbeitnehmern im Umfang des seinen Arbeitnehmern zustehenden ideellen Anteils[478] an der Diensterfindung in Anspruch nehmen[479]. Gegenüber den Arbeitnehmern des Kooperationspartners besteht grundsätzlich kein Inanspruchnahmerecht[480]. Die Kooperationspartner können das Inanspruchnahmerecht als höchstpersönliches Recht zwar nicht übertragen, sich allerdings gegenseitig zur Abgabe der Inanspruchnahmeerklärung im Rahmen der Stellvertretung ermächtigen[481]. Handelt es sich um ein Arbeitsverhältnis zu der Kooperation an sich als Personengesamtheit im Sinne einer BGB-Außengesellschaft, so ist jeder der Kooperationspartner als Arbeitgeber berechtigt[482]. Demzufolge ist auch im Rahmen der Inanspruchnahme zuallererst festzustellen, wer die Arbeitgeberstellung gegenüber dem Arbeitnehmererfinder innehat[483]. Sind demnach Arbeitnehmererfinder nicht nur eines Kooperationspartners beteiligt, sind folgende Konstellationen im Rahmen der Inanspruchnahme denkbar:

- beide Kooperationspartner nehmen unbeschränkt oder beschränkt in Anspruch,
- einer nimmt unbeschränkt, der andere nur beschränkt in Anspruch oder
- einer nimmt unbeschränkt oder beschränkt in Anspruch, und der andere gibt die Erfindung frei.

---

[478] Lüdecke, a. a. O., S. 75 ff.

[479] Volmer/Gaul, a. a. O., § 6 Rdn. 64.

[480] Bartenbach, a. a. O., S. 87; Lüdecke, a. a. O., S. 77.

[481] BGH v. 9.1.64, GRUR 1964, S. 452 (Drehstromwicklung); Bartenbach/Volz, a. a. O., § 6 Rdn. 6.

[482] Vgl. dazu oben Kapitel B2.1.2.3 m. w. N.

[483] Vgl. dazu oben Kapitel B2.1.2.

Kooperationspartner sind jedoch auch Hochschulen. Erfindungen von Hochschullehrern[484] und deren Assistenten sind freie Erfindungen, § 42 Abs. 1 ArbNErfG [485], die als solche aber nicht der Mitteilungs- und Anbietungspflicht unterliegen, §§ 18 f. ArbNErfG. Das Verbot der vorhergehenden Vereinbarung über zukünftige Erfindungen aus § 22 ArbNErfG findet auf sie keine Anwendung[486]. Soweit es in der Kooperation zwischen einem Industrieunternehmen und einer Universität zu einer übergreifenden Miterfindung kommt, unterliegt die Erfindung nur insoweit der Möglichkeit der Inanspruchnahme, als sie Diensterfindung ist. Soweit sie für die Miterfinder an der Hochschule aber eine freie Erfindung darstellt, unterliegt sie keinen Beschränkungen und ist damit privilegiert.

2.2.2 Die einheitliche Inanspruchnahme aller Kooperationspartner

Handelt es sich bei der Erfindung um eine reine Diensterfindung und soll die Erfindung als Ganzes der zwischenbetrieblichen Kooperation zugute kommen, so wird die Erfindung von sämtlichen Kooperationspartnern gegenüber der Gesamtheit ihrer Arbeitnehmererfinder unbeschränkt in Anspruch genommen werden. Die Rechtsgemeinschaft[487] der Arbeitnehmererfinder wird dann von den Kooperationspartnern fortgeführt[488]. Soweit die Kooperationspartner eine

---

[484] Als lex specialis findet § 42 ArbNErfG nicht auf Professoren, Dozenten und Assistenten Anwendung, die an Fachhochschulen und für Forschungseinrichtungen tätig sind. Sie unterliegen in vollem Umfang dem ArbNErfG. Hintergrund dieser Bestimmung ist die grundgesetzlich verankerte Wissenschaftsfreiheit. Zu Erfindungen von Hochschullehrern siehe insbes. Püttner/Mittag, Rechtliche Hemmnisse der Kooperation zwischen Hochschulen und Wirtschaft, 1989, S. 212 ff.

[485] Zur Abgrenzung des wissenschaftlichen Assistenten zum wissenschaftlichen Mitarbeiter, der nicht nach § 42 Abs. 1 ArbNErfG privilegiert ist vgl. LG Düsseldorf, GRUR 1994, S. 53 ff. (Photoplethysmograph).

[486] Diese Vereinbarungen unterliegen lediglich der Billigkeitskontrolle aus § 23 ArbNErfG. Fehlen derartige Vereinbarungen, so sind die Erfinder gemäß § 42 Abs. 2 ArbNErfG nur dann ihrem Dienstherren gegenüber zur Mitteilung des "Ob" und der "Art" der Verwertung und der Höhe des erzielten Entgelts verpflichtet, wenn der Dienstherr für die Forschungsarbeiten, die zu einer Erfindung geführt haben, besondere Mittel aufgewendet hat. Der Dienstherr kann dann eine angemessene Beteiligung am Ertrag verlangen, die jedoch in ihrer Höhe durch die von ihm aufgewendeten Mittel begrenzt ist.

[487] Zu den Problemen bei der Anwendung der Regelungen der Bruchteilsgemeinschaft auf die Miterfindergemeinschaft, vgl. dazu Kapitel B3.3.

[488] Lüdecke, a. a. O., S. 75, 112; Wunderlich, a. a. O., S. 132.

BGB-Gesellschaft gegründet haben, wird die Erfindung Bestandteil des Gesellschaftsvermögens i.S.d. § 718 BGB.

Bei beschränkter Inanspruchnahme bleiben die Arbeitnehmererfinder Rechtsinhaber. Das nicht ausschließliche Nutzungsrecht des Arbeitgebers ist mit einer einfachen Lizenz vergleichbar[489]. Dieses Recht ist betriebsgebunden. Der jeweilige Arbeitgeber ist deshalb auf eine Eigennutzung beschränkt und nicht befugt, Unterlizenzen zu vergeben oder das Nutzungsrecht zu übertragen[490]. Es steht ihm allerdings frei, mit dem Arbeitnehmer eine anders lautende Vereinbarung zu treffen. Im Rahmen einer überbetrieblichen Miterfindung hat diese Vorgehensweise für die Kooperationspartner das Ergebnis, daß jeder ein auf sein Unternehmen ausgerichtetes Eigennutzungsrecht erwirbt[491]. Eine Rechtsgemeinschaft an der Erfindung entsteht dadurch zwischen den Kooperationspartnern nicht[492]. Die Vermögensrechte an der Erfindung gehen nicht auf die Kooperationspartner über. In diesem Zusammenhang stellt sich aber die Frage, ob das Nutzungsrecht im Rahmen einer Kooperation dann nicht leer läuft. Da die Arbeitnehmererfinder weiter Inhaber dieser Vermögensrechte sind und mit diesen auch Benutzungsrechte verbunden sind, könnte eine somit einhergehende Vervielfältigung der Benutzungsrechte mit dem Wesen der Bruchteilsgemeinschaft möglicherweise nicht vereinbar sein, deren Anwendbarkeit allerdings noch geklärt werden muß[493]. Außerdem ist zu bedenken, daß dieses letztlich den Zielen der Kooperation widersprechende Vorgehen zu einer unbilligen Erschwerung der Nutzungsbefugnisse der Arbeitnehmererfinder führt. Dies gilt insbesondere dann, wenn die Kooperationspartner einzeln oder gemeinsam eine marktbeherrschende Stellung einnehmen[494].

---

[489] BGH v. 24.4.74, GRUR 1974, S. 464 (Anlagengeschäft).
[490] Ebenda.
[491] Bartenbach, a. a. O., S. 90.
[492] Bartenbach/Volz, a. a. O., § 6 Rdn. 74.
[493] Vgl. dazu Kapitel B3.3.
[494] Zu diesem Problem siehe auch Bartenbach/Volz, § 6 Rdn. 72, 74; Bernhard/Kraßer, a. a. O., S. 258, Sefzig, GRUR 1995, S. 302 ff.

2.2.3 Die uneinheitliche Inanspruchnahme der Kooperationspartner

Wird nur von einem Kooperationspartner die unbeschränkte Inanspruchnahme erklärt, so tritt er mit den Arbeitnehmererfindern in Rechtsgemeinschaft, deren Arbeitgeber die beschränkte Inanspruchnahme erklärt hat[495]. Gleiches gilt auch dann, wenn die unbeschränkte Inanspruchnahme und die Freigabe der Erfindung zusammentreffen oder wenn neben Arbeitnehmererfindern auch freie Erfinder[496] beteiligt waren.

Nimmt ein Kooperationspartner aber die Erfindung unbeschränkt in Anspruch und steht mit diesem ein freier Erfinder oder ein Arbeitnehmer als Inhaber einer freigewordenen Erfindung in Rechts- und Verwertungsgemeinschaft, so ist dies nicht unbedingt zum Vorteil des „Freien". Handelt es sich bei dem Kooperationspartner um ein marktbeherrschendes Unternehmen, so sind die Verwertungsmöglichkeiten des Freien nur gering oder gehen ganz ins Leere. Es dürfte sich äußerst schwierig gestalten, Abnehmer für eine einfache Lizenz zu finden oder selbst gewinnversprechend in die Produktion einzutreten. Bei einer Forschungs- und Entwicklungskooperation mit freien Erfindern bietet es sich deshalb nicht nur für den Auftraggeber an, eine vertragliche Abrede dergestalt zu treffen, daß die Anteile der freien Erfinder an der Erfindung automatisch mit deren Fertigstellung auf den Auftraggeber übergehen oder daß dem Auftraggeber ein Inanspruchnahmerecht in gleicher Weise wie gegenüber seinen Arbeitnehmererfindern zustehen soll[497].

Eher unwahrscheinlich ist, daß die Kooperationspartner teilweise beschränkt in Anspruch nehmen und teilweise freigeben. Da das Nutzungsrecht bei der beschränkten Inanspruchnahme betriebsgebunden ist und somit eine Übertragung des Nutzungsrechts ausscheidet, könnte dieses dann ebenfalls nicht der Forschungs- und Entwicklungskooperation überlassen werden[498].

---

[495] Lindenmaier/Weiss, a. a. O., § 3 Rdn. 31; Lüdecke, a. a. O., S. 78, 111 f.

[496] Gegenüber freien Erfindern gibt es kein Inanspruchnahmerecht. Daran ändert auch der Umstand nichts, daß Erfahrungen des Betriebs in die Erfindung eingeflossen sind.

[497] Lüdecke, a. a. O., S. 76.

[498] Ausnahme: Lohnfertigung durch Dritte oder die Arbeitnehmererfinder stimmen nachträglich zu; Bartenbach, a. a. O., S. 90.

Zusammenfassend ist festzuhalten, daß im Wege der Inanspruchnahme bzw. der Freigabe Rechtsgemeinschaften zwischen den folgenden Personen entstehen können:

Rechts- und Verwertungsgemeinschaft	Konstellation der Inanspruchnahme
• allein zwischen den Kooperationspartnern	• einheitlich unbeschränkte Inanspruchnahme oder • unbeschränkte Inanspruchnahme auf der einen und freier Erfinder als Kooperationspartner auf der anderen Seite oder Mischung
• allein zwischen den Arbeitnehmererfindern	• einheitlich beschränkte Inanspruchnahme, • beschränkte Inanspruchnahme auf der einen und Freigabe auf der anderen Seite oder Mischung oder • einheitliche Freigabe
• zwischen den Arbeitnehmererfindern des einen und dem anderen Kooperationspartner oder • zwischen Teilen der Arbeitnehmererfinder und einem oder mehrerer Kooperationspartner	• beschränkte Inanspruchnahme bzw. Freigabe auf der einen und unbeschränkte Inanspruchnahme auf der anderen Seite oder Mischung oder • beschränkte Inanspruchnahme bzw. Freigabe auf der einen und freier Erfinder als Kooperationspartner auf der anderen Seite oder Mischung

Abb. 13: Auswirkung der Form der Inanspruchnahme auf die Rechtsbeziehungen

2.3 Vergütungsprobleme bei außerbetrieblichen Miterfindergemeinschaften

2.3.1 Allgemeiner Vergütungsgrundsatz

Aufgrund seines Vergütungsanspruchs[499] ist der Arbeitnehmer grundsätzlich an allen wirtschaftlichen Vorteilen zu beteiligen, die seinem Arbeitgeber aufgrund der Diensterfindung tatsächlich zufließen[500]. Dies ist der zentrale Anspruch[501] des Arbeitnehmererfinders gegen seinen Arbeitgeber als alleinigen Schuldner. Der Anspruch kann sich nicht gegen die anderen Kooperationspartner richten, denen keine Arbeitgeberstellung hinsichtlich des jeweiligen Arbeitnehmererfinders zukommt[502]. Deshalb ist die Frage nach dem maßgeblichen Arbeitgeber in der Kooperation auch für den Vergütungsanspruch wesentlich[503].

---

[499] Der Vergütungsanspruch des Arbeitnehmers ist in den §§ 9 - 12 ArbNErfG und in Richtlinien geregelt. Für diese Arbeit sind nur die Probleme maßgeblich, die sich daraus ergeben, daß es im Rahmen der Forschungs- und Entwicklungskooperation zu einer unternehmensübergreifenden Dienstmiterfindung gekommen ist. Zu den allgemeinen Voraussetzungen der Erfindervergütung vgl. deshalb die einschlägigen Kommentare.

[500] Willich, GRUR 1973, S. 408 f.; dieser Anspruch ist gemäß § 22 ArbNErfG unabdingbar und kann demzufolge nicht im Arbeitsvertrag ausgeschlossen werden. Tetzner, Leitfaden des Patent-, Gebrauchsmuster- und Arbeitnehmererfindungsrechts der Bundesrepublik Deutschland, 1983, S. 293, weist gleichwohl darauf hin, daß in der Praxis vielfach bei kleinen und mittleren Unternehmen nicht nach dieser zwingenden gesetzlichen Regelung gehandelt und den Arbeitnehmererfindern ihre rechtmäßig zustehende Vergütung verweigert wird. Die Vergütung ist kein Arbeitseinkommen, BGH v. 29.11.84, BGHZ 93, S. 82 ff. (Fahrzeugsitz).

[501] Zur Rechtsnatur als Anspruch sui generis vgl. BGH v. 23.6.77, GRUR 1977, S. 784 (786) (Blitzlichtgeräte) m. w. N.; Sikinger, GRUR 1985, S. 785 ff.; Er ist grundsätzlich erst drei Monate nach Schutzrechtserteilung fällig, § 12 Abs. 3 S. 2 ArbNErfG. Zur Fälligkeit des Anspruchs im Sinne einer vorläufigen Vergütung schon während des Patenterteilungsverfahrens aus Billigkeitsgründen vgl. zustimmend BGH v. 28.6.62, BGHZ 37, S. 281, 292 f. (Cromegal); BGH v. 30.3.71, GRUR 1971, S. 477 (Gleichrichter); BGH v. 23.6.77, GRUR 1977, S. 788 (Blitzlichtgeräte); BGH v. 9.1.64, GRUR 1964, S. 451 (Drehstromwicklung); ablehnend Rebitzki, GRUR 1963, S. 557, der zugleich auch die Arbeitnehmererfindervergütung als solches kritisiert.

[502] Kroitzsch, GRUR 1974, S. 178.

[503] Vgl. dazu oben B2.1.2.

B2 Problembereiche aus dem Recht der Arbeitnehmererfindung

Der Vergütungsanspruch soll keine Belohnung für die Leistung darstellen, die über das arbeitsvertraglich Geschuldete hinausgeht (Sonderleistungstheorie)[504]. Er findet seine Rechtfertigung vielmehr darin, daß der Arbeitgeber im Wege der unbeschränkten Inanspruchnahme ein Ausschlußrecht und damit die alleinige Verwertungsmöglichkeit erwerben kann (Monopolprinzip, Schutzrechtstheorie)[505]. Der Arbeitgeber erhält durch die unbeschränkte Inanspruchnahme der Erfindung folglich eine Monopolstellung, die allein aus dem Arbeitsverhältnis nicht geschuldet ist[506]. Da der Arbeitnehmer also am wirtschaftlichen Nutzen des Arbeitgebers beteiligt werden soll, können wirtschaftliche Auswirkungen bei Dritten nicht berücksichtigt werden[507].

2.3.2 Bemessungsgrundlagen der Vergütung

Als Berechnungsgrundlage dient nicht nur die wirtschaftliche Verwertbarkeit der Erfindung, auch Erfindungswert genannt[508], sondern auch die Aufgabe und Stellung des Arbeitnehmers im Unternehmen sowie der Anteil des Unternehmens am Zustandekommen der Diensterfindung[509]. Der für den Arbeitnehmererfinder nach Abzug der oben genannten Faktoren verbleibende Anteil wird in

---

[504] So aber Volmer/Gaul, a. a. O., § 9 Rdn. 6 ff. insbes. Rdn. 12; zum Sonderleistungsprinzip siehe auch: Reimer/Schade/Schippel, a. a. O., S. 75, 76 u. § 9 Rdn. 4.

[505] Ganz h. M.: Fischer, GRUR 1963, S. 108; Johannesson, GRUR 1970, S. 115 ff.; Bartenbach/Volz, a. a. O., vor §§ 9 - 12 Rdn. 9 m. w. N.

[506] Windisch, GRUR 1985, S. 829.

[507] Strittig vgl. dazu Willich, GRUR 1973, S. 408 m. w. N. und B2.3.4.

[508] Der Erfindungswert ist die obere Grenze dessen, was der Arbeitgeber insgesamt an Erfindervergütung an alle Miterfinder zu zahlen hat; Lüdecke, a. a. O., S. 85. Zur Berechnung des Erfindungswertes allgemein vgl. Tetzner, Leitfaden des Patent-, Gebrauchsmuster- und Arbeitnehmererfindungsrechts der Bundesrepublik Deutschland, 1983, S. 294 ff. Seine Ermittlung ist entweder im Wege der Lizenzanalogie, nach dem erfaßbaren betrieblichen Nutzen oder durch Schätzung möglich. Zu den Berechnungsmethoden vgl. Gaul, GRUR 1988, S. 254 ff., Hoffmann/Bühner, GRUR 1974, S. 445 ff. und Hegel, GRUR 1975, S. 307 ff. m. w. N.; Weisse, GRUR 1966, S. 165; Rosenberger, GRUR 1990, S. 240 ff.

[509] Siehe dazu auch Tetzner, Leitfaden des Patent-, Gebrauchsmuster- und Arbeitnehmererfindungsrechts der Bundesrepublik Deutschland, 1983, S. 299 ff.; vgl. dazu auch BGH v. 17.5.94, NJW 1995, S. 386 ff. (Vergütungsmodus bei Arbeitnehmererfindervergütung); BGH v. 31.1.78, GRUR 1978, S. 430 ff. (Absorberstabantrieb); OLG Nürnberg v. 26.9.78, GRUR 1979, S. 234 ff. (Fußschalter); BGH v. 28.4.70, NJW 1970, S. 1371 ff. u. GRUR 1970, S. 459 ff. (Arbeitnehmererfindungen; Vergütungsanspruch).

Form eines in Prozent ausgedrückten Anteilsfaktors ermittelt[510]. Ist der Anteilsfaktor sehr niedrig und ergibt sich gleichzeitig ein nur geringer Erfindungswert, so kann die Vergütung bis auf einen Anerkennungsbetrag sinken oder ganz entfallen[511]. Unerheblich ist für die Bemessung der Vergütungshöhe das Interesse der Allgemeinheit an der Erfindung. Daß die Erfindung möglicherweise von hoher gesellschaftspolitischer Bedeutung ist, kann keine besonders hohe Vergütung rechtfertigen. Der Arbeitgeber muß in seiner Vergütungspflicht auf das wirtschaftlich vernünftige Maß beschränkt bleiben. Die Inanspruchnahme der Erfindung darf für ihn nicht so teuer werden, daß er für das Produkt, für das er die Erfindung verwertet, keine Abnehmer mehr finden kann[512].

Liegt keine Allein- sondern eine Miterfindung vor, so senkt sich die Erfindervergütung des Arbeitnehmererfinders zusätzlich ab, da er nicht zu 100 % am Erfindungswert beteiligt ist, sondern nur in der Höhe seines Beitrages. Grundsätzlich muß im Falle der Miterfindung zunächst die Höhe des Gesamtwerts der Erfindung ermittelt werden. Für jeden einzelnen Miterfinder sind sodann die Quotenanteile an der Erfindung und die Leistungsfaktoren festzustellen. Die tatsächliche Vergütung muß dann anhand des Anteils des einzelnen Mitererfinders und seinen konkreten Leistungsfaktoren am Gesamtwert der Erfindung ziffernmäßig errechnet werden[513]. Die Anteilsfeststellung bereitet große und zumeist nicht lösbare Probleme, weshalb in der unternehmerischen Praxis durchweg auf die Verteilung nach Köpfen ausgewichen wird[514].

2.3.3 Der Miterfinder als Arbeitnehmer der Kooperationsgemeinschaft

Ist der Miterfinder Arbeitnehmer der Kooperationsgemeinschaft, so sind alle Kooperationspartner als Arbeitgeber Schuldner des Vergütungsanspruchs[515].

---

[510] Der Anteilsfaktor kann von 2 % bis 90 % reichen. In der Praxis ergeben sich zumeist Werte von 15 bis 20 %, Bernhardt/Kraßer, a. a. O., S. 266.

[511] Werner, BB 1983, S. 839 ff.

[512] BGH v. 31.1.78, GRUR 1978, S. 430, 432, 434 f. (Absorberstabantrieb).

[513] BGH v. 2.12.60, GRUR 1961, S. 340 (Chlormethylierung).

[514] Vgl. dazu B3.3.2.6, B3.4.1.1 und B3.5.2.3.

[515] Dies bedeutet Gesamtschuldnerschaft, § 427 BGB, Ausgleichsanspruch im Innenverhältnis gegenüber den anderen Gesellschaftern gem. § 426 BGB und Erstattungsanspruch gegenüber dem Gesamthandsvermögen gem. §§ 713 i. V. m. 670 BGB.

Nutzt die Gemeinschaft die Erfindung, so richtet sich die Höhe des Vergütungsanspruchs nach der Gesamthöhe dieses Erfindungswertes[516].

Haben die einzelnen Kooperationspartner die Diensterfindung unbeschränkt in Anspruch genommen, folgt daraus nicht unmittelbar, daß sie auch zur Nutzung der Erfindung außerhalb der Gesellschaft berechtigt sind. Dazu bedarf es einer vertraglichen Abrede zwischen den Gesellschaftern[517]. Folge dieser eigenständigen Nutzung ist ein zusätzlicher Vergütungsanspruch des Arbeitnehmererfinders, der sich nach dem Wert der zusätzlichen Nutzung berechnet. Schuldner dieser Ansprüche ist allein der zusätzlich nutzende Kooperationspartner[518]. Für den Arbeitnehmererfinder ergeben sich in dieser Konstellation keine Probleme, da er an jeder Art der Verwertung beteiligt wird.

2.3.4 Der Miterfinder als Arbeitnehmer eines Kooperationspartners

Die Problematik stellt sich hauptsächlich in den Fällen, in denen sich die Kooperationspartner nicht für die Rechtsform eines Gemeinschaftsunternehmens entschieden haben und jeder für eigene Rechnung verwertet.

2.3.4.1 Das Mißverhältnis zwischen Leistung und Vergütung

Ist der Miterfinder nur Arbeitnehmer eines Kooperationspartners, so kommt es bei unternehmensübergreifenden Diensterfindungen im Rahmen einer Forschungs- und Entwicklungskooperation für die Berechnung des Vergütungsanspruchs nicht auf die wirtschaftlichen Verwertungsmöglichkeiten der anderen Kooperationspartner, sondern nur auf die des eigenen Arbeitgebers an[519]. Folglich kann es zu großen Mißverhältnissen in der Höhe der Erfindervergütung im Verhältnis zu dem jeweiligen Anteil an der Erfindung kommen[520]. Hat sich beispielsweise ein Großunternehmen mit einem kleinen oder mittleren Unternehmen zur Lösung eines bestimmten Problems zusammengeschlossen und waren

---

[516] Bartenbach, a. a. O., S. 120.

[517] Ebenda, S. 122.

[518] Ebenda, S. 120, 123.

[519] Das ArbNErfG bindet ja nur die Arbeitsvertragsparteien. Außerdem ist der Vergütungsanspruch nicht dinglich mit der Erfindung verknüpft; Willich, GRUR 1973, S. 409.

[520] Vgl. dazu auch Ullrich, Privatrechtsfragen der Forschungsförderung in der Bundesrepublik Deutschland, S. 141 ff.

Arbeitnehmer des kleinen oder mittleren Unternehmens maßgeblich an der Lösung des technischen Problems beteiligt, verfügt aber das Großunternehmen über die weitaus besseren Verwertungsmöglichkeiten, so werden die Arbeitnehmermiterfinder des Großunternehmens trotz geringerer Beiträge zur Erfindung eine höhere Erfindervergütung beanspruchen können als die Arbeitnehmermiterfinder des kleineren Kooperationspartners. Noch deutlicher wird dieses Mißverhältnis im Bereich der externen Vertragsforschung. Forschungsinstitute verfügen gewöhnlich nur über geringe Verwertungsmöglichkeiten im Wege der Vergabe von Lizenzen, soweit ihnen dieses im Rahmen des Forschungsvertrages überhaupt gestattet ist oder sie nicht von vornherein sämtliche Nutzungsrechte an den Auftraggeber unentgeltlich abtreten[521]. Es stehen ihnen zumeist keine Produktionsmöglichkeiten zur Verfügung. Der Arbeitnehmer des Forschungsinstituts wird deshalb trotz eines möglicherweise überwiegenden Anteils an der Erfindung nur eine sehr geringe Erfindervergütung von seinem Arbeitgeber verlangen können, während die Arbeitnehmer des Auftraggebers, die an der Erfindung als Miterfinder mitgewirkt haben, wegen der für ihren Arbeitgeber erheblich besseren wirtschaftlichen Verwertbarkeit der Erfindung eine hohe Erfindervergütung erwarten können[522]. Stellt die Forschungseinrichtung die Erfindung als weiteres - nicht geschuldetes, aber mit dem vereinbarten Arbeitsergebnis untrennbar verbundenes - Ergebnis des Forschungsauftrages dem Auftraggeber unentgeltlich zur Verfügung, so entfällt jegliche weitere Verwertung durch den Arbeitgeber des Erfinders, und seine Vergütung wird gegen Null gehen. Dadurch erhält der Auftraggeber zusätzlich zu den geschuldeten For-

---

[521] Vgl. dazu Kapitel B3.4.2

[522] Reine Vertragsforschungseinrichtungen verfügen in der Regel nicht über eine eigene Produktion und können deshalb die Erfindung nicht direkt selbst verwerten. Außerdem ergibt sich aus § 6 in Verbindung mit §§ 9, 15 Abs. 2 PatG, daß eine Vergabe von Lizenzen nur gemeinsam möglich ist. Der industrielle Miterfinder wird in der Regel seine Zustimmung zur Lizenzvergabe hinsichtlich des ihn interessierenden Gebiets verweigern, um sich den Wettbewerbsvorsprung durch die Erfindung so lange wie möglich zu sichern. Sollte die Markteinführung der Inventionen und Innovationen noch erhebliche Investitionen erfordern, so ist es durchaus wahrscheinlich, daß sich der Kooperationspartner aus der Industrie vertraglich die ausschließlichen Verwertungsrechte zusichern läßt, so daß der Vertragsforschungseinrichtung keinerlei Verwertungsmöglichkeiten mehr verbleiben, und der bei der Forschungseinrichtung angestellte Miterfinder keinerlei Erfindervergütung mehr erhält. Siehe auch Kroitzsch, a. a. O., S. 178; vgl. dazu insbesondere Ullrich, Privatrechtsfragen der Forschungsförderung in der Bundesrepublik Deutschland, S. 141 ff.

schungsergebnissen den mit dem Patent verbundenen Wettbewerbsvorteil gratis. Dies ist ein äußerst unbefriedigendes Ergebnis[523].

Die Frage ist auch, ob diese Regelung, die den eigenen Arbeitgeber als alleinigen Anspruchsgegener bestimmt, nicht der für einen gruppendynamischen Erfindungsprozeß maßgeblichen Ordnung entgegenläuft und die unvoreingenommene, selbstlose Zusammenarbeit eher verhindert als fördert. Ist sich mit anderen Worten der Arbeitnehmer von Anfang an der eher mäßigen Verwertungsmöglichkeiten seines Arbeitgebers und damit seiner erwartungsgemäß geringen Erfindervergütung bewußt, so könnte dies seine Leistungs- und Kooperationsbereitschaft bzgl. der Arbeitnehmer der anderen Kooperationspartner mit hohem Verwertungspotential behindern. Dies läuft dem Zwecke der Kooperation aber gerade zuwider. Zweck ist nämlich das getrennt erworbene Wissen und die im jeweiligen Unternehmen gemachten Erfahrungen auszutauschen, um die Lösung eines technischen Problems schneller oder überhaupt zu finden. Blockiert das eine oder andere Team-Mitglied jedoch, so gefährdet dies nicht nur den Erfolg der Zusammenarbeit, sondern bringt auch ein erhebliches Zeit- und Kostenrisiko mit sich. Anderseits bestehen auch Zweifel, ob das Instrument der Erfindervergütung überhaupt eine motivierende Wirkung auf die Arbeitnehmer ausübt und sich in der Praxis bewährt hat[524]. Eine Auswirkung auf die Mitarbeitermotivation kann zwar nicht ganz geleugnet werden, wird indes wohl mehr durch die Aussicht auf eine frühere Beförderung oder Gehaltserhöhung bedingt als durch die Erwartung einer geringen Erfindervergütung.

In jedem Fall können Unbilligkeiten im Bereich der Erfindervergütung bei unternehmensübergreifenden Diensterfindungen nur dann vermieden werden, wenn entweder der Arbeitnehmererfinder in Ausnahmefällen auch auf den Kooperationspartner als Anspruchsgegner Zugriff nehmen oder zumindest dessen Verwertungspotential auch bei der Vergütungsberechnung der ihm nicht zugeordneten Arbeitnehmererfinder Berücksichtigung finden könnte. Das Gesetz läßt durch seine Formulierung jedoch keine abweichende Lösung zu, die zum

---

[523] Kroitzsch, a. a. O., S. 178. Diese Problematik entsteht nicht, wenn sich die Kooperationspartner zur Gründung eines Gemeinschaftsunternehmens entschließen, da in diesem Fall die Forschungsergebnisse von dem Gemeinschaftsunternehmen selbst ausgewertet werden und so keine Diskrepanz zwischen der Verwertungsmöglichkeit des einen Kooperationspartners und der Erfinderleistung des anderen Kooperationspartners entsteht.

[524] Rosenberger, GRUR 1990, S. 238 ff.

Beispiel in einem Wechsel der Anspruchsgegner bestehen könnte. Dies ist darin begründet, daß das Arbeitnehmererfindergesetz von einer anderen Situation ausgeht. Der gesetzlichen Regelung liegt nicht die Forschung innerhalb von Kooperationen oder die Vertragsforschung zugrunde, sondern die einzelbetriebliche Forschung, deren Ergebnisse nur dem Betrieb des Arbeitgebers durch Eigenverwertung oder Lizenzvergabe zugute kommen[525]. Die Interessenslage ist demnach eine ganz andere.

2.3.4.2 Lösungsmodelle

2.3.4.2.1 Das Modell der Geschäftsbesorgung

Überlegenswert erscheint im Bereich der Vertragsforschung die Anwendung des § 670 BGB auf die Arbeitnehmererfindervergütung. Könnte man die Verpflichtung des Arbeitgebers als Aufwendung betrachten, die der Auftragnehmer für die Ausführung des Auftrags für erforderlich halten durfte, so könnte der Auftragnehmer diese Vergütung von dem Auftraggeber ersetzt verlangen. Ein weiterer Schritt wäre dann, dieser Vergütung die betriebliche Benutzung durch den Auftraggeber zugrundezulegen. Dies kann jedoch zum einen nur greifen, wenn Gegenstand des Auftrags die Erfindung an sich war, da die Erfindungstätigkeit dann als geschuldete Geschäftsbesorgung für den Auftraggeber auszulegen ist. Zum anderen ist grundsätzlich nicht davon auszugehen, daß die Erfindung an sich Vertragsgegenstand ist. Zu einer Erfindung kann man sich nicht verpflichten. Ein solcher Vertrag wäre wohl gemäß § 306 BGB von Anfang an unwirksam, da er auf eine anfänglich objektiv unmögliche Leistung gerichtet ist. Gegenstand eines Forschungsvertrages kann nur die Lösung eines bestimmten technischen Problems sein, was mit dem Begriff der Erfindung aber nicht gleichzusetzen ist. Es kann insoweit zugunsten des Arbeitnehmers also nicht auch der Nutzen berücksichtigt werden, den der Kooperationspartner aus dem Schutzrecht zieht[526].

---

[525] Kroitzsch, GRUR 1974, S. 179.

[526] Bartenbach, a. a. O., S. 127, der sich an dieser Stelle auch kritisch mit der Meinung von Kroitzsch auseinandersetzt.

2.3.4.2.2 Innerbetriebliche Alleinerfinderstellung

Bartenbach[527] schlägt zum Ausgleich vor, daß die unternehmensübergreifenden Miterfinder in ihren Unternehmen jeweils als Alleinerfinder hinsichtlich der Berechnung der Erfindervergütung zu behandeln sind. Dies wäre sachgerecht, da sie so vollständig an der wirtschaftlichen Verwertung der Erfindung durch ihren Arbeitgeber teilhaben können und nicht nur in der Höhe ihres Anteils an der Erfindung.

Dieser Lösungsansatz kann jedoch nur dann zu gerechten Ergebnissen führen, wenn die Kooperationspartner ungefähr äquivalente wirtschaftliche Verwertungsmöglichkeiten an der Erfindung haben. Besteht hier eine zu große Diskrepanz, so schafft dies keinen angemessenen Ausgleich für die Leistung des Arbeitnehmererfinders. Dies trifft um so mehr dann zu, wenn der Arbeitnehmererfinder einem kleinen Unternehmen oder einer Forschungseinrichtung angehört, die gegenüber dem Kooperationspartner nur geringe Verwertungsmöglichkeiten haben, er aber hohen Anteil an der Lösung des technischen Problems hatte.

2.3.4.2.3 Berücksichtigung der Nutzungshandlungen des Kooperationspartners

Da sich der Anspruch auf Erfindervergütung nur gegen den eigenen Arbeitgeber richten kann, schlägt ein weiterer Vergütungsanspruch gegen den Kooperationspartner folglich fehl. *Kroitzsch*[528] regt aber an, den Vergütungsanspruch gegen den eigenen Arbeitgeber dadurch anzuheben, daß auch die Nutzungshandlungen der Kooperationspartner bei der Bemessung der Erfindervergütung Berücksichtigung finden müssen. Der Anspruchsgegner würde also wiederum nur der eigene Arbeitgeber sein, allerdings mit einem höheren Erfindungswert als Berechnungsgrundlage. Diesem sollen zwar nicht die tatsächlichen Nutzungen zugrunde liegen - diese wären in der Praxis auch kaum bezifferbar -, die Erfindervergütung soll jedoch pauschal verdoppelt werden. Sein Ansatz basiert auf dem Grundmodell der Gemeinschaft zweier Kooperationspartner mit gleichwertigen Beiträgen[529]. Eine Verdoppelung sei aber auch dann gerechtfertigt,

---

[527] Ebenda, S. 129.
[528] Kroitzsch, GRUR 1974, S. 177 ff., insbes. S. 185 f.
[529] Zum Problem der Anteilsbewertung in der Gemeinschaft vgl. Kapitel B3.3.2.6, B3.4.1.1 und B3.5.2.3.

wenn die Beiträge ausnahmsweise sehr unterschiedlich seien, da dies ein Grundrisiko der Kooperation darstelle. Die Ansicht von Kroitzsch stößt auf allgemeine Ablehnung[530]. Dem Ansatz von Kroitzsch kann aus zwei Gründen nicht gefolgt werden: Zum einen ist bei der Rechtsgemeinschaft an einer unternehmensübergreifenden Dienstmiterfindung zwar grundsätzlich von der Gleichheit der Beiträge auszugehen[531], können die Beiträge aber in Ausnahmefällen isoliert und gewertet werden, so kann der Argumentation von Kroitzsch dann nicht mehr gefolgt werden, wenn die unterschiedliche Wertigkeit der Beiträge tatsächlich feststeht. Nicht ausreichend ist, daß er dies lediglich dann berücksichtigen will, wenn das Prinzip der Äquivalenz offenbar verletzt ist[532]. Außerdem würde die pauschale Verdoppelung dazu führen, daß alle Arbeitnehmererfinder mit einer doppelten Vergütung bedacht würden. Dies ist mit dem allgemeinen Vergütungsgrundsatz wohl nicht in Einklang zu bringen. Zum anderen führt eine pauschale Verdoppelung der Erfindervergütung zu einer unbilligen Belastung gerade kleiner Kooperationspartner. Ziel einer Konfliktlösung kann es nicht sein, den Kooperationspartner mit geringeren Verwertungsmöglichkeiten noch zusätzlich zu belasten, sondern den Kooperationspartner mit höherem Nutzen aus der Erfindung heranzuziehen. Dies kann aber nur dadurch erfolgen, daß dieser sich im Rahmen des Kooperationsvertrages zu einer Übernahme oder Erhöhung der Erfindervergütungsansprüche der fremden Arbeitnehmererfinder verpflichtet.

2.3.4.2.4 Übernahme der Vergütungsansprüche durch den Kooperationspartner

Das Mißverhältnis zwischen Leistung und Erfindungsvergütung im Rahmen einer überbetrieblichen Dienstmiterfindung kann folglich nur über eine abweichende vertragliche Vereinbarung behoben werden, die Ansprüche der Arbeitnehmererfinder an den jeweils anderen Kooperationspartner zuläßt. Denkbar wäre also eine Vereinbarung, nach der der Kooperationspartner die so benachteiligten Arbeitnehmererfinder des anderen Partners an seinem wirtschaftlichen Erfolg partizipieren läßt. Dies könnte zum Beispiel dadurch geschehen, daß

---

[530] Lüdecke, a. a. O., S. 90 ff.; Willich, GRUR 1973, S. 408; Bartenbach/Volz, a. a. O., § 9 Rdn. 193 m. w. N.

[531] Wie in Kapitel B3.3.2.6, B3.4.1.1 und B3.5.2.3 noch nachzuweisen sein wird.

[532] Kroitzsch, GRUR 1974, S. 185 f., insbes. 186.

vereinbart wird, daß der Partner mit dem unverhältnismäßig größeren Nutzen, aber dem unverhältnismäßig kleineren Miterfinderanteil die Vergütungspflicht übernimmt und als Berechnungsgrundlage seine eigene wirtschaftliche Verwertbarkeit zugrunde legt[533]. Dieser echte Vertrag zugunsten des Arbeitnehmererfinders i. S. d. § 328 BGB stellt den Arbeitnehmererfinder vergütungsrechtlich so, als ob dieser Arbeitnehmer des Kooperationspartners mit dem höheren Verwertungspotential ist. Einer solchen Vereinbarung wird dieser jedoch nur zustimmen, wenn er dafür einen Ausgleich erhält, der zum Beispiel in einer geringeren Auftragsvergütung seine Grundlage finden kann.

---

[533] Allein die Übernahme der Vergütungspflicht ist nicht ausreichend, da Grundlage des dadurch entstehenden Anspruchs die Verwertungsmöglichkeit des eigenen Arbeitgebers bleibt (Bartenbach/Volz, a. a. O., § 9 Rdn. 6.1).

3 Das neue Know-how – Konflikte der Forschungs- und Entwicklungskooperation

3.1 Die Ausgangsproblematik

Entsteht aus der vertraglich begründeten Forschungs- und Entwicklungskooperation eine Miterfindung, an der nicht nur ein Kooperationspartner beteiligt ist, so muß geklärt werden, wer in welcher Form dieses Schutzrecht benutzen darf. Haben sich die Kooperationspartner von Anfang an über die Verwertung geeinigt, so ergibt sich die Antwort aus dem Vertrag. Haben die Kooperationspartner im Kooperationsvertrag darüber aber keine oder nur eine lückenhafte Vereinbarung getroffen, weil sie z. B. das Entstehen einer Miterfindung gar nicht in Betracht gezogen haben, oder wurde die Erfindung von den Kooperationspartnern nur beschränkt in Anspruch genommen und bleiben dadurch die Arbeitnehmererfinder Rechtsinhaber[534], so muß nach einer interessengerechten Lösung gesucht werden. Das Patentgesetz selbst enthält über die bei Miterfindungen auftretenden Probleme der Benutzung und Verwertung, der Bewertung der Anteile, der Verfügung usw. keine Regelung. Auf den ersten Blick hängt die Beantwortung dieser Fragen also maßgeblich von der Rechtsform der Miterfindergemeinschaft ab. Fraglich ist aber, ob der Rückgriff auf die allgemeinen Bestimmungen des BGB, die für ein mehreren natürlichen Personen zustehendes, subjektives Privatrecht gelten, zu einer befriedigenden Lösung führt.

Hintergrund der folgenden Ausführungen ist demnach ein nicht zufälliges Zusammenwirken der Kooperationspartner, bei der die Kooperationsverträge hinsichtlich des erworbenen Know-hows Lücken aufweisen. Diese Untersuchung

---

[534] Bei beschränkter Inanspruchnahme bleiben die Arbeitnehmererfinder Rechtsinhaber, da das nicht ausschließliche Nutzungsrecht des Arbeitgebers mit einer einfachen Lizenz vergleichbar ist, vgl. dazu BGH v. 24.4.74, GRUR 1974, S. 464 (Anlagengeschäft). Eine Rechtsgemeinschaft an der Erfindung entsteht zwischen den Kooperationspartnern nicht, vgl. Bartenbach/Volz, a. a. O., § 6 Rdn. 74.

B3 Das neue Know-how - Konflikte der Forschungs- und Entwicklungskooperation 151

geht von der Arbeitshypothese aus, daß weder eine Gesellschaftserfindung[535] im Sinne einer Patentgemeinschaft zur gesamten Hand[536], einer OHG oder KG, in die ein Patent eingebracht wird, vorliegt, noch daß es zwischen den Kooperationspartnern zu einer BGB-Gesellschaft gekommen ist, bei der sich zwei oder mehrere natürliche Personen ausdrücklich oder stillschweigend zum Zwecke des Erfindens im Sinne des § 705 BGB zusammengeschlossen haben[537], so daß eine Erfindung oder ein Patent, die aus ihrer Tätigkeit für die Gesellschaft resultieren, Gegenstand eines gemeinschaftlichen Sondervermögens sind[538]. Es wird also unterstellt, daß das Institut der BGB-Gesellschaft hier gerade keine Anwendung findet.

Ausgangspunkt der folgenden Betrachtungen ist die Frage nach der Brauchbarkeit der Regeln der Bruchteilsgemeinschaft im Sinne der §§ 741 ff. BGB für die

---

[535] Davon abzugrenzen ist die Gesellschaftererfindung, die begrifflich keine Miterfindung der Gesellschafter, sondern eine Alleinerfindung eines Gesellschafters darstellt. Vgl. dazu BGH v. 16.11.54, GRUR 1955, S. 286 ff. m. w. N. (Schnellkopiergerät); OLG Karlsruhe v. 23.9.81, GRUR 1983, S. 67.

[536] Z. B. die Gemeinschaft der Erben eines Patentinhabers.

[537] BGH v. 20.2.79, GRUR 1979, S. 542 (Biedermeiermanschetten); zur Abgrenzung der BGB-Gesellschaft gemäß §§ 705 ff. BGB von der Bruchteilsgemeinschaft gemäß §§ 741 ff. BGB können folgende Indizien als Beweisanzeichen für das Vorliegen einer BGB-Gesellschaft herangezogen werden: Abreden, die auf die Förderung eines gemeinsamen Zwecks gerichtet und auf persönliches Vertrauen gegründet sind, wobei dieser gemeinsame Zweck bei Erfindungsgemeinschaften die Schaffung einer Erfindung oder deren Verwertung sein wird (Lüdecke, a. a. O., S. 106; zu den einzelnen Voraussetzungen, die an solche Abreden zu stellen sind, vgl. S. 107 ff.); vgl. zur Erfindungsgemeinschaft als BGB-Gesellschaft sehr eingehend Bartenbach, a. a. O., 1985.

[538] Lindenmaier/Weiss, a. a. O., § 3 PatG Rdn. 18; Wunderlich, a. a. O., S. 91 f.; Buß, GRUR 1936, S. 834; zum Unterschied zwischen der Erfindung im Rahmen einer BGB-Gesellschaft und der Bruchteilsgemeinschaft siehe insbesondere Lüdecke, a. a. O., S. 102 ff., 116 ff., 147 ff., 154 ff.; in diesen Fällen ist allerdings zu beachten, daß das Recht an der Erfindung nicht automatisch sofort dem Gesellschaftsvermögen zugerechnet wird, sondern es den Miterfindern im Augenblick seiner Entstehung zunächst gemeinsam zusteht und erst durch rechtsgeschäftliche Verpflichtung und Verfügung in das Gesellschaftsvermögen eingebracht werden muß. Das patentrechtliche Erfinderprinzip geht § 718 BGB vor. Zumeist ist jedoch der Gesellschaftsvertrag in diesem Sinne auszulegen (OLG Karlsruhe v. 23.9.81, GRUR 1983, S. 67 (Flipchart-Ständer); BGH v. 30.10.90, GRUR 1991, S. 129 (Objektträger); Bernhardt/Kraßer, a. a. O., S. 200; BGH v. 20.2.79, GRUR 1979, S. 540 (Biedermeiermanschette).

Erfindergemeinschaft[539]. Nachfolgend werden aufgrund der Vertragspraxis zum einen Regelungsvorschläge für zukünftige Verträge unterbreitet und zum anderen ein Lösungsmodell im Wege der ergänzenden Vertragsauslegung für den Fall entwickelt, daß der Forschungs- und Entwicklungsvertrag einerseits zwar gerade keine oder nur lückenhafte Regelungen über die Miterfindung getroffen hat, andererseits aber nicht die Bruchteilsgemeinschaft Anwendung finden soll.

3.2 Konflikte der Forschungs- und Entwicklungskooperationen und deren Ursachen

Die Ursachen von Konflikten bei Forschungs- und Entwicklungskooperationen sind so vielfältig wie die möglichen Gestaltungsvarianten der Zusammenarbeit[540]. Konfliktträchtig sind nicht nur das eingebrachte Know-how, die Schutzrechte und die Verwertung der zu entwickelnden Technologie sowie das neue Know-how. Auch die Größe der Partner, die Machtverhältnisse innerhalb der Kooperation, die rechtliche Gestaltung und die Wahl der Kooperationsform selbst dürfen nicht unterschätzt werden. Thema des nun folgenden Abschnitts sind die Konflikte, die im Rahmen des Zusammenschlusses einer begrenzten Zahl von Unternehmen zur Durchführung eines eng umrissenen Forschungsvorhabens auf der Grundlage eines Kooperationsvertrages auftreten können[541].

---

[539] Benkard/Bruchhausen, a. a. O., § 6 PatG Rdn. 34 m. w. N. zur Rechtsprechung des RG und des BGH; Buß, GRUR 1936, S. 834; Fischer, GRUR 1977, S. 313; Hubmann, a. a. O., S. 105; Lindenmaier/Weiss, a. a. O., § 6PatG Rdn. 18; Klauer/Möhring, a. a. O., § 3 PatG Rdn. 18; Wunderlich, a. a. O., S. 92; Tetzner, Kommentar zum Patentgesetz, 1951, § 3 PatG Rdn. 14; RGRK, § 741 BGB Rdn. 3; Zeller, Die Mitberechtigung an der Erfindung, 1925, S. 5 f.; RG v. 22.5.1911, RGZ 76, S. 299; RG v. 17.9.27, RGZ 118, S. 47 (Schlammentleerungsvorrichtung); RG v. 3.10.36, Mitt 1936, S. 362 (Treibriemen); RG v. 16.5.39, Mitt 1939, S. 199 (Heeresatmer) mit dem Hinweis, daß §§ 741 ff. BGB auch für die Miterfindergemeinschaft Anwendung findet, wenn die schutzfähige Erfindung nicht zum Patent angemeldet werden soll; RG v. 10.10.39, GRUR 1940, S. 339 (Dura-Düse).

[540] Vgl. dazu Kapitel B1.

[541] Nicht behandelt wird die Gründung eines Gemeinschaftsunternehmens zum Zwecke der Forschung und Entwicklung.

3.2.1 Eingebrachtes Know-how

Kooperationen - sei es im Rahmen der kooperativen Forschung und Entwicklung oder der externen Vertragsforschung - entstehen hauptsächlich, weil die Unternehmen zwar in Teilbereichen über Spezialwissen verfügen, ihnen aber noch Know-how fehlt, um ein bestimmtes Produkt herzustellen, für das eine Nachfrage auf dem Markt gesehen wird. Dieses Know-how aber allein zu entwickeln würde zum einen einen enormen Kosten- und Zeitaufwand bedeuten. Zum anderen verfügen die Unternehmen nicht immer über die notwendigen Forschungseinrichtungen oder das nötige Fachpersonal. Gesucht wird also ein Kooperationspartner, mit dem man sich im Rahmen der Gemeinschaftsforschung den Kostenaufwand teilt (kooperative Forschung und Entwicklung) oder der sich auf den gesuchten Bereich spezialisiert hat und die Forschungsarbeiten grundsätzlich allein gegen Entgelt übernimmt, so daß das Unternehmen selbst keine zeitaufwendigen Forschungsarbeiten ausführen muß (externe Vertragsforschung).

Bei jedem Kooperationspartner ist bereits vor Beginn der Zusammenarbeit ein gewisses Know-how vorhanden, das in die Kooperation eingebracht und für den gemeinsamen Forschungszweck benutzt werden muß. Dadurch wird es dem anderen Kooperationspartner zwangsläufig zugänglich gemacht. Dieses Offenbaren des Know-hows birgt aber das Risiko der unberechtigten Nutzung durch den anderen Kooperationspartner für Zwecke außerhalb der Kooperation in sich. Die Nutzung des eingebrachten Know-hows durch den jeweils anderen Kooperationspartner hat demnach ein hohes Konfliktpotential[542], verstärkt durch das teils aktuelle oder potentielle Wettbewerbsverhältnis der Kooperationspartner.

Die Kooperationspartner sind aufgrund der Kostenintensität von Forschung und Entwicklung gezwungen, die gemeinsam entwickelte Technologie mit dem Ziel der Kostenamortisierung - im Idealfall der Gewinnerzielung - zu verwerten. Endet die Kooperation mit der erfolgreichen Entwicklung der neuen Technologie, so wird die Verwertung unabhängig voneinander durchgeführt. Die unabhängige Verwertung wird auch dadurch präferiert, daß die Kooperationspartner häu-

---

[542] Reukauf, GRUR 1986, S. 415 f.

fig in ganz unabhängigen Branchen tätig sind, an einer gemeinsamen Verwertung kein Interesse und dafür auch keine Verwendung haben, aber jedem ein Teil des Know-hows des anderen zur Produktentwicklung gefehlt hat, z. B. Chemie und Automobilindustrie bei der Entwicklung eines Motors mit Alternativantrieb (Gas, Raps-Diesel, Wasserstoff). Mit der neuen Technologie wird natürlich das eingebrachte Know-how verwertet. Daß beide Partner gleichwertiges Know-how einbringen, ist nicht gewährleistet. Es besteht deshalb das Risiko, daß der eine Partner zum Vorteil des anderen mehr an eigenem Know-how in die Kooperation einbringt, ohne dafür einen Ausgleich zu erhalten oder das eigene Know-how ausreichend zu schützen. Mit der Offenbarung des Knowhows geht dann auch immer die Gefahr einher, daß nach Beendigung der Kooperation nicht nur die neue Technologie, sondern auch das eingebrachte Know-how vom Kooperationspartner für andere Zwecke weiter benutzt wird.

Das Gefährdungspotential des eingebrachten Know-hows bemißt sich nach der konkreten Art der Zusammenarbeit. Z. B. muß im Rahmen einer Forschungs- und Entwicklungskooperation dem Partner mehr an eigener Technologie übermittelt werden als im Rahmen einer reinen Fertigungskooperation. Wird letztere lediglich über die Zulieferung fertiger Teile betrieben, so ist das Risiko wesentlich geringer als bei spezialisierender Arbeitsteilung oder echter Teambildung[543]. Notwendig ist folglich eine ausreichende Schutzrechtsregelung für das eingebrachte Know-how, die sich auch auf die Zeit nach Beendigung der Kooperation beziehen muß[544].

3.2.2 Neues Know-how

Im Vorfeld der Verwertung steht die Frage, wem das neue, im Rahmen der Kooperation entwickelte Know-how zusteht. Ziel der Kooperation ist die Entwicklung neuer Produkte, verbunden mit einer Kosten- und Zeitersparnis. Daß der Kooperationspartner, der durchaus ein Konkurrent sein kann, an der Verwertung des erworbenen Know-hows im Wege der Eigenproduktion oder eines

---

[543] Ullrich, Technologieschutzaspekte der Vertragsgestaltung bei Kooperation mit japanischen Unternehmen, in: Ifo-Studien zur Japanforschung, Bd. 9 - Technologieschutz in Japan - Strategien für Unternehmenskooperationen, 1993, Anhang I, S. 6.

[544] Ebenda, S. 5; ders., Kooperative Forschung und Kartellrecht, 1988, S. 154 ff.; vgl. dazu Kapitel B3.5.1.

B3 Das neue Know-how - Konflikte der Forschungs- und Entwicklungskooperation

finanziellen Ausgleichs teilhaben will, ist eine notwendige Folge aller Kooperationsformen.

Konflikte ergeben sich bei der kooperativen Forschung und Entwicklung vor allem dann, wenn der Eindruck entsteht, daß der jeweils andere Kooperationspartner im Verhältnis seiner Verwertungsmöglichkeiten zu seinem Einsatz - sei es im Rahmen der Finanzmittel, des Einsatzes von Manpower oder des eingebrachten Know-hows - bevorteilt wird. Dies kann vielerlei Ursachen haben, entweder ein starkes technologisches Ungleichgewicht der Kooperationspartner, z. B. wenn ein kleines, hochspezialisiertes Unternehmen mit einem Großunternehmen zusammenarbeitet, welches in diesem Bereich noch wenig Erfahrung hat, aber über die besseren Verwertungsmöglichkeiten verfügt, oder Branchenverschiedenheit, z. B. wenn das Unternehmen mit dem Mehr an eingebrachtem Know-how das neue Know-how doch nicht richtig verwerten kann, weil die Produktion branchenfremd wäre, aber genau in die Branche des Kooperationspartners fällt, oder einfach nur weil jeder Kooperationspartner der Ansicht ist, er hätte mehr geleistet als alle anderen und ihm gebühre deshalb auch das Gros der Verwertung.

Institute, die externe Vertragsforschung betreiben, haben den Nachteil, daß ihnen regelmäßig die notwendigen Einrichtungen zur Verwertung durch Produktion fehlen[545], daran ändert auch die gelegentliche Herstellung von Prototypen nichts[546]. Ihnen bleibt nur die Lizenzvergabe und die Verwendung des durch den Forschungs- und Entwicklungsauftrag erworbenen Know-hows zur Akquisition neuer Aufträge. Die Beziehung zwischen Auftraggeber und Forschungseinrichtung ist in puncto Verwertung folglich konfliktbeladen. Es entsteht ein natürliches Spannungsfeld zwischen dem Auftraggeber und dem Auftragnehmer, da der Auftraggeber an der Sicherung möglichst vieler Rechte interessiert ist und direkt nach der von ihm finanzierten Fertigstellung des Know-hows die

---

[545] Im Bereich der Mikroelektronik versucht sich das Fraunhofer-Institut allerdings derzeit als Produzent für kleine Stückzahlen. Die Bayerische Arbeitsgemeinschaft Mikroelektronik bündelt die an Bayerns Fraunhofer-Instituten vorhandenen Mikroelektronik-Aktivitäten und setzt sie auf ein internationales Niveau. Ziel ist die Entwicklung und Herstellung von anwendungsspezifischen Chips. Handelsblatt v. 5.11.96, „Fraunhofer-Institut fertigt in kleinen Stückzahlen".

[546] Reitzle, Mitt 1992, S. 245.

daraus resultierenden Rechte ausschließlich und unmittelbar übertragen haben will. Es entspringt aus der Kooperation aber, bedingt durch den Wissensvorsprung der Forschungseinrichtung, häufig auch Know-how, das über den eigentlichen Auftrag hinausgeht. Hier hat die Forschungseinrichtung ein nachvollziehbares Interesse, möglichst viele Rechte zurückzubehalten, denn potentielle Kunden können vor allem dadurch gewonnen werden, daß ihnen Benutzungsrechte an schon bestehenden Schutzrechten der Forschungseinrichtung und an vorhandenem Know-how angeboten werden kann. Der Auftraggeber hat aber gerade das entgegengesetzte Interesse. Er möchte verhindern, daß ein neuer Auftraggeber, der immer ein Konkurrent sein kann, von den von ihm finanzierten Forschungsergebnissen profitiert[547] und dadurch den Wettbewerbsvorsprung des Auftraggebers effizient und kostengünstig verkürzen kann.

Aber nicht nur die Nutzung des zusätzlich zum eigentlichen Auftrag entwickelten Know-hows zum Zwecke der Akquisition durch den Auftragnehmer, auch die alleinige Verwertung des auftragsgemäß entwickelten Know-hows durch den Auftraggeber stellt für die Forschungseinrichtung ein Problem dar. Bei Gemeinschaftserfindungen besteht in der externen Vertragsforschung ein starkes Ungleichgewicht zwischen den Vertragspartnern. Wie oben angesprochen, verfügt die Forschungseinrichtung in der Regel über keine Produktionsmöglichkeiten, es ist also im Gegensatz zum Auftraggeber aus der Industrie keine Verwertung des Know-hows durch Produktion und Vermarktung möglich. Der Forschungseinrichtung bleibt nur die Verwertung über die Vergabe von einfachen Lizenzen, mit der der Auftraggeber häufig nicht einverstanden sein wird. Für die Forschungseinrichtung besteht dadurch aber die Gefahr der Blockade auf dem gesamten Forschungsgebiet, sie kann das Know-how zwar möglicherweise noch intern nutzen, aber weder die Ergebnisse des Auftrages noch ihr zusätzlich dazuerworbenes Know-how nach außen zur Akquisition im Wege der Lizenzvergabe verwenden. Zudem wird sich der Auftraggeber mit einer internen Weiternutzung durch die Forschungseinrichtung oder mit einer einfachen Lizenz an den Forschungsergebnissen für ihn um so weniger einverstanden erklären wollen, als der Forschungsvertrag und die Markteinführung sich kostenintensiv gestalten.

---

[547] Ebenda, S. 246.

3.2.3 Miterfindungen

Der Forschungs- und Entwicklungskooperation ist immanent, daß es häufig zu einem gemeinsamen Know-how-Erwerb, also zu Miterfindungen kommt. Probleme werfen dann die Rechte und Pflichten auf, die sich für die Kooperationspartner aus den entstandenen Miterfindungen ergeben. Insbesondere betrifft dies zwar die Verwertung der Miterfindung, in der externen Vertragforschung kann es aber schon deshalb zu Konflikten kommen, weil der Wissenschaftler seine wissenschaftliche Anerkennung in der Regel nicht in der kommerziellen Verwertung seiner Erfindung, sondern in der Veröffentlichung seiner Ergebnisse in der Fachliteratur findet. Er hat deshalb das Bedürfnis, möglichst früh und möglichst viel zu publizieren. Dies ist aber ein Vorgehen, das mit der Schutzrechtspolitik des Industriepartners nicht übereinstimmen kann[548]. Zwar gewährt das Recht auf freie Entfaltung der Persönlichkeit, Art. 2 Abs. 1 GG, dem Erfinder das Recht, über das Ob, Wann und Wie der Veröffentlichung seiner Erfindung zu bestimmen. Da die Gemeinschaftserfindung aber dem Mitarbeiter der Forschungseinrichtung nicht allein zusteht, sondern auch den Miterfindern aus dem Wirtschaftsunternehmen, kann die Forschungseinrichtung nicht über den Kopf des Vertragspartners hinweg die Forschungsergebnisse veröffentlichen. Sie würde damit die Patentierbarkeit der Erfindung zunichte machen.

In der Praxis ergeben sich Konflikte vor allem, wenn die Kooperationsvereinbarung keine Regelung für den Fall der Miterfindung enthält und der Vertrag dann „nachgebessert" werden muß. Ein Vorgehen nach den Regeln der Bruchteilsgemeinschaft nach §§ 741 ff. BGB wurde von allen Gesprächspartnern aus Industrie und Wissenschaft abgelehnt, weil die Bruchteilsgemeinschaft bei unternehmensübergreifenden Miterfindungen keine sach- und interessengerechte Lösung für Verwertungskonflikte bietet[549]. Die Kooperationspartner sind an einer unabhängigen und unbeschränkten Verwertung ihres Anteils an der Miterfindung interessiert, dies verhindert aber die Benutzungsregel der Bruchteilsgemeinschaft, § 743 Abs. 2 BGB[550]. Auch die Errichtung einer BGB-Gesellschaft nach §§ 705 ff. BGB war allgemein unerwünscht, weil diese Vergesellschaftung

---

[548] Bodewig, GRUR Int 1980, S. 599.
[549] Vgl. dazu Kapitel B3.3.
[550] Vgl. dazu Kapitel B3.2 und B3.4.

der Erfindung zu - nach Ansicht der Gesprächspartner - nicht tolerierbaren Abstimmungsproblemen führt. Dies gilt zum einen für die Rechte und Pflichten aus der Gesellschaft, hauptsächlich aber für die Verwertung der Miterfindung, die gem. § 718 BGB zum Gesellschaftsvermögen wird und damit den Beschränkungen des § 719 BGB unterliegt. Aus § 719 BGB folgt zwingend, daß dem einzelnen Gesellschafter zwar das Eigentum bzw. die volle Inhaberschaft an den Gegenständen des Gesellschaftsvermögens zusteht, er in seiner Verfügungsbefugnis aber durch die qualitativ gleichartige Berechtigung seiner Mitgesellschafter beschränkt ist[551]. Über die Verwertung einer Erfindung als Teil des Gesamthandsvermögens entscheidet also die Geschäftsführung der Gesellschaft, nicht aber der einzelne Gesellschafter für seinen Anteil. Eine Verfügung über seinen Anteil ist ganz ausgeschlossen.

Als konfliktträchtig werden in der Praxis auch Fragen in Zusammenhang mit der Erfindervergütung der Angestellten der Forschungseinrichtung gesehen[552].

Zusammenfassend eröffnen sich in folgenden Bereichen Konflikte:

- kooperationsfremde Nutzung des eingebrachten Know-hows durch den Kooperationspartner während der Kooperation,
- Nutzung des eingebrachten Know-hows in jeglicher Form durch den Kooperationspartner nach Beendigung der Kooperation,
- Veröffentlichung der Forschungsergebnisse vor der Schutzrechtserteilung,
- Nutzungsberechtigung und Nutzungsumfang am neu entstandenen Know-how[553] und
- eventuelle Ansprüche von Arbeitnehmererfindern und deren Berechnung[554].

---

[551] Münchener Kommentar, Bürgerliches Gesetzbuch - Schuldrecht Besonderer Teil, 2. HlBd., 1986, § 719 Rdn. 1, 2.

[552] Siehe hierzu in Kapitel B2.

[553] Reukauf, GRUR 1986, S. 416.

[554] Zu Fragen hinsichtlich des Anspruchsgegners und der die Anspruchshöhe bestimmenden Faktoren siehe in Kapitel B2.

3.3 Inadäquanz des gesetzlichen Regelungsmodells der Bruchteilsgemeinschaft zur Konfliktlösung

Wie aus den obigen Darstellungen zu ersehen ist, treten Konflikte in Kooperationen jeglicher Form verstärkt bei der Benutzung des eingebrachten und erworbenen Know-hows auf. Für die Erfindungsgemeinschaft am erworbenen Know-how trifft das Patentgesetz keine ausdrückliche Regelung[555]. Das BGB bringt für die gemeinsame Rechtszuständigkeit mehrerer Personen, die sich nicht zu einer schuldrechtlichen Zweck- und Zweckförderungsgemeinschaft im Sinne einer BGB-Gesellschaft zusammengeschlossen haben, das Rechtsinstitut der Bruchteilsgemeinschaft zur Anwendung[556]. Die Bruchteilsgemeinschaft stellt demnach ein gesetzliches Regelungsmodell für Situationen dar, bei denen es gerade nicht kraft Vertrages - auch das ist allerdings möglich -, sondern kraft Faktizität zur Bruchteilsgemeinschaft kommt, in Situationen wie bei der „zufälligen" Miterfindergemeinschaft[557].

Aufgabe der folgenden Ausführungen wird es sein, unter Berücksichtigung der übergreifenden Gesichtspunkte des Wettbewerbsinteresses, der Ziele des Patentschutzsystems und des Miterfinderbegriffs die Frage zu beantworten, ob die Regelungen der Bruchteilsgemeinschaft für die Miterfindergemeinschaft zu angemessenen Ergebnissen führen oder ob die gesetzlichen Regelungen als interessenwidrig verdrängt werden können und müssen. Dabei ist immer davon auszugehen, daß die Gemeinschafter zwar in den vertraglichen Hintergrund der Kooperation als Kooperationspartner oder Arbeitnehmererfinder eingebunden

---

[555] Für die Lösung von Problemen bei der Nutzung des eingebrachten Know-hows durch den Kooperationspartner stehen gesetzliche Regelungen aus dem Patentgesetz zur Verfügung. Ist dieses Know-how patentiert, so kann der Schutzrechtsinhaber die kooperationsfremde Nutzung untersagen. Hat er sie nicht schützen lassen, so muß er sich die Nutzung von Dritten gefallen lassen. Der Schwerpunkt dieser Arbeit liegt aber bei Miterfindungen aus Kooperationen, also bei dem neuen, gemeinsam erworbenen Know-how. Weshalb an dieser Stelle nicht näher auf die Problematik des eingebrachten Know-hows eingegangen werden soll. Vgl. dazu Kapitel B3.2.1 und B3.5.1.
[556] Münchener Kommentar, a. a. O., § 741 Rdn. 4.
[557] Soergel/Siebert/Hadding, Bürgerliches Gesetzbuch, 1985, vor § 705 BGB Rdn. 1, 5 und 20, vor § 741 BGB Rdn 1; Ulmer/Schmidt, Münchener Kommentar zum Bürgerlichen Gesetzbuch, Bd. 3, 2. HlBd., 1980, § 741 BGB Rdn. 46; Palandt/Thomas, Bürgerliches Gesetzbuch, 1997, § 741 BGB Rdn. 4.

sind, Regelungen jedoch gerade zur Verwertung im weitesten Sinne nicht bestehen.

3.3.1 Rechtsfolgen der Bruchteilsgemeinschaft

Aus der Anwendung der Bruchteilsgemeinschaft auf die Rechtszuständigkeit mehrerer ergeben sich folgende Rechtsfolgen:

- Der gemeinschaftliche Gegenstand als solcher ist ungeteilt.
- Verfügungsberechtigt über diesen sind nur alle Teilhaber gemeinsam.
- Nur die Rechtszuständigkeit ist geteilt. Diese Bruchteile sind jedoch rein rechnerisch, also ideell und nicht real quotenmäßig zu verstehen[558]. Das gemeinsame Recht der Teilhaber ist als Teilrecht eines Jeden anzusehen.
- Soweit die teilweise Ausübung der Befugnis an dem einzelnen Anteil möglich ist, z. B. der Anspruch auf den Bruchteil der Früchte, soweit die Interessen der übrigen nicht verletzt werden und das Recht durch die gleichen Rechte der übrigen nicht beschränkt ist, kann jeder sein Recht an dem ganzen, ungeteilten Gegenstand ausüben, hat also jeder ein durch die Mitberechtigung der anderen beschränktes Recht an dem ganzen, ungeteilten Gegenstand[559].
- Das Teilrecht ist dem Vollrecht wesensgleich[560]. Jeder Bruchteil des gemeinschaftlichen Gegenstandes ist uneingeschränkt dem einzelnen zugeordnet. Der gemeinschaftliche Gegenstand selbst gehört weder dem einzelnen noch der Gemeinschaft. Sondern die Bruchteilsgemeinschaft beruht auf der gemeinsamen Rechtszuständigkeit mehrerer Personen[561].

---

[558] Es ist nicht möglich, das Patent nach seinen Ansprüchen auf die einzelnen Miterfinder aufzuteilen, selbst wenn man die Beiträge genau bestimmen könnte. RG v. 17.9.1927, RGZ 118, S. 46 (Schlammentleerungsvorrichtung); Lüdecke, a. a. O., S. 122.

[559] Palandt/Thomas, a. a. O., § 741 BGB Rdn. 7; Ulmer/Schmidt, a. a. O., § 741 BGB Rdn. 1 ff.

[560] D. h., das Miterfinderrecht ist Erfinderrecht.

[561] Ulmer/Schmidt, a. a. O., § 741 BGB Rdn. 2 f.; Lindenmaier/Weiss, a. a. O., § 3 PatG Rdn. 19 m. w. N.

3.3.2 Faktische Unanwendbarkeit der Bruchteilsgemeinschaft

Der Nachweis, daß die Regeln der Bruchteilsgemeinschaft für die Miterfindergemeinschaft unpassend sind, wurde von der einschlägigen Literatur bereits vielfach geführt[562] und soll deshalb nicht mehr im einzelnen dargestellt werden. Zur Verdeutlichung sei jedoch folgendes angemerkt:

3.3.2.1 Die Patentanmeldung als Erhaltungsmaßnahmen - § 744 Abs. 2 BGB

Ob eine Schutzrechtsanmeldung erfolgen soll, ist für die Erfindergemeinschaft von entscheidender Bedeutung. Dieser Schritt bringt automatisch die Veröffentlichung der Erfindung mit sich. Grundsätzlich hat die Erfindergemeinschaft drei Möglichkeiten:

- Sie kann die Erfindung zum Patent anmelden.
- Sie kann die Erfindung möglichst lange geheimhalten und sich so die Alleinstellung dieses technischen Wissens möglichst lange bewahren, wozu es allerdings einer entsprechenden Abrede bedarf[563].
- Oder sie kann die Erfindung unter Verzicht auf diese Alleinstellung veröffentlichen und so Dritten ungeschützt zur Kenntnis gelangen lassen.

Die letzte Möglichkeit erscheint aber nur in den Situationen sinnvoll, in denen die Nutzungsdauer der Erfindung kurz, der Innovationsaufwand aber sehr hoch

---

[562] U. a. Engländer, GRUR 1924, S. 53; Calé, GRUR 1931, S. 90 f.; Lüdecke, a. a. O., S. 206 ff.; Fischer, GRUR 1977, S. 313; Wunderlich, a. a. O., S. 93; Bernhardt/Kraßer, a. a. O., S. 202 ff.; Sefzig, GRUR 1995, S. 303 ff.; a. A. Storch, in Festschrift für Albert Preu, S. 39 ff., der allerdings schon deshalb nicht so recht überzeugt, weil er zuallererst die Möglichkeit der Aufhebung der Gemeinschaft bespricht, bevor er auf deren einzelne Aspekte eingeht, und im Rahmen seiner Besprechung immer wieder auf die Möglichkeit einer abweichenden vertraglichen Regelung verweist.

[563] Allein diese Vereinbarung begründet aber noch keine Zweckgemeinschaft im Sinne der §§ 705 ff. BGB. Vgl. RGRK, § 741 BGB Rdn. 5: Auch bei der Bruchteilsgemeinschaft können die Teilhaber zur Regelung der Verwaltung und Benutzung des gemeinsamen Gegenstandes vertragliche Abreden treffen. Solche Vereinbarungen begründen allein jedoch noch keine Zweckgemeinschaft und sind nicht Inhalt eines gesellschaftlichen Zusammenschlusses; vgl. dazu auch Lüdecke, a. a. O., S. 108, 166.

ist, so daß die Veröffentlichung den Wettbewerbsvorsprung nicht beeinträchtigen kann[564].

Aus § 744 Abs. 2 BGB, der die Gemeinschafter berechtigt, notwendige Maßregeln zur Erhaltung des Gegenstandes ohne Zustimmung der anderen zu treffen, wird zum Teil auch die Berechtigung zur Anmeldung der Erfindung zum Patent geschlossen[565]. Diese steht jedoch im Konflikt zum Erfinderpersönlichkeitsrecht, das auch das Recht zur Bestimmung über die Veröffentlichung oder die Geheimhaltung der Erfindung enthält. In diesem Zusammenhang muß auch § 745 Abs. 1 BGB kritisiert werden, der Mehrheitsentscheidungen über die ordnungsgemäße Benutzung und Verwaltung, z. B. auch die Anmeldung zuläßt. Geht man streng vom Wortlaut des Gesetzes aus, kann dadurch die Minderheit gegen ihren Willen zur Veröffentlichung der Erfindung gezwungen werden. Dies ist aber mit dem persönlichkeitsrechtlichen Verständnis des Erfinderprinzips unvereinbar.

3.3.2.2 Die Verwaltung - §§ 744, 745 BGB

Auch die Vorschriften über die Verwaltung des gemeinschaftlichen Gegenstandes lassen viele Fragen offen. Hinsichtlich der Miterfindergemeinschaft betreffen sie insbesondere die Patentanmeldung, die Benutzung, die Lizenzvergabe, das Vorgehen gegen Geheimnisverletzungen, widerrechtliche Anmeldungen und Schutzrechtsverletzungen, die Maßnahmen zur Aufrechterhaltung eines Schutzrechts usw. Aus den §§ 744, 745 BGB ergeben sich zum einen die Grundsätze der gemeinschaftlichen Verwaltung, aber auch die Möglichkeit der Verwaltungsbeschlüsse durch Stimmenmehrheit, die sich an der Anteilsgröße und nicht an der Zahl der Köpfe orientiert. Dies hat zur Folge, daß auch bei einer Miterfindergemeinschaft, die sich nur aus zwei Miterfindern, jedoch mit unterschiedlichen Anteilen zusammensetzt, der Miterfinder mit dem größeren Anteil den anderen permanent überstimmen kann[566].

---

[564] Bernhardt/Kraßer, a. a. O., S. 204.

[565] Wunderlich, a. a. O., S. 93.

[566] Ebenda, S. 112.

3.3.2.3 Die Benutzungshandlungen - § 743 Abs. 2 BGB

Zu den umstrittensten Fragen des Patentrechts gehört aber die Berechtigung und der Umfang der Benutzung[567] der patentierten Erfindung durch die einzelnen Miterfinder[568]. Ursache dieses Meinungsstreits ist zum einen das Fehlen einer vertraglichen Regelung über die Benutzung und Verwertung der geschützten Erfindung, obwohl die Beteiligten häufig bewußt, gezielt und auf vertraglicher Grundlage an der Lösung eines technischen Problems arbeiten. Ist die Erfindung aber fertig und das Patent erteilt, so drängen die Teilhaber gewissermaßen von Natur aus auf eine Verwertung des Vermögensrechts. Zum anderen liegt es an der interessenwidrigen Regelung des § 743 Abs. 2 BGB, der jedem Teilhaber den Gebrauch so lange und so weit gestattet, als nicht der Mitgebrauch der übrigen Teilhaber beeinträchtigt wird. *Villinger*[569] stellt die unzutreffende Hypothese auf, daß sich das Problem der Anwendung des § 743 Abs. 2 BGB auf die Miterfindergemeinschaft nur bei geschützten Erfindungen stelle, da dem Mitinhaber des Vermögensrechts nicht mehr verboten sein könne als einem unbeteiligten Dritten. Mit anderen Worten: Wird für die Erfindung kein Schutzrecht erlangt, so gilt das Benutzungsverbot aus § 9 PatG nicht. Jeder Dritte kann dann die Erfindung benutzen, sofern er von ihr Kenntnis erlangt. Würde man den Miterfinder in seinen Benutzungsmöglichkeiten aufgrund der Beeinträchtigung des Mitgebrauchs der anderen Miterfinder beschränken, so stünde er schlechter da als der unbeteiligte Dritte, der der Beschränkung aus § 743 Abs. 2 BGB nicht unterliegt. Bei geheimem Know-how trifft dies jedoch nicht zu. Auch dieses können Dritte benutzen, wenn sie es denn selbst entwickelt haben, sonst bedür-

---

[567] § 743 Abs. 2 BGB geht davon aus, daß die Art der Benutzung feststeht. Die Vorschrift regelt nur das Maß der dem einzelnen Teilhaber zustehenden Benutzungsbefugnis, Lüdecke, a. a. O., S. 204.

[568] Der Meinungsstreit zum Benutzungsrecht des einzelnen Teilhabers wird ausschließlich in der Literatur geführt, Sefzig, GRUR 1995, S. 302; vgl. auch zusammenfassend Villinger, GRUR 1996, S. 332 ff.; es gibt zwar einige wenige Gerichtsentscheidungen, z. B. BGH v. 30.4.68, GRUR 1969, S. 133 ff. (Luftfilter); BGH v. 5.5.66, GRUR 1966, S. 558 ff. (Spanplatten); BGH v. 10.11.70, GRUR 1971, S. 210 ff. (Wildverbißverhinderung); BGH v. 20.2.79, GRUR 1979, S. 540 ff. (Biedermeiermanschetten); OLG Düsseldorf v. 30.10.70 GRUR 1971, S. 215 ff. (Einsackwaage); LG Nürnberg-Fürth v. 25.10.67, GRUR 1968, S. 252ff (Soft-Eis), die sich mit dem Problem der Rechtsform der Miterfindergemeinschaft beschäftigen. Auf die Problematik der Benutzung und Verwertung gehen sie jedoch nicht ein.

[569] Villinger, GRUR 1996, S. 394 f.

fen sie aber einer Lizenz. Der Miterfinder ist Mitgeheimhalter kraft Vertrages und kann das neue Know-how nur insoweit selbst nutzen, als es ihm der Vertrag erlaubt.

Zu den Befürwortern der Anwendung des § 743 Abs. 2 BGB zählen unter anderem *Storch*[570], der der Ansicht ist, daß die Anwendung der §§ 741 ff. BGB auf die Miterfindergemeinschaft zu angemessenen und praxisgerechten Ergebnissen führe. Im übrigen seien die Regelungen so flexibel, daß auch für die konkreten Bedürfnisse der einzelnen Teilhaber der notwendige Freiraum zur Verfügung stünde. Ebenso wie *Bruchhausen*[571] und *Isay*[572] ist er der Auffassung, daß jeder Teilhaber die geschützte Erfindung, mit Ausnahme der Lieferung von Mitteln und Vorrichtungen zur Anwendung des geschützten Verfahrens durch Dritte, im Sinne des § 9 PatG benutzen darf. Eine Beeinträchtigung des Mitgebrauchs der übrigen Teilhaber, die ebenfalls die geschützte Erfindung benützen dürfen, bestehe nicht. Im übrigen sei die Ansicht, daß jeder Teilhaber nur eine dem Interesse aller Teilhaber nach billigem Ermessen entsprechende Benutzung der Erfindung verlangen könne, zu eng, da dies zu einer Blockierung der gesamten Nutzung führen könne. Noch weiter geht die Ansicht von *Bernhardt/Kraßer*[573], die die § 743 Abs. 2 BGB uneingeschränkt für anwendbar erklären und dies auch nicht auf den innerbetrieblichen Gebrauch der Erfindung und des Patents begrenzen, sondern alle Formen der Erfindungsbenutzung im Sinne des § 9 PatG erfassen wollen. Der Mitgebrauch soll auch dann möglich sein, wenn dies die Absatzmöglichkeiten der anderen Teilhaber beeinträchtigt. Ein Ausschluß vom Mitgebrauch aus wirtschaftlichen Gründen ist daher ihrer Ansicht nach nicht mit § 743 Abs. 2 BGB vereinbar.

Für die vermittelnde Ansicht steht unter anderen *Wunderlich*[574], der § 743 Abs. 2 BGB nur bei wirtschaftlichem Gleichgewicht der Kooperationspartner zur

---

[570] Storch, Die Rechte des Miterfinders in der Gemeinschaft, in: Festschrift für Albert Preu, 1988, S. 39 ff.
[571] Benkard/Bruchhausen, a. a. O., § 6 PatG Rdn. 35.
[572] Isay, a. a. O., § 6 PatG Rdn. 29 und GRUR 1924, S. 25.
[573] Bernhardt/Kraßer, a. a. O., S. 206 f.
[574] Wunderlich, a. a. O., S. 113 ff.

Anwendung kommen lassen will. Der Ansicht Wunderlichs schließen sich auch *Klauer/Möhring*[575] an.

Eine eher ablehnende Haltung nimmt unter anderen *Fischer*[576] ein. Seiner Ansicht nach versagt bei der Erfindung die natürliche Grenze des § 743 Abs. 2 BGB, was wiederum große Grenzziehungsschwierigkeiten bei der Beeinträchtigung des Mitgebrauchs nach sich ziehe. Diese Regelung führe deshalb grundsätzlich zur Befugnis jedes Teilhabers zum selbständigen Gebrauch und enthalte hinsichtlich einer angemessenen Nutzung des Patents keine sachgerechte Lösung. Im übrigen gehe § 743 Abs. 2 BGB vom Umfang her von einem von vornherein feststehenden Gebrauch aus, was der möglichen unbegrenzten Patentbenutzung widerspreche. *Lüdecke*[577] mahnt bei der Anwendung des § 743 Abs. 2 zusätzlich die Gefährdung des Gleichheitsgrundsatzes dadurch an, daß durch die Veräußerung des Anteils ein Teilhaber in die Gemeinschaft eintreten könne, der durch sein wirtschaftliches Potential und den unbeschränkten betriebsinternen Gebrauch einen Marktausschluß der anderen bewirken könne. Auch im übrigen sieht er durch den Erfindungsgebrauch der einzelnen Teilhaber den Gleichberechtigungsgrundsatz aller Teilhaber, der sich aus §§ 742, 745 Abs. 3 S. 2, 747 BGB ergebe, stets gefährdet. Ausgleich, d. h. ein Benutzungsrecht gegen angemessene Lizenzgebühr des benutzenden Teilhabers an die übrigen, lehnt er als nicht interessensgerecht ab. Auch den Weg über einen Mehrheitsbeschluß nach § 745 BGB will Lüdecke nicht gehen, da dies bei Miterfindergemeinschaften mit zwei Teilhabern nicht angemessen wäre, denn bei gleichen Anteilen kann es keine Stimmenmehrheit geben, und bei verschieden großen Anteilen könne der eine den anderen immer überstimmen. Im übrigen könnten so auch unsachliche Motive in die Abstimmung mit einfließen. Eine Regulierung von unbilligen Beschlüssen gemäß § 745 Abs. 3 BGB hält Lüdekke im Rahmen der Benutzung nicht für möglich, da diese Beschlüsse keine Veränderung des Gegenstandes bewirken und § 745 Abs. 3 S. 2 BGB nicht die Gestaltung der Benutzung, sondern nur den quotenmäßigen Anspruch auf die erzielten Nutzungen regele.

---

[575] Klauer/Möhring, a. a. O., § 3 PatG Rdn. 18. Für weitere Literaturstimmen siehe Wunderlich, a. a. O., S. 114.
[576] Fischer, GRUR 1977, S. 313 ff.
[577] Lüdecke, a. a. O., S. 200 ff.

Unabhängig von der Auslegung ist § 743 Abs. 2 BGB demzufolge interessenwidrig und kann dem beiderseitigen Parteiwillen, hätten sie an eine Regelung gedacht, nicht entsprechen, denn je nach Verständnis des § 743 Abs. 2 BGB ist dieser entweder zu eng[578] oder - z. B. bei der Auffassung von *Bernhardt/ Kraßer*[579] zu weit, weil die Interessen der schwächeren Partei wie etwa der Wissenschaftseinrichtung frustriert werden. Die Interessen der einen oder anderen Partei werden in wirtschaftlicher Hinsicht mehr oder minder stark beeinträchtigt. Im Ergebnis ist deshalb nur eine Lösung interessengerecht, die eine angemessene Abgrenzung der Interessensphären vornimmt.

3.3.2.4 Das Verfügungsrecht - § 747 BGB

Gemäß § 747 S. 1 BGB kann jeder Miterfinder über seinen Anteil an dem Vermögensrecht verfügen, es also an einen Dritten veräußern. Die Folge ist ein personeller Wechsel innerhalb der Erfindungsgemeinschaft, auf den die übrigen Gemeinschafter keinen Einfluß nehmen können. Diese Situation kann insbesondere dann den persönlichen Interessen der übrigen Miterfinder widersprechen, wenn der Dritte durch seine Finanzkraft größere Möglichkeiten zur Benutzung der Erfindung hat als die anderen.

3.3.2.5 Die Aufhebung und Teilung der Gemeinschaft - §§ 749 ff. BGB

Auch die Regelungen über die Aufhebung und Teilung der Gemeinschaft im Sinne von §§ 749 ff. BGB sind ein „... völlig geistloser Mechanismus ..."[580] Jeder Teilhaber kann nach § 749 Abs. 1 BGB jederzeit die Aufhebung der Gemeinschaft verlangen. Dies hat eine ständige Unsicherheit über den Fortbestand der Gemeinschaft zur Folge. Ohne verläßliche Basis dürfte sich das einzelne Mitglied der Gemeinschaft bei Investitionen in den gemeinschaftlichen Gegenstand eher zurückhalten. Problematisch ist dabei auch, daß die gesetzliche Regelung dem einzelnen keine Möglichkeit zur Übernahme der Anteile der ande-

---

[578] Fischer, GRUR 1977, S. 313 ff.; Lüdecke, a. a. O., S. 200 ff.
[579] Bernhardt/Kraßer, a. a. O., S. 206 f.
[580] Isay, GRUR 1924, S. 27.

ren gibt. Mit *Fischer*[581] ist deshalb auch eine Anwendung des § 749 BGB abzulehnen, da dadurch die Verwertungsregeln jederzeit „... aus den Angeln gehoben werden können ..." und man die Aufwendungen der einzelnen Teilhaber auf den gemeinsamen Gegenstand bedenken muß[582]. Auch das Aufhebungsverlangen aus wichtigem Grund ist abzulehnen. Es wäre nur dann gerechtfertigt, wenn der Anteil des lösungswilligen Teilhabers auf die anderen Teilhaber anwachsen würde. Das ist im Gesetz aber nicht vorgesehen.

3.3.2.6 Die Anteilsbestimmung - § 742 BGB

Die Höhe des vermögensrechtlichen Anteils an der Miterfindung ist für den einzelnen Miterfinder von großer Bedeutung. Nachdem der oben[583] entwickelte Miterfinderbegriff dazu führt, daß im Rahmen der Miterfinderbenennung eine Beitragsermittlung und -bewertung unerheblich ist, muß die Regulierung maßgeblich über die Höhe der Anteile an der Erfindung und an dem Patent erfolgen. § 742 BGB geht mangels einzelvertraglicher Regelung[584] bei der Ermittlung der ziffernmäßigen Quote an der gesamten Erfindung im Zweifel von gleichen Anteilen der Gemeinschafter aus[585]. Der BGH beschreitet dabei zur Beurteilung des

---

[581] Fischer, GRUR 1977, S. 318; gegen eine uneingeschränkte Anwendung sind auch Lüdekke, a. a. O., S. 148 ff.; Klauer/Möhring, a. a. O., § 3 PatG Rdn. 25: Beide halten eine Lösungsmöglichkeit nur nach Treu und Glauben unter Berücksichtigung der Umstände des Einzelfalls für möglich; Lindenmaier/Weiss, a. a. O., § 3 PatG Rdn. 18, die aufgrund der - durch die latente Drohung der permanent möglichen Auflösung - begründeten Unsicherheit des Bestandes der Gemeinschaft und der Gefahr der Verschleuderung der Erfindung ein Aufhebungsverlangen entsprechend § 749 Abs. 2 BGB nur aus wichtigem Grund für zulässig erachten.

[582] Für eine uneingeschränkte Anwendung vgl. Storch, a. a. O., S. 41 f.; Benkard/Bruchhausen, a. a. O., § 6 PatG Rdn. 36, die das Auflösungsverlangen als legitimes Druckmittel zur Erzielung einer angemessenen Verwertungsregel im Sinne des § 745 BGB sehen.

[583] Vgl. Kapitel A4.

[584] Eine vertragliche Vereinbarung über die Höhe des Anteils ist jederzeit möglich. Zulässigkeitsbedenken bestehen diesbezüglich nicht, da die Vereinbarung lediglich die vermögensrechtliche, jedoch nicht die persönlichkeitsrechtliche Seite der Erfindung berührt, Lüdecke, a. a. O., S. 63.

[585] Umstritten ist, ob im Grundsatz, also mangels offensichtlicher anderer Indizien, gleiche Anteile angenommen werden können oder ob grundsätzlich von unterschiedlich hohen Anteilen auszugehen ist und gleiche Anteile nur bei nicht feststellbaren bzw. nicht abgrenzbaren Beiträgen unterstellt werden dürfen. Zum Teil wird vertreten, daß auf die Regelung des § 742

Wertes der erfinderischen Leistung des einzelnen folgenden Weg: Zunächst soll der Gegenstand der Erfindung ermittelt werden. Dann sind die Einzelbeiträge der Miterfinder festzulegen, und schließlich sind diese untereinander und im Verhältnis zur erfinderischen Gesamtleistung zu gewichten[586]. Zum Beurteilungs- bzw. Bewertungsansatz des BGH ist jedoch anzumerken, daß der Anteil des einzelnen Miterfinders am Erfindungsgedanken aufgrund der Verschmelzung und Verzahnung der einzelnen Beiträge infolge von Kommunikation und Diskussion während des Erfindungsprozesses nur in den wenigsten Fällen von den Beiträgen der anderen abgegrenzt werden kann[587]. Der Anteil am Erfindungsgedanken ist bei der Bestimmung des Anteils am Vermögensrecht der Erfindung jedoch das einzig ausschlaggebende, denn auf die Größe der Mühe oder des Arbeitsaufwandes kommt es[588] ebensowenig wie auf die wirtschaftliche Bedeutung der einzelnen Beiträge an. Anderer Ansicht als der BGH ist zum Beispiel Lüdecke[589], der grundsätzlich von gleichen Anteilen ausgeht und nur in Ausnahmefällen die Gleichheitsvermutung verlassen will. Trotz dieses Streits ist die gesetzliche Vermutung des § 742 BGB nicht zu beanstanden. Daß mit Lüdecke im Grundsatz von gleichen Anteilen auszugehen ist, ist mit den Erfahrungen der Praxis vereinbar. In den seltenen Fällen, in denen sich die einzelnen Beiträge bestimmen lassen, ist § 742 BGB einer abweichenden Regelung offen.

3.3.3 Konsequenz - Unanwendbarkeit der Bruchteilsgemeinschaft

Folgende Argumente sprechen also gegen die Anwendung der Bruchteilsgemeinschaft auf Miterfindungen von vertraglich begründeten Forschungs- und Entwicklungskooperationen:

BGB erst dann zurückgegriffen werden darf, wenn sich nach Ausschöpfung aller sich bietender Erkenntnisquellen letztlich keine Klarheit über den Wert der einzelnen Beiträge ergibt. Es wird also nicht die Gleichheit, sondern die unterschiedliche Höhe der einzelnen Beiträge als Grundsatz angesehen. Vgl. dazu Bernhardt/Kraßer, a. a. O., S. 201; BGH v. 20.2.79, GRUR 1979, S. 542 (Biedermeiermanschetten); vgl. im übrigen Lindenmaier/Weiss, a. a. O., § 3 PatG Rdn. 19; Klauer/Möhring, a. a. O., § 3 PatG Rdn. 18; RG v. 17.9.27, RGZ 118, S. 48 (Schlammentleerungsvorrichtung).

[586] BGH v. 20.2.79, GRUR 1979, S. 540 ff. (Biedermeiermanschetten).

[587] Das Problem der Bestimmung der Beiträge des einzelnen Mitarbeiters an der Erfindung wurde schon in den Kapiteln A3 und A4 ausführlich besprochen.

[588] Lindenmaier/Weiss, a. a. O., § 3 PatG Rdn. 18.

[589] Lüdecke, a. a. O., S. 65.

1. Die Väter des BGB haben bei der Entwicklung dieser Vorschriften die Gemeinschaften an Immaterialgütern nicht bedacht[590]. Die Regeln der Bruchteilsgemeinschaft passen deshalb nicht für das Immaterialgut, da bei einer Erfindung oder einem Patent, im Gegensatz zu einer Sache, eine Verwertung weder räumlich gebunden ist, noch ohne erhebliche Investitionen auskommt und in den Grenzen der wirtschaftlichen Bedeutung beliebig steigerbar ist. Der Wert einer patentierten Erfindung liegt in ihrer Verwendung als handels- und marktfähiges Gut und als Wettbewerbsinstrument und nicht in dem Recht als solchem. Außerdem wird durch Investitionen der Inhalt einer Erfindung nicht verändert. Anders ist dies jedoch bei einer Sache, die durch Verwendungen auf diese in ihrem Wert steigen kann. Ein weiterer maßgeblicher Unterschied zu der Verwertung einer Sache, z. B. eines Grundstücks, kann die relativ kurze Verwertungszeit, der Innovationszeitraum, sein. Die Erfindung und das Patent haben nur eine begrenzte Lebensdauer. Diese Phase der Verwertungsmöglichkeit wird zudem durch die Weiterentwicklung der Technik verkürzt. Obendrein ist die Bruchteilsgemeinschaft auf solche Fälle zugeschnitten, in denen die Art der Verwertung und der Verwaltung des gemeinschaftlichen Gegenstandes schon mehr oder weniger vorbestimmt ist. Diesem Bild entspricht eine Erfindung jedoch nicht, da hinsichtlich der Fragen der Veröffentlichung, der Patentanmeldung, der Verwertungsmöglichkeiten etc. noch alles offen ist[591]. Die Anwendung der Regelungen auf die Miterfindung weist also so große Schwachpunkte auf, daß die Bruchteilsgemeinschaft keine brauchbaren Ergebnisse liefert.
2. Die einschlägige Literatur und Rechtsprechung betrachten die Regelungen der Bruchteilsgemeinschaft zur Lösung der speziellen Problemlage der Miterfindergemeinschaft als ungeeignet[592], sind aber bedauerlicherweise nicht so konsequent, sie dann einfach nicht anzuwenden.
3. Die Praxis wendet die Regelungen der Bruchteilsgemeinschaft grundsätzlich nicht an, da sie diese als nicht interessengerecht und nicht brauchbar erachtet.

---

[590] Fischer, GRUR 1977, S. 313 ff.

[591] Wunderlich, a. a. O., S. 95 f.

[592] Sefzig, GRUR 1995, S. 302 ff.; Fischer, GRUR 1977, S. 313 ff., Wunderlich, a. a. O., S. 93 jeweils m. w. N.

4. Bei der beschränkten Inanspruchnahme aller oder mehrerer Kooperationspartner kommt es zu einer Vervielfältigung der Nutzungsrechte, denn die Arbeitnehmererfinder bleiben als Rechtsinhaber der Erfindung weiterhin neben den Kooperationspartnern nutzungsberechtigt. Diese Vervielfältigung ist aber mit dem Wesen der Bruchteilsgemeinschft nicht vereinbar. Das Nutzungsrecht des einzelnen im Rahmen einer Kooperation müßte dann jedoch leerlaufen[593].

Die Konsequenz der oben gemachten Ausführungen muß die Unanwendbarkeit der Regelungen der Bruchteilsgemeinschaft auf die überbetriebliche Miterfindergemeinschaft im Rahmen einer vertraglich begründeten Forschungs- und Entwicklungskooperation sein.

3.4 Die inhaltliche Ausgestaltung des Kooperationsvertrages in der Praxis

Wie die Kooperation im Bereich Forschung und Entwicklung im Detail funktioniert, ist eine Frage des Einzelfalles. *Ullrich* stellt für den Bereich der externen Vertragsforschung zutreffend fest, daß es **den** Forschungs- und Entwicklungsvertrag nicht gibt[594]. Diese Aussage kann aber verallgemeinernd auch auf die kooperative Forschung und Entwicklung übertragen werden. Die näheren Umstände und der Umfang industrieller Zusammenarbeit wird von den Unternehmen auch nicht an die Öffentlichkeit getragen[595]. Einige Erkenntnisse über die vertraglichen Abreden ließen sich jedoch aus einer Reihe von Interviews gewinnen, die in der Folge dargestellt werden. Allgemein wurde dabei festgestellt, daß bei Großprojekten eine sehr detaillierte Regelung erfolgt. Je unbedeutender aber das Projekt ist, desto weniger wird vertraglich geregelt. Selbstverständlich sind nicht alle Verträge bis ins Detail identisch, es finden sich Regelungen zu den Bereichen:

---

[593] Zu diesem Problem siehe auch Bartenbach/Volz, § 6 Rdn. 72, 74; Bernhard/Kraßer, a. a. O., S. 258, Sefzig, GRUR 1995, S. 302 ff.

[594] Ullrich, Privatrechtsfragen der Forschungsförderung in der Bundesrepublik Deutschland, S. 50.

[595] Siehe dazu näher in: Ullrich, Kooperative Forschung und Kartellrecht, S. 27 ff.; aufgrund der ausdrücklichen Bitte der Interviewpartner wird von deren Nennung abgesehen.

- Gegenstand der Kooperation,
- Umfang und Aufteilung der Aufgaben in der Kooperation für den einzelnen Partner,
- Projektbesprechungen,
- evtl. Vergütung (insbesondere bei externer Vertragsforschung),
- Eigentumsrechte und Benutzungsrechte am eingebrachten Know-how,
- Verwertung des erworbenen Know-hows, selten der Miterfindungen,
- Lizenzen,
- z. T. Art der Inanspruchnahme bei Arbeitnehmererfindungen,
- z. T. Arbeitnehmererfindervergütung,
- Anmeldung und Kosten, d. h. finanzielle Aufwendungen des jeweiligen Partners,
- Haftung der Partner im Innen- und Außenverhältnis, d. h. Haftung der Partner untereinander während der Zusammenarbeit und Haftungsaufteilung bei Ansprüchen des Kunden oder Dritter[596],
- Geheimhaltung,
- Vertragsänderung und
- Beendigung der Kooperation.

Aufgrund der Themenstellung dieser Arbeit beschäftigen sich die folgenden Ausführungen ausschließlich mit den Abreden, die sich im weitesten Sinne auf Miterfindungen aus der Kooperation beziehen.

3.4.1 Die Miterfindungs-Vertragsabreden bei kooperativer Forschung und Entwicklung

Werden als Resultat der Zusammenarbeit Miterfindungen erwartet, und nur dann, erfolgt hierzu eine vertragliche Regelung. Diese ist um so detaillierter, je anwendungsnäher das Forschungsgebiet und je unterschiedlicher die Machtverhältnisse der Partner sind.

---

[596] Reukauf, GRUR 1986, S. 416.

3.4.1.1 Anteile, Verwertung und Arbeitnehmer

In die Vereinbarung wird grundsätzlich aufgenommen, daß eine Diskussion über die Anteile an der Erfindung zu unterbleiben hat und die Aufteilung nach gleichen Anteilen vorgenommen werden soll. Durch die Festlegung der Anteile 50 : 50, 33 : 33 : 33 etc. entgehen die Parteien einer nachträglichen Bestimmung der Anteile. Eine Ausnahme wird im Vertrag nur dann zugelassen, wenn diese Regelung zu unverhältnismäßigen Ergebnissen führen würde. Zum Ausgleich bei einer unverhältnismäßigen Sachlage wird in diesem Fall die Möglichkeit einer nachträglichen vertraglichen Abrede nach Interessenlage zugelassen, was freilich zu großer Rechtsunsicherheit im Einzelfall führen muß. Zum Teil werden von vornherein Ausgleichszahlungen bei einer nicht den Anteilen entsprechenden Nutzung vereinbart, die Höhe jedoch nicht von vornherein festgelegt.

Industrieunternehmen verständigen sich - soweit sie die Inanspruchnahme überhaupt regeln - auf die unbeschränkte Inanspruchnahme durch alle an der Erfindung beteiligten Vertragsparteien. Eine Mitinhaberschaft von Teilen der Arbeitnehmererfinder ist nicht gewollt, da dies die Zahl der Verwertungsberechtigten um ein Vielfaches erhöhen würde und die Arbeitnehmer des Kooperationspartners zudem in keiner Weise beeinflußt werden können. Die Vergütung der Arbeitnehmererfinder trägt, wie im ArbNErfG vorgesehen, jeder Partner selbst. Derartige Regelungen dienen somit nur der Klarstellung. Zum Teil wird auch noch explizit - und trotz gleichlautender Regelung des ArbNErfG - mit aufgenommen, daß Berechnungsgrundlage der Vergütung die wirtschaftliche Verwertbarkeit der Erfindung durch den jeweiligen Arbeitgeber ist und nicht auf den Erfindungswert für die gesamte Kooperation abgestellt werden darf.

Soweit Vereinbarungen über die Verwertung getroffen werden, wird diese entsprechend den Firmeninteressen und unabhängig von der Anteilsgröße geregelt. Die Praxis achtet demnach nur auf die Interessenlage des einzelnen. Die Verwertung ist reine Verhandlungssache. Die gesetzlichen Regelungen werden immer vertraglich modifiziert. Unter Verwertung ist in diesem Sinne die Verfügung über die Vertragsschutzrechte und die Nutzung der Vertragsschutzrechte zu verstehen. Im Bereich der marktfernen Grundlagenforschung darf grundsätzlich jeder Partner die Erfindung unentgeltlich und nichtausschließlich verwerten. Im übrigen gibt es aber eine sehr große Variationsbreite der Verwertungsregeln. Diese bewegt sich von der Aufteilung der Verwertung nach den Geschäftsfeldern der Partner bis zur alleinigen Nutzung durch einen Partner, verbunden mit einer Ausgleichszahlung an den anderen. Auch bei unterschiedlichen Nutzungspotentialen wird zumeist durch eine Billigkeitsklausel eine Ausgleichszahlung vergleichbar einer Lizenzgebühr vereinbart. Maßgeblich für die Berechnung der Ausgleichszahlung sind die Umstände des Einzelfalls. Folgende Faktoren können beispielhaft aufgezählt werden:

- Stärke der Kooperationspartner, d. h. Macht- und Marktverhältnisse.
- Aufteilung der Projektkosten, d. h., trägt diese jeder selbst, dann erfolgt die Nutzung unentgeltlich, trägt diese nur einer, so kann nur dieser unentgeltlich nutzen, oder es entsteht der Anspruch auf eine abgestufte Ausgleichszahlung nach dem Anteil an den Projektkosten.
- Bei Forschungs- und Entwicklungskooperationen zwischen Zulieferer und Kunde ist eine Verwertung im Rahmen des Liefergeschäfts unentgeltlich, nur nicht gewollte Geschäfte mit Dritten werden entgeltlich gestellt.
- Die Verwertung entsprechend dem Entwicklungszweck ist unentgeltlich.

3.4.1.2 Lizenzen, Verfügungen, Anmeldung und Kosten

Grundsätzlich wird im Rahmen von Forschungs- und Entwicklungskooperationen vertraglich nur die Vergabe von einfachen, nichtausschließlichen Lizenzen an Dritte gestattet. Mit Ausnahme des Bereichs der marktfernen Grundlagenforschung, bei der jeder ohne Zustimmung des anderen Lizenzen an Dritte vergeben darf, ist die Erteilung von Lizenzen an den Miterfindungsanteilen an die Einwilligung des Kooperationspartners gebunden. Die Lizenzeinnahmen werden im Verhältnis zu den Anteilen aufgeteilt.

Verfügungen über die Rechte an der Erfindung bzw. an dem Patent dürfen nur nach vorheriger Information der Kooperationspartner vorgenommen werden. Auf diesem Weg versucht man, der möglichen Drohung des plötzlichen und überraschenden Verkaufs der Anteile an die Konkurrenz den Boden zu entziehen.

Die Anmeldung erfolgt zusammen oder einzeln, je nach Interessenlage. Wird einzeln angemeldet, so fungiert der Anmelder als Treuhänder der anderen Kooperationspartner. Die Kosten für das Verfahren vor dem Patentamt und für den Erhaltungsaufwand des Patents tragen die Kooperationspartner entweder zu gleichen Teilen oder bei einem großen Ungleichgewicht der Miterfinderbeiträge oder stark divergierenden Verwertungsmöglichkeiten nach dem Billigkeitsgrundsatz.

3.4.2 Die Miterfindungs-Vertragsabreden bei externer Vertragsforschung

Selbstverständlich streben die Forschungseinrichtungen eine Sicherung aller Erfindungen an, die aus Kooperationen entstehen können. Dies gilt sowohl für Einzel- als auch für Miterfindungen. Übernimmt der Industriepartner aber das gesamte Kostenrisiko der Forschungs- und Entwicklungstätigkeit, so wird durchweg vereinbart, daß dann auch alle Rechte, die aus der Kooperation entstehen, dem Industriepartner zur alleinigen Verfügung gehören sollen[597]. Um dies zu erreichen, wird die Forschungseinrichtung vertraglich zur Geheimhaltung, zur Unterlassung von Wettbewerb und zur Überlassung etwaiger Schutzrechte verpflichtet[598]. Bei Miterfindungen tritt die Forschungseinrichtung somit ihre Anteile im voraus an den Kooperationspartner ab.

3.4.2.1 Veröffentlichungen

Da Veröffentlichungen der Forschungseinrichtungen die Patentierbarkeit der Miterfindung ausschließen, wird grundsätzlich vereinbart, daß diese, soweit sie projektbezogen sind, vorab in einem angemessenen Zeitraum dem Kooperationspartner zur Durchsicht und Genehmigung vorzulegen sind[599]. Zum Teil wird die Forschungseinrichtung sogar soweit eingeschränkt, daß auch projektbezogenes neues Know-how, das nicht der Geheimhaltung unterliegt, von der Veröffentlichung bis zur Schutzrechtsanmeldung einer Miterfindung und der Beendigung der Kooperation ausgeschlossen wird.

3.4.2.2 Verwertung, Lizenzen, Arbeitnehmer und Anmeldung

Nach allem bleibt für eine weite Bandbreite von Verwertungsmöglichkeiten der Forschungseinrichtung kaum Raum. Ist die Miterfindung für den Kooperations-

---

[597] Vgl. dazu auch Ullrich, Privatrechtsfragen der Forschungsförderung in der Bundesrepublik Deutschland, S. 99.
[598] Ebenda.
[599] Ebenda, S. 54.

B3 Das neue Know-how - Konflikte der Forschungs- und Entwicklungskooperation

partner von Interesse, so wird die Forschungseinrichtung verpflichtet, ihre Anteile an der Miterfindung und damit auch ihre Teilhaberrechte an der gewerblichen Nutzung auf den Industriepartner zu übertragen[600]. Ihr wird lediglich zugestanden, die Forschungsergebnisse zu wissenschaftlichen Zwecken kostenlos zu nutzen. Teilweise enthalten die Verträge das Verbot, „... im Umfeld des Vertragsgegenstandes weitere Forschungs- und Entwicklungsaufgaben für Dritte zu übernehmen ..."[601] Die zeitliche und gegenständliche Geltung dieser Exklusivität ist unterschiedlich. Sie kann bis zur Stillegung des Forschungs-Know-hows führen. Die Forschungseinrichtung erhält für diese sehr weitgehende Beschränkung ihrer Tätigkeit einen Ausgleich, der um so höher ist, je weiter die Exklusivität in ihr Tätigkeitsfeld eingreift[602]. Für marktmäßig nicht interessante Miterfindungen wird der Forschungseinrichtung das Recht eingeräumt, die Anteile des Kooperationspartners zu übernehmen und die Schutzrechtsanmeldung auf eigene Kosten zu betreiben. Diese kann sie dann allein verwerten. Eine Ausgleichspflicht der Forschungseinrichtung war diesbezüglich aber nicht Bestandteil der Verträge.

Da Forschungseinrichtungen in der Regel ihr Know-how und ihre patentgeschützten Erfindungen nicht durch eigene Produktion, sondern nur durch Lizenzvergabe verwerten können, ist es ihr Ziel, eine Regelung in den Vertrag aufzunehmen, die es ihnen erlaubt, ohne Zustimmung des Industriepartners wenigstens einfache Lizenzen an Dritte zu vergeben. Aufgrund der obigen Regelungen ist ihnen das aber nur an dem Know-how gestattet, an dem der Kooperationspartner kein Interesse hat und es deshalb der Forschungseinrichtung überläßt. Fehlt bei der Forschungseinrichtung auch das Interesse an einer Lizenzvergabe an Dritte an den ihr verbleibenden Miterfindungen, so wird das Patent entweder nicht angemeldet oder aber allein durch die Industrie verwertet. Ausgleich erfährt die Forschungseinrichtung in letzterem Fall dann unter Umständen durch eine finanzielle Entschädigung, die sich an dem Ertrag orientiert, den die Forschungseinrichtung durch die Lizenzvergabe hätte erzielen können. Abgezogen werden müssen davon aber die bereits entrichteten Projektvergütungen, Schutzrechtskosten etc., die die Industrie bereits entrichtet hat.

---

[600] Ebenda, S. 54, 100.
[601] Ebenda, S. 101.
[602] Ebenda.

Wird eine Erfindung erwartet, so enthält der Vertrag zumeist eine Abrede über die Inanspruchnahme durch den jeweiligen Arbeitgeber. Entweder wird die Forschungseinrichtung von vornherein zur unbeschränkten Inanspruchnahme verpflichtet oder aber ihr die Pflicht auferlegt, die Erfindungsmeldung an den Auftraggeber so kurzfristig weiterzuleiten, daß er über eine Inanspruchnahme der Forschungseinrichtung gegenüber ihrem Arbeitnehmer noch entscheiden kann[603]. Die Vergütung der Arbeitnehmererfinder trägt klarstellend jeder Partner grundsätzlich selbst. Ausnahmsweise wird diese jedoch zum Teil auch für die Arbeitnehmererfinder der Forschungseinrichtung auf den Industriepartner abgewälzt. Dies gilt vor allem dann, wenn sich der Industriepartner alle Rechte vorbehält. Maßgeblich für die Vergütungsberechnung ist in der Regel eine Schätzung des Verwertungspotentials der Forschungseinrichtung, also der Erfindungswert, den die Forschungseinrichtung hätte erwirtschaften können, wenn ihr die Verwertungsmöglichkeit verblieben wäre. Der Erfindungswert des Industriepartners wird dafür grundsätzlich nicht herangezogen[604].

Die Anmeldung erfolgt im allgemeinen durch die Industrie, da diese sich auch die Übertragung sämtlicher Rechte einräumen läßt.

3.5 Notwendige Regelungsinhalte für Kooperationsverträge

Um das Konfliktpotential so niedrig wie möglich zu halten und eine schnelle, gütliche außergerichtliche Einigung bei trotzdem entstehenden Streitigkeiten zu gewährleisten, sollten folgende Regelungen in die Kooperationsvereinbarung aufgenommen werden[605]:

---

[603] Ebenda, S. 103.

[604] Dies ergab sich aus den durchgeführten, jedoch keinesfalls repräsentativen Interviews. Zu anderen Ergebnissen kommt. Vgl. dazu auch Ullrich, Privatrechtsfragen der Forschungsförderung in der Bundesrepublik Deutschland, S. 103, der sich hier nicht festlegen will.

[605] Für Vertragsmuster für Kooperationsverträge kooperativer Forschung und Entwicklung und externer Vertragsforschung vgl. ausführlich Pagenberg/Geissler, Lizenzverträge, S. 330 ff., 384 ff.

3.5.1 Gegenstand der Zusammenarbeit und eingebrachtes Know-how

Aus dem Gegenstand der Zusammenarbeit ergibt sich das Know-how, das beide Kooperationspartner einbringen müssen[606]. An dieser Stelle sollte auch eine genaue Aufstellung der eingebrachten Forschungsergebnisse und Schutzrechte enthalten sein. Dieses Know-how kann in bereits vorhandenen Einrichtungen der Kooperationspartner verkörpert sein, aber vor allem wird es von speziellem Erfahrungswissen und Schutzrechten gebildet. Gibt es Streit darüber, ob eine Miterfindung überhaupt vorliegt oder - falls dies unstreitig ist - über die Höhe des jeweiligen Anteils, so kann diese Aufstellung als Indiz zur Konfliktlösung verwendet werden, da im Zweifel aus ihr hervorgehen kann, wer welchen Beitrag zur Miterfindung erbracht hat.

Die Parteien sollten sich auch deshalb zu einer genauen Aufstellung aller bereits vorhandenen Schutzrechte, die den Gegenstand der Zusammenarbeit berühren können, zu einem festen Termin vor Beginn der tatsächlichen Zusammenarbeit verpflichten, weil alles Know-how, das danach entsteht, als mögliche Miterfindung anderen Regelungen unterfällt. Da das eingebrachte Know-how im Eigentum des jeweiligen Partners auch während und nach der Zusammenarbeit verbleibt, bedarf es einer Regelung der unentgeltlichen Nutzung durch den jeweils anderen Partner, soweit die Nutzung dem Sinn und Zweck der Kooperation zu dienen bestimmt ist. Die Entrichtung einer Lizenzgebühr würde dem Sinn und Zweck der Zusammenarbeit widersprechen. Diese Nutzung muß zeitlich auf die Zusammenarbeit beschränkt werden.

3.5.2 Neues Know-how aus der Zusammenarbeit

3.5.2.1 Arbeitnehmererfinderrecht

Die Vertragsparteien sollten sich zur unbeschränkten Inanspruchnahme der Erfindung verpflichten. Folge dieser Inanspruchnahme ist ein Anspruch auf Arbeitnehmererfindervergütung durch die angestellten Miterfinder. Da es aufgrund der zum Teil höchst unterschiedlichen Verwertungspotentiale der Kooperationspartner bei der Vergütung zu großen Mißverhältnissen im Vergleich zum

---

[606] Formulierungsvorschläge finden sich z. B. bei Reukauf, GRUR 1986, S. 416.

Anteil der Arbeitnehmererfinder an der Erfindung kommen kann, wäre es für die Arbeitnehmererfinder am interessengerechtesten, wenn der Vertrag eine Regelung enthalten würde, die bestimmt, daß grundsätzlich der Kooperationspartner die Vergütung zahlen muß, der mit der Erfindung den maßgeblichen Umsatz erzielt. Die Höhe sollte sich dann auch nach dessen Verwertungspotential bestimmen. Bei Gemeinschaftserfindungen sollten also die Kosten im Verhältnis zu der jeweiligen Benutzung aufgeteilt werden. Eine solche Regelung wird sich aber wohl nicht durchsetzen lassen, zumal sie zwar den Interessen der Arbeitnehmererfinder dient, nicht aber im Interesse des Kooperationspartners liegt, der das bessere Verwertungspotential hat und im Zweifel der wirtschaftlich Mächtigere ist.

3.5.2.2 Benutzung während der Kooperationsdauer

Ziel einer Forschungs- und Entwicklungskooperation ist die Entwicklung neuen Know-hows und dessen Benutzung durch die Vertragspartner bzw. bei der externen Vertragsforschung durch den Auftraggeber[607]. Es muß deshalb die meist kostenlose Nutzung für Forschungs- und Entwicklungszwecke durch die Vertragsparteien bzw. den Auftraggeber ebenso verabredet werden, wie die Regelung für eine bereits beginnende marktmäßige Verwertung. Konflikte werden hier zum einen bei Wettbewerb zwischen den Kooperationspartnern entstehen. Eine Wettbewerbssituation braucht aber nicht vorzuliegen, wenn sämtliche Kooperationspartner ihr wirtschaftliches Potential in unterschiedlichen Branchen haben und aus der Erfindung unterschiedliche Erzeugnisse herstellen, für die kein gemeinsamer Markt besteht. In diesen Fällen liegt eine Benutzung durch alle Teilhaber im gemeinsamen Interesse. Anders ist die Interessenlage, wenn die Erzeugnisse identisch sind, alle Teilhaber die Erfindung innerbetrieblich verwerten können und durch deren Vertrieb in unmittelbaren Wettbewerb zueinander treten. Dann dürfte die Verwertung der Erfindung durch die einzelnen Teilhaber auf großen Widerspruch innerhalb der Forschungs- und Entwicklungskooperation treffen. Zumeist stammen die Teilhaber jedoch nicht aus dem gleichen Marktsegment - wie z. B. bei der Zusammenarbeit zwischen Industrieunternehmen und Forschungseinrichtungen oder zwischen Hersteller und Zulieferer - oder verfügen nicht über dieselben innerbetrieblichen wirtschaftlichen

---

[607] Ebenda, S. 417.

Potentiale zur Benutzung der Erfindung. Dies ist aber die zweite Quelle von Konflikten. Es ist nämlich in der Regel nicht davon auszugehen, daß die Teilhaber ohne oder mit nur geringem Verwertungspotential im Rahmen der eigenen Produktion, mit der ausschließlichen oder überwiegenden und kostenlosen Benutzung durch einen einzelnen Teilhaber einverstanden sind, selbst wenn sie mit diesem nicht in unmittelbarem Wettbewerb stehen.

Festgelegt werden sollten in diesem Zusammenhang deshalb die einzelnen Verwertungsarten der Partner, z. B. Produktion und Vertrieb durch das Industrieunternehmen und die Vergabe nichtausschließlicher Lizenzen durch die Forschungseinrichtung. Die Verwertung sollte aber auch in ihrer Wertschöpfung für den einzelnen Kooperationspartner seinem Anteil an der Miterfindung entsprechen. Deshalb ist anzuraten, in die Vereinbarung eine Ausgleichsverpflichtung zwischen den Partnern aufzunehmen, soweit die Verwertungsmöglichkeiten eines oder mehrerer Partner hinter dem tatsächlichen Anteil an der Erfindung zurückbleiben, der oder die anderen Kooperationspartner aber im Verhältnis zu ihrem Anteil eine überproportionale Verwertungsmöglichkeit haben. In diesem Zusammenhang muß bei der externen Vertragsforschung jedoch Berücksichtigung finden, daß das auftraggebende Industrieunternehmen die Forschungstätigkeit der Forschungseinrichtung bereits vergütet hat. Als Kompromiß könnte man diesbezüglich vertraglich regeln, daß der Auftraggeber die ausschließlichen Rechte für den Anwendungsfall seines Forschungsprojektes erhält und der Auftragnehmer die Ergebnisse nutzen kann, die über den Inhalt des Forschungs- und Entwicklungsvertrages hinausgehen. Im Übrigen besteht eine Kooperations- oder zumindest Rücksichtnahmepflicht zwischen den Kooperationspartnern.

3.5.2.3 Anteilsbestimmung

Würde man die verschiedene Wertigkeit der Anteile zum Grundsatz erheben, so bestünde vom Moment der Fertigstellung der Erfindung an Rechtsunsicherheit über die Höhe der Anteile. Dies brächte in den meisten Fällen Streitigkeiten zwischen den Miterfindern mit sich, die nur mit äußersten Schwierigkeiten und kaum im Interesse aller angemessen gelöst werden könnten. Der Rechtsfrieden kann infolge der äußerst problematischen Bestimmung der Beiträge also nur im Wege der grundsätzlichen Gleichheit der Beiträge bewahrt werden. Dem kann auch nicht durch die Feststellung entgegengetreten werden, daß grundsätzlich alle Beiträge ungleich sind, da es kaum denkbar ist, daß die einzelnen Beiträge zur Lösung des technischen Problems identischen Wert besitzen. Diese Feststellung geht ins Leere, wenn sich, wie in der Praxis alltäglich, die einzelnen Beiträge nicht tatsächlich voneinander isolieren lassen. Die vertragliche Regelung sollte also die grundsätzliche Gleichwertigkeit der Anteile an der Miterfindung bestimmen - wie es im übrigen auch § 742 BGB vorsieht -, für den Fall der offensichtlichen Trennbarkeit und erheblicher Wertunterschiede[608] sollte aber die Möglichkeit vorbehalten werden, daß die Anteile unterschiedlich bewertet werden können.

Da für die Aufteilung der Miterfindung in ihre Einzelbeiträge kein allgemeingültiger Maßstab an die Hand gegeben werden kann, muß Raum für die Umstände des Einzelfalls bleiben. Erforderlich ist, daß sich der Beitrag des einzelnen Miterfinders so klar von den Beiträgen der anderen abscheidet, daß er sich als einzelner Beitrag deutlich herauskristallisiert. Dies wird aber nur sehr selten der Fall sein, da der Erfindungsprozeß durch Kommunikation und Diskussion, also durch permanenten Gedankenaustausch, gekennzeichnet ist.

Nicht ausschlaggebend ist die Bedeutung des Beitrages für die praktische Anwendbarkeit bzw. die technische Verwertbarkeit der Miterfindung. Die Beiträge sollen also nicht nach ihrer wirtschaftlichen Bedeutung für die Erfindung bewertet werden. Sonst würde der Kooperationspartner, dessen Arbeitnehmer möglicherweise den geringsten Beitrag zum Erfindungsgedanken beigesteuert haben, den größten vermögensrechtlichen Anteil erhalten, sofern dieser Beitrag die größte wirtschaftliche Bedeutung bezüglich der Verwertungsmöglichkeiten hat[609].

---

[608] Klauer/Möhring, a. a. O., § 3 PatG Rdn. 18; Wunderlich, a. a. O., S. 100 m. w. N.

[609] Gegen die Einbeziehung von wirtschaftlichen Gesichtspunkten bei der Bewertung der Beiträge für die Quotelung der Anteile spricht sich auch Wunderlich, a. a. O., S. 101, aus. Er hält dies für einen Verstoß gegen das Erfinderprinzip, da die Bedeutung des Beitrags im Sinne einer wirtschaftlichen und fabrikatorischen Verwertbarkeit im Rahmen der Erfindung für die Miterfinderschaft an sich unwesentlich ist. Dies würde demnach gleichsam das Erfinderpersönlichkeitsrecht verletzen.

Als Kriterien könnten aufgrund der bisher aufgestellten Kernaussagen zu den Miterfinderbeiträgen folgende Fallgruppen in die Vereinbarung aufgenommen werden:

- Nur offensichtlich erhebliche Wertunterschiede berechtigen zu einer Abkehr von der Gleichheitsvermutung.
- Die Beiträge müssen offensichtlich trennbar sein.
- Auch nichterfinderische Beiträge können berücksichtigt werden[610].
- Wettbewerbsinteressen der Parteien sind nicht zu berücksichtigen.
- Aufgrund der Anteilsbestimmung muß eine effektive Verwertung der Miterfindung durch alle Parteien noch möglich sein.

Schließlich sollte noch eine Fristsetzung in der Vereinbarung enthalten sein, die die Geltendmachung dieser Kriterien zeitlich begrenzt.

3.5.2.4 Die Anmeldung der Erfindung zum Patent

Die Miterfinder sollten das Recht zur Patentanmeldung nur gemeinsam oder mit Einwilligung der anderen Miterfinder ausüben können. Eine Verweigerung der Einwilligung sollte nur aus gewichtigen Gründen und nicht wider Treu und Glauben möglich sein. Hat offensichtlich ein Kooperationspartner überwiegenden Anteil an der Miterfindung oder fällt die Miterfindung hauptsächlich in dessen Tätigkeitsbereich, so sollte dieser Kooperationspartner die Erfindung allein unter seinem Namen zum Patent anmelden[611]. Dieser hat dann auch die Kosten für die Anmeldung und Aufrechterhaltung des Schutzrechtes zu tragen. Wird das Schutzrecht gemeinsam angemeldet, so sollten sich die Vertragsparteien dabei von einem gemeinsam bestellten Patentanwalt vertreten lassen. Zusätzlich sollte eine Einigung über die Länder getroffen werden, in denen die Erfindung angemeldet werden soll.

---

[610] Lüdecke, a. a. O., S. 67; RG v. 10.10.39, GRUR 1940, S. 339 (Dura-Düse); RG v. 7.1.44, GRUR 44, S. 80 (Selbsttätiges Schließverfahren); Benkard/Bruchhausen, a. a. O., § 6 PatG Rdn. 35.

[611] Reukauf, GRUR 1986, S. 417.

3.5.2.5 Verfügungen über den Miterfinderanteil

Jeder kann über seinen Anteil frei verfügen. Die Vereinbarung sollte jedoch ein schuldrechtliches Vorkaufsrecht der übrigen Kooperationspartner gemäß §§ 504 ff. BGB enthalten, wonach die interessierten Kooperationspartner den Anteil zu gleichen Bedingungen wie ein Dritter erwerben können, § 505 Abs. 2 BGB. Damit wird von vornherein ausgeschlossen, daß ein Unternehmen den Anteil erwirbt, mit dem die übrigen Kooperationspartner nicht zusammenarbeiten möchten.

3.5.2.6 Verzicht auf den Miterfinderanteil

Der verzichtende Miterfinder sollte einen Ausgleich erhalten, der dem Wert seines Anteils entspricht. Dieser Anteil sollte den Anteilen der anderen Kooperationspartner anwachsen.

3.5.2.7 Die Lizenzverleihung

Gemäß § 15 Abs. 2 PatG können Dritten ausschließliche oder einfache Lizenzen[612] an der geschützten Erfindung übertragen werden. Der Abschluß des Lizenzvertrages ist schon vor der Anmeldung und Patentierung der Erfindung zulässig. Liegt jedoch noch kein Patent vor, so ist diese Vereinbarung ein reiner Know-how-Vertrag[613]. Da die Erteilung einer ausschließlichen Lizenz nicht auf den Anteil eines Teilhabers beschränkt werden kann - das Patent ist nur ideell, aber nicht real teilbar, und eine Teilung nach den einzelnen Ansprüchen ist nicht möglich -, scheidet diese Möglichkeit der Lizenzvergabe bei der Miterfindung aus. Gegen die Vergabe einer anteilsmäßigen Lizenz ist im übrigen auch einzuwenden, daß der Lizenznehmer nicht das Recht verlieren darf, das Patent innerhalb eines sicher umgrenzten Bereichs auf einem bestimmten Marktgebiet unter Ausschluß anderer Mitbewerber allein auszunutzen. Würde er nur eine Lizenz an einem Anteil erhalten, so stünde seinem Ausschlußrecht das Recht

---

[612] Zu den Wirkungen, der Übertragbarkeit und der Beschränkung von Lizenzen siehe Bernhardt/Kraßer, a. a. O., S. 692 ff.
[613] Bernhardt/Kraßer, a. a. O., S. 689.

der anderen Teilhaber auf Benutzung entgegen[614]. Im übrigen wirkt aber auch die einfache Lizenzvergabe unmittelbar auf die Befugnisse aus dem Patent im Verhältnis zum Lizenznehmer ein, da dieser die geschützte Erfindung soweit im Sinne des § 9 PatG benutzen darf, wie die Zustimmung des Patentinhabers reicht. Der Patentinhaber kann ihm diese Formen der Benutzung nicht verbieten und gibt in diesem Umfang seine Ausschließlichkeitsposition auf. Dies zeigt die rechtsändernde Wirkung der einfachen Lizenz. Deshalb sollte die Lizenzvergabe nur gemeinsam bzw. mit der Einwilligung aller Kooperationspartner zulässig sein. Die Lizenzeinnahmen sollten anteilsmäßig verteilt werden.

3.5.2.8 Keine Verlustaufteilung aus der Verwertung

Bei weitem nicht jede Erfindung führt zu großen Gewinnen. Vielfach zahlen sich die Investitionen nicht aus. Die Kooperationspartner müssen vielmehr zur gerichtlichen Durchsetzung ihres Patents und für dessen Verwertung manches Mal mehr investieren, als sie letztendlich durch die Verwertung wieder erwirtschaften können. Es stellt sich deshalb die Frage, ob die Mitinhaber des Patents von den Lizenzeinnahmen nichtausschließlicher Lizenzen nicht nur profitieren, sondern auch Verluste aus den Verwertungsbemühungen verteilt werden sollen [615]. Dies ist allerdings abzulehnen. Das wirtschaftliche Risiko der Verwertung muß jeder Kooperationspartner selbst tragen. Diese Kosten können nicht auf die Miterfindergemeinschaft verteilt werden. Denn eine Verteilung müßte auch ein Mitspracherecht sämtlicher Kooperationspartner bei den Investitionsentscheidungen jedes einzelnen nach sich ziehen. Dies wäre ein zu starker Eingriff in die wirtschaftliche Entscheidungsfreiheit jedes einzelnen. Außerdem könnten dadurch finanziell schlechter gestellte Kooperationspartner durch Mehrheitsbeschluß in sehr riskante Unternehmensentscheidungen einbezogen werden, deren negative Folgen sie unter Umständen finanziell nicht verkraften können. Dies gilt insbesondere dann, wenn man von einer Aufteilung nach der Anteilsgröße ausgeht.

---

[614] Lindenmaier/Weiss, a. a. O., § 3 PatG Rdn. 21; Klauer/Möhring, a. a. O., § 3 Rdn. 18; Lüdecke, a. a. O., S. 225 ff.

[615] Villinger, GRUR 1996, S. 395.

3.5.3 Aufhebung

Zu berücksichtigen ist, daß Erfindungsgemeinschaften schon wegen der begrenzten Verwertungsdauer der geschützten Erfindung auf die Geltungsdauer des Patents und seine Verwertung durch die Kooperationspartner selbst angelegt sind[616]. Eine Veräußerung der Erfindung oder des Patents bildet somit die Ausnahme. Auch ist die Verwertung der Erfindung und des Patents mit Investitionen verbunden. Es ist deshalb nicht zumutbar, daß diese unter der ständigen Gefahr der Auflösung der Gemeinschaft getätigt werden müssen. Diese Interessenlage verbietet ein jederzeitig mögliches Aufhebungsverlangen seitens eines Teilhabers, solange Treu und Glauben die Aufhebung zum Schutz seiner Interessen nicht gebieten. Die Aufhebung der Gemeinschaft sollte also nur aus einem wichtigen Grund heraus möglich sein.

3.6 Lösungsvorschlag bei fehlender oder unzureichender vertraglicher Regelung der Miterfindung

Im Vorfeld wurden die Konflikte von Kooperationen aufgeführt, die Inadäquanz der Bruchteilsgemeinschaft als gesetzliches Lösungsmodell nachgewiesen, aber auch festgestellt, daß die Vertragspartner vor einer Vergesellschaftung durch die BGB-Gesellschaft zurückschrecken. Ebenso erfolgte die Darstellung der Vertragspraxis, und es wurden Vorschläge für die vertragliche Regelung der Miterfindung im Rahmen von Kooperationen entwickelt.

Zum Abschluß der Arbeit muß die Frage gestellt werden, was Folge der Unanwendbarkeit des gesetzlichen Lösungsmodells unter Berücksichtigung fehlender oder nur sehr lückenhafter Regelungen über das Schicksal der Miterfindung in den Kooperationsverträgen sein kann. Ziel dieser Ausführungen kann es nicht sein, die Gemeinschafter zu lückenlosen vertraglichen Regelungen zu drängen - so wünschenswert diese auch sein mögen -, oder darzulegen, wie man die Bruchteilsgemeinschaft durch einen ausdrücklichen Vertrag aufheben oder auch ohne Vertrag für Zufallsgemeinschaften ohne vertraglichen Hintergrund modifizieren kann. Vielmehr sollte es darum gehen ein Lösungsmodell aus dem bereits bestehenden unvollständigen Kooperationsvertrag abzuleiten, dem ja

---

[616] Sefzig, GRUR 1995, S. 306.

auch zu entnehmen ist, daß die Bruchteilsgemeinschaft wegen ihrer für die Gemeinschaftserfindung interessenwidrigen Folgen gerade nicht gewollt ist. Wo nämlich die Parteien ihre Forschungs- und Entwicklungszusammenarbeit vertraglich besonders geregelt haben, kann nicht angenommen werden, daß sie sich hilfsweise auf eine gesetzliche Regelung zur Ausfüllung von Lücken haben verlassen wollen, die gerade nicht die Zusammenarbeit auf vertraglicher Grundlage, sondern das bloß faktische Zusammenwirken betrifft. Wesensmäßig ist die Bruchteilsgemeinschaft ja nicht, wie die BGB-Gesellschaft, als gesetzlich dispositive Vertragsregelung, sondern als gesetzliche Ordnung von Rechtswertssachverhalten konzipiert, deren rechtskausale Grundlage gerade außerhalb des Regelungstatbestands liegt. Es liegt deshalb nahe, die Lösung in der ergänzenden Vertragsauslegung zu suchen. Dies setzt die Antwort auf die Frage voraus, ob und inwiefern die Regelungen der Bruchteilsgemeinschaft einer abweichenden vertraglichen Regelung überhaupt zugänglich sind.

3.6.1 Zwingendes und dispositives Recht

Die Bruchteilsgemeinschaft ist Grundform und Auffangtatbestand, wenn ein Rechtsobjekt mehreren gemeinschaftlich zusteht. Das Rechtsinstitut ist insofern zwingend[617], als in dinglicher Hinsicht keine andere Art der bruchteilsmäßigen Rechtszuständigkeit vereinbart werden kann. Wenn die Parteien die bruchteilsmäßige Berechtigung ausschließen wollen, dann müssen sie sich für eine andere Form der im Gesetz abschließend geregelten Rechtszuständigkeiten entscheiden, z. B. für die Gesamthandszuständigkeit[618]. Von dieser Form der Vergesellschaftung nehmen viele Kooperationen aber gerade Abstand, weil sie die daraus folgenden Abstimmungsschwierigkeiten fürchten. Die ideelle Teilung nach § 741 BGB ist also zwingend und entspricht im übrigen auch der Unteilbarkeit der Erfindung als solcher. Zwingend sind auch die Vorschriften, die die Verfügung über den Anteil des einzelnen verbieten, § 747 S. 1 i.V.m. § 137 BGB, und die den Aufhebungsanspruch bei einem wichtigen Grund gewährleisten, § 749 Abs. 2 BGB. Diese Vorschriften sind bei grundsätzlichem Bestehen der

---

[617] Zwingend bedeutet unabdingbar. Diese Regelungen sind der Disposition der Parteien im Rahmen der Privatautonomie entzogen. Vgl. dazu Larenz, Allgemeiner Teil des deutschen Bürgerlichen Rechts, 1989, S. 31 f.

[618] Erman/Aderhold, Handkommentar zum Bürgerlichen Gesetzbuch, Bd. 1, 1993, § 741 Rdn. 1, 3, 16.

Bruchteilsgemeinschaft einer abweichenden vertraglichen Vereinbarung demnach nicht zugänglich, weil sie einerseits die dingliche Rechtszuordnung, andererseits in der Kündigungsbefugnis ein allgemeines Prinzip betreffen. Die anderen, vorwiegend Art und Umfang der Rechtsnutzung betreffenden Vorschriften der Bruchteilsgemeinschaft sind aber dispositiv, also vertraglich änderbar[619]. Solche Änderung ist vor allem von dem Vertragsverhältnis zu erwarten, das dasjenige Zusammenwirken der Parteien regelt, aus dem der gemeinsame Rechtserwerb hervorgeht.

3.6.2 Grundsätze der ergänzenden Vertragsauslegung

Haben sich die Parteien zwar über die Hauptpunkte der Kooperation, d. h. über den Gegenstand der Zusammenarbeit, Leistung und Gegenleistung, aber nicht oder nur lückenhaft über möglicherweise entstehende Miterfindungen geeinigt, so ist zu überlegen, wie diese Lücke geschlossen werden kann. Dazu dient grundsätzlich das dispositive Recht. Im Fall der Bruchteilsgemeinschaft aber kann weder deren gesetzlicher Ausgestaltung eine interessengerechte Regelung entnommen werden, noch ist die Regelung der Bruchteilsgemeinschaft überhaupt als ergänzende Vertragsregelung gedacht. Vielmehr handelt es sich um eine bloße (Mit-)Eigentumsordnung, die eines vertraglichen Grundes gar nicht bedarf. Soweit ein solcher besteht, ist er außerhalb von den Rechtsverhältnissen zu suchen, die die Miteigentümer zum gemeinsamen Rechtserwerb zusammengeführt haben, bei der Forschungs- und Entwicklungskooperation also in dem Zusammenarbeitsvertrag, sei ein Gesellschafts-, sei es ein Dienst- oder Werkvertrag bei der externen Vertragsforschung. Soweit dieser nun in der Miterfinderfrage lückenhaft ist, fragt sich einfach, „... ob die Lücke dadurch geschlossen werden kann, daß man die in dem Vertrag getroffene Regelung auf der Grundlage der von beiden Parteien angenommenen Bewertungsmaßstäbe, unter Berücksichtigung des Vertragszwecks und der gesamten Interessenlage, folgerichtig weiterdenkt, die unvollständige Regelung also aus ihren eigenen Voraussetzungen und ihrem Sinnzusammenhang heraus ergänzt. Das ist die Aufgabe der ergänzenden Vertragsauslegung ..."[620] Ausgangspunkt der ergänzenden Ver-

---

[619] Larenz, a. a. O, S. 31 f., Medicus, Allgemeiner Teil des Bürgerlichen Gesetzbuchs, 1994, Rdn. 470.
[620] Larenz, a. a. O., S. 538; gesetzliche Grundlage ist § 157 BGB.

tragsauslegung ist nicht die Auslegung der einzelnen Willenserklärung, sondern die Art und Weise, in der die Parteien „... ihre beiderseitigen Interessen miteinander in Einklang zu bringen gesucht haben, was wiederum aus der Gesamtgestaltung des Vertrages und den von den Parteien vorausgesetzten Umständen, die hierfür maßgeblich waren, zu entnehmen ist. In Betracht zu ziehen sind alle Umstände, die gerade diesem Vertrag seinen besonderen Charakter geben ..."[621] Damit sind aber nicht die Umstände gemeint, die für den betreffenden Vertragstypus charakteristisch sind, da die ergänzende Vertragsauslegung gerade da von besonderer Bedeutung ist, wo die Regelungen des Vertragstypus eindeutig nicht passen[622]. Maßgeblich ist also der hypothetische Parteiwille, folglich das, was beide Parteien als gerechten Interessenausgleich gewollt und akzeptiert hätten[623].

3.6.3 Konsequenz - Anwendung der ergänzenden Vertragsauslegung

Gerade diese Situation ist im Verhältnis des Kooperationsvertrages zu den Regelungen der Bruchteilsgemeinschaft über die Verwaltung und Benutzung der Miterfindung gegeben. Der hypothetische Parteiwille der Kooperationspartner, der aus den vertraglichen Regelungen der Praxis entnommen werden kann, ergibt, daß die Kooperationspartner zumeist keine Gesellschaft bilden wollen. Damit werden sie im Falle einer Miterfindung zwangsläufig zur Bruchteilsgemeinschaft, deren Regelungen sie sich aber auch nicht unterwerfen wollen. Dies zeigen die Verwertungsregelungen, die im Rahmen kooperativer Forschung und Entwicklung grundsätzlich ein unabhängiges und unbeschränktes Verwertungsrecht aller Kooperationspartner vorsehen und im Falle der externen Vertragsforschung die Forschungseinrichtung grundsätzlich von der Verwertung der Miterfindung ausnehmen. Die Kooperationspartner haben verständlicherweise kein Interesse daran, sich nach kosten- und zeitintensiven Forschungstätigkeiten auch noch in der Verwertung ihres Miterfinderanteils einschränken zu lassen. Dies gilt sowohl bei brancheninternen als auch bei branchenübergreifenden Kooperationen. Das Korsett der Bruchteilsgemeinschaft hält für sie also keine sachgerechten Lösungen bereit.

---

[621] Ebenda, S. 540.
[622] Ebenda.
[623] Medicus, a. a. O., Rdn. 343.

Die §§ 742 ff. BGB sind deshalb - mit Ausnahme der §§ 747 S. 1, 749 Abs. 2 BGB - auf die unternehmensübergreifende Miterfindergemeinschaft im Rahmen einer auf Vertrag beruhenden Forschungs- und Entwicklungskooperation auch dann nicht anzuwenden, wenn der Vertrag zur Verwertung der Erfindung keine oder nur lückenhafte Regelungen enthält, weil der Anwendung des gesetzlichen Lösungsmodelles der hypothetische Parteiwille entgegensteht. Zur Lückenfüllung kann demnach unter Ablehnung der Anwendung der dispositiven Regelungen auf die ergänzende Vertragsauslegung zurückgegriffen werden.

Abschließend ist festzustellen, daß die Lösung und Beseitigung entstandener Konflikte folglich im Wege einer Einzelfallbetrachtung des sich aus dem Inhalt des jeweiligen Vertrages ergebenden hypothetischen Parteiwillens nach den Grundsätzen der ergänzenden Vertragsauslegung in Abweichung von dem gesetzlichen Regelungsmodell der Bruchteilsgemeinschaft zu suchen ist. Auf diesem Wege kann man sich von der inadäquaten gesetzlichen Regelung der Bruchteilsgemeinschaft in wesentlichen Teilen - wenn auch nicht vollständig - freimachen. Wie eine solche ergänzende Vertragsauslegung im einzelnen erfolgen kann, darauf ist bereits hingewiesen worden[624].

---

[624] Vgl. dazu Kapitel B3.5.2.

Zusammenfassung

Nachdem im Wege der Patentrechtsreform im Jahr 1936 das bis zum damaligen Zeitpunkt geltende Anmelderprinzip dem Erfinderprinzip gewichen war, rückte die Person des Erfinders in den Vordergrund. Da dieser nun bei der Anmeldung einer Erfindung vor dem Patentamt benannt werden mußte, konnte sich die Industrie bei Erfindungen im Rahmen des betrieblichen Prozesses - und dies waren und sind die Mehrzahl der Erfindungen - nicht mehr des Instituts der Betriebserfindung bedienen, sondern mußte konkret den oder die Erfinder benennen. Dies stieß häufig auf Schwierigkeiten, da die Miterfindung damals und heute nicht ohne weiteres in ihre einzelnen Lösungsbeiträge aufgespalten werden konnte und kann. Somit mußten sich Rechtsprechung und Literatur erstmals konzentriert mit der Unterscheidung des Miterfinders vom bloßen Erfindungsgehilfen befassen. Dabei wurden verschiedene Wege beschritten, die jedoch insgesamt alle nicht zu einer interessengerechten Lösung des Problems führten, sondern sich auf einer zumeist wenig praktikablen und nicht transparenten Ebene bewegten. Die Rechtsunsicherheiten auf diesem Gebiet wurden dadurch weder beseitigt, noch wurde Rechtsklarheit geschaffen. Diese Lösungsansätze verlangten vom Miterfinder einen schöpferischen, besonders qualifizierten oder geistigen Beitrag oder aber eine selbständige Mitarbeit am Gesamtkonzept. Gemeinsam ist ihnen allen die Schwäche, daß schon der einzelne Beitrag nicht aus der Gesamterfindung zu isolieren ist. Hinzu kommt, daß sich die Praxis nicht an den von der Rechtsprechung und Literatur entwickelten Begriffen orientiert, sondern bei der Miterfinderbenennung einen wenig differenzierten Weg wählt, dergestalt, daß grundsätzlich alle Mitwirkenden an der Erfindung als Miterfinder benannt werden, mit Ausnahme derjenigen, die reine Gehilfentätigkeiten ausführen.

Es bestand deshalb zugunsten der - nicht nur - im Patentwesen erforderlichen Rechtssicherheit und Rechtsklarheit die dringende Notwendigkeit, einen interessengerechten, praktikablen und transparenten Miterfinderbegriff zu entwikkeln, der die Voraussetzung für ein möglichst breites Anwendungsspektrum schafft. Dies ist die Aufgabe, der sich diese Arbeit unter anderem zu stellen hatte. Dabei mußte neben der rechtsgeschichtlichen Entwicklung des Miterfinderbegriffs zunächst Sinn und Zweck des Patentschutzsytems untersucht werden, der maßgeblich in der Funktion der geschützten Erfindung als markt- und handelsfähiges Gut, nicht aber in der Förderung des wissenschaftlichen Fortschritts gesehen werden muß. Dies ist im Rahmen der fortschreitenden Globalisierung eine grundlegende Voraussetzung, um wettbewerbsfähig zu bleiben. In der Mehrzahl der Länder wurden durch regulative Maßnahmen wie die Patentgesetzgebung die Rahmenbedingungen dafür geschaffen. Zum anderen ist es für die Entwicklung des Miterfinderbegriffs aber auch von wesentlicher Bedeutung, welche Ziele die Praxis damit verfolgen will. Dies sind zum einen der Friede im Team, das sich mit dem technischen Problem befaßt, und die Förderung von Teamarbeit, Kommunikation, Motivation und Innovation. Aus der Unzulänglichkeit der bisher vorherrschenden Lösungsansätze und den untersuchten Zielen des Patentschutzes wurde deshalb ein neuer Miterfinderbegriff entwickelt, der sich in Abkehr von den bisher rein positiven Definitionen zu einer engen und negativen Begriffsbestimmung bekennt. Nicht mehr die Kriterien werden bestimmt, die der ohnehin kaum isolierbare Beitrag des potentiellen Miterfinders erfüllen muß, sondern vielmehr werden die Tätigkeiten herausgefiltert, die nicht für eine Miterfinderposition ausreichend sind. Der positive Miterfinderbegriff hat nur noch da eine Nische, wo ausnahmsweise ein überdurchschnittlicher Beitrag eines Miterfinders festgestellt werden kann. Freilich gibt es auch im Rahmen dieser Begriffsbestimmung einen Graubereich, der nicht ohne Abwägung der Umstände des Einzelfalls dieser oder jener Gruppe zugeordnet werden kann. Zu diesem Graubereich zählen der Auftraggeber und der Anreger.

Ein weiteres Problem, dem sich die vorliegende Arbeit stellen mußte, waren die Rechtsfolgen - vor allem für die Verwertung der Miterfindung -, die auf die Unternehmen und Forschungseinrichtungen zukommen, die an einer Miterfindung aktiv beteiligt sind. Dazu war es erforderlich, zunächst einen detaillierten Blick auf die Formen und Gestaltungsmöglichkeiten von Forschungs- und Entwicklungskooperationen zu werfen, also die kooperative Forschung und Entwicklung zwischen Unternehmen und die externe Vertragsforschung von Forschungseinrichtungen im Auftrag von Unternehmen. Im Rahmen der kooperativen Forschung und Entwicklung sind hier zu nennen: die technikbezogene Zusammenarbeit mit Kunden und Lieferanten, der informelle Informations- und Know-how-Austausch, die nichtkoordinierte Einzelforschung mit planmäßigem Erfahrungs- und Ergebnisaustausch sowie die Gemeinschaftsforschung. Dieser Überblick bildet den Übergang zur Problematik des Arbeitnehmererfindungsgesetzes in seiner Anwendung auf unternehmensübergreifende Miterfindungen. Die Problematik besteht zum einen maßgeblich darin, daß im Rahmen einer

Zusammenfassung

Kooperation zunächst jeweils der konkrete Arbeitgeber des Miterfinders zu bestimmen ist und darauf aufbauend die verschiedenen Möglichkeiten der Inanspruchnahme abgewägt werden müssen. Zum anderen muß festgestellt werden, daß das im Arbeitnehmererfindergesetz enthaltene Vergütungssystem zu großen Ungerechtigkeiten führen kann, wenn - wie es vor allem im Bereich der externen Vertragsforschung auftritt - der Anteil an der Miterfindung in keinem Verhältnis zur gezahlten Arbeitnehmererfindervergütung steht. Die Lösung dieses Konfliktes kann nur in einem Vertrag der Kooperationspartner zugunsten des durch die gesetzliche Regelung benachteiligten Arbeitnehmers gesehen werden. Hier sollte also eine vertragliche Vereinbarung in Abkehr von der gesetzlichen Regelung die Interessen der Arbeitnehmererfinder wahren. Vor allem bei der Zusammenarbeit von Unternehmen mit stark unterschiedlichen Produktionsmöglichkeiten sollte die Erfindervergütung zum einen von dem Unternehmen mit den besseren Produktionsmöglichkeiten übernommen werden, und zum anderen sollte sich die Vergütung auch auf die wirtschaftliche Verwertbarkeit beziehen. Wobei das so in Anspruch genommene Unternehmen natürlich einen Ausgleich erhalten muß.

Aber auch die konkreten Zusammenarbeitsbedingungen in der Praxis und die Konflikte, die sich daraus automatisch ergeben, waren zu berücksichtigen. Dies sind im wesentlichen Konflikte im Rahmen der Verwertung der Erfindung, die sich unterschiedlich gestalten, je nachdem ob man sich im Rahmen der kooperativen Forschung und Entwicklung oder der externen Vertragsforschung befindet. Da jeder Kooperationspartner unterschiedliche Ziele verfolgt oder die Kooperationspartner miteinander in direkter Konkurrenz im Rahmen eines Marktsegments stehen, fühlt sich der eine oder andere häufig benachteiligt und "über den Tisch gezogen".

Sich bei der Lösung dieser Konflikte auf die gesetzliche Regelung zu verlassen statt sich von vornherein zu einer detaillierten vertraglichen Regelung zu entschließen, führt nicht zum gewünschten Erfolg. Die Lösung, die das Gesetz mit der Bruchteilsgemeinschaft bietet, führt für die Miterfindergemeinschaft nicht zu interessengerechten Ergebnissen, da es sich vor allem in den Fragen der Verwertung gemäß § 743 Abs. 2 BGB nicht für die Miterfindergemeinschaft eignet. Der Gesetzgeber hatte im Rahmen der Regelung der Bruchteilsgemeinschaft weder die Gemeinschaft des Immaterialgüterrechts noch die Erfindungs- bzw. die Patentgemeinschaft im Auge. § 743 Abs. 2 BGB ist einer Interessenabwägung unter Berücksichtigung der Umstände des Einzelfalls nicht zugänglich. Das Resultat dieser Erwägungen muß die Unanwendbarkeit der §§ 741 ff. BGB sein.

Eine Lösung bietet hier aber die ergänzende Vertragsauslegung. Daraus, daß sich die Kooperationspartner überhaupt zu einer vertraglichen Vereinbarung entschlossen haben, kann gefolgert werden, daß sie sich gerade nicht - auch nicht hilfsweise - den Verwertungsregelungen der Bruchteilsgemeinschaft unterwerfen wollten. Die Regelungen der §§ 741 ff. BGB müssen hinter diesem hypothetischen Parteiwillen zurückstehen, weil sonst die Interessen der Kooperationspartner nicht gewahrt werden können. Abschließend ist also festzuhalten, daß die Lösung des Konflikts jeweils in der ergänzenden Vertragsauslegung des Kooperationsvertrages im Einzelfall zu suchen ist. Auf die §§ 741 ff. BGB muß nur im Rahmen der ideellen Aufteilung der Erfindung nach Bruchteilen zurückgegriffen werden.

Internationale Gerechtigkeit

Herausgegeben von Giuseppe Orsi, Kurt Seelmann, Stefan Smid und Ulrich Steinvorth

Frankfurt/M., Berlin, Bern, New York, Paris, Wien, 1997. 159 S.
Rechtsphilosophische Hefte. Beiträge zur Rechtswissenschaft, Philosophie und Politik. Herausgegeben von Giuseppe Orsi, Kurt Seelmann, Stefan Smid und Ulrich Steinvorth in Zusammenarbeit mit dem Istituto Italiano per gli Studi Filosofici. Bd. VII
ISBN 3-631-32808-7 · br. DM 53.–*

Die Wirtschaft kennt sowenig nationale Grenzen wie die Umwelt. Was bleibt von der Souveränität der Staaten im Zeitalter der Globalisierung? Nach welchen Regeln müssen die Staaten zusammenarbeiten; welche Rechte haben internationale Institutionen gegen die Staaten und welche Rolle spielen die Individuen in internationalen Verhältnissen? Autoren aus Deutschland, Frankreich, Großbritannien und den USA suchen in ihren Beiträgen Antworten auf diese Fragen der internationalen Gerechtigkeit.

Aus dem Inhalt: Jean-Christophe Merle, Lassen sich die Sozial- und Wirtschaftsrechte im Weltmaß rechtfertigen? · Christine Chwaszcza, Grundprobleme einer Philosophie der internationalen Beziehungen · Thomas Pogge, The Bounds of Nationalism · Ulrich Steinvorth, Zum Begriff des Staats unter Bedingungen der Globalisierung · Hillel Steiner, Morality, Justice, and International Trade · Emmanuel Picavet, Rationalistic Agreement on Human Rights in a Pluralistic Setting · Thomas Duve, „Mit Kant und mit ihm". Anmerkungen zu Reinhard Merkel „Lauter leidige Tröster" · Thomas Hempell, Freizeit als Vermögen. Anmerkungen zu Philippe Van Parijs' Konzept eines Basiseinkommens

Frankfurt/M · Berlin · Bern · New York · Paris · Wien
Auslieferung: Verlag Peter Lang AG
Jupiterstr. 15, CH-3000 Bern 15
Telefax (004131) 9402131
*inklusive Mehrwertsteuer
Preisänderungen vorbehalten